博士后文库
中国博士后科学基金资助出版

河口近岸典型生态系统沉积物
氮循环关键过程研究

林贤彪　著

科 学 出 版 社
北 京

内 容 简 介

本书采用氮稳定同位素示踪与分子生物学技术围绕河口、海湾、邻近海域、泥质潮滩、盐沼湿地、红树林、养殖塘、海洋牧场等生态系统开展沉积物关键氮循环过程研究。旨在准确地定量和估算河口近岸沉积物中氮素转化速率并探讨其影响机制；更好地认识该生态系统活性氮的归趋、转化情况，以期为控制河口近岸氮素平衡提供重要的理论支撑。

本书可供从事海洋生态环境保护与氮循环研究的科研人员，高等院校海洋科学、地理学、生态学和环境科学专业的师生参考借鉴。

图书在版编目（CIP）数据

河口近岸典型生态系统沉积物氮循环关键过程研究 / 林贤彪著. —北京：科学出版社，2023.11

（博士后文库）

ISBN 978-7-03-076102-6

Ⅰ. ①河… Ⅱ. ①林… Ⅲ. ①河口淤积-沉积物-氮循环-研究 Ⅳ. ①TV152

中国国家版本馆 CIP 数据核字（2023）第 144751 号

责任编辑：石　珺 / 责任校对：郝甜甜
责任印制：徐晓晨 / 封面设计：陈　敬

科 学 出 版 社 出版
北京东黄城根北街 16 号
邮政编码：100717
http://www.sciencep.com

北京中科印刷有限公司印刷
科学出版社发行　各地新华书店经销

*

2023 年 11 月第　一　版　　开本：720×1000　1/16
2023 年 11 月第一次印刷　　印张：17 1/2
字数：340 000

定价：178.00 元
（如有印装质量问题，我社负责调换）

"博士后文库"编委会

"博士后文库"序言

1985年，在李政道先生的倡议和邓小平同志的亲自关怀下，我国建立了博士后制度，同时设立了博士后科学基金。30多年来，在党和国家的高度重视下，在社会各方面的关心和支持下，博士后制度为我国培养了一大批青年高层次创新人才。在这一过程中，博士后科学基金发挥了不可替代的独特作用。

博士后科学基金是中国特色博士后制度的重要组成部分，专门用于资助博士后研究人员开展创新探索。博士后科学基金的资助，对正处于独立科研生涯起步阶段的博士后研究人员来说，适逢其时，有利于培养他们独立的科研人格、在选题方面的竞争意识以及负责的精神，是他们独立从事科研工作的"第一桶金"。尽管博士后科学基金资助金额不大，但对博士后青年创新人才的培养和激励作用不可估量。四两拨千斤，博士后科学基金有效地推动了博士后研究人员迅速成长为高水平的研究人才，"小基金发挥了大作用"。

在博士后科学基金的资助下，博士后研究人员的优秀学术成果不断涌现。2013年，为提高博士后科学基金的资助效益，中国博士后科学基金会联合科学出版社开展了博士后优秀学术专著出版资助工作，通过专家评审遴选出优秀的博士后学术著作，收入"博士后文库"，由博士后科学基金资助、科学出版社出版。我们希望，借此打造专属于博士后学术创新的旗舰图书品牌，激励博士后研究人员潜心科研，扎实治学，提升博士后优秀学术成果的社会影响力。

2015年，国务院办公厅印发了《关于改革完善博士后制度的意见》，将"实施自然科学、人文社会科学优秀博士后论著出版支持计划"作为"十三五"规划博士后工作的重要内容和提升博士后研究人员培养质量的重要手段，这更加凸显了出版资助工作的意义。我相信，我们提供的这个出版资助平台将对博士后研究人员激发创新智慧、凝聚创新力量发挥独特的作用，促使博士后研究人员的创新成果更好地服务于创新驱动发展战略和创新型国家的建设。

祝愿广大博士后研究人员在博士后科学基金的资助下早日成长为栋梁之才，为实现中华民族伟大复兴的中国梦做出更大的贡献。

中国博士后科学基金会理事长

前　言

河口海岸是地表岩石圈、水圈、大气圈和生物圈相互交汇区，物质能量交换活跃，各种因素作用影响最为频繁，且变化极为敏感的地带。由于富有独特的生态价值和资源潜力，河口海岸对人类生存和社会经济发展起着十分重要的作用。有关河口海岸科学的研究植根于自然地理学，同时也是生物地球化学、海洋科学，以及生态学等多学科共同关注的研究领域。传统的河口海岸科学研究主要关注泥沙动力沉积过程与地貌形态演化，但是随着人口的不断增长和社会经济的快速发展，大量氮营养盐由流域输入到河口海岸地区，给河口海岸生态系统造成了严重的生态与环境问题，如水体富营养化、有害藻类赤潮、季节性或永久性缺氧等。因此，氮的生物地球化学研究已成为当今河口海岸科学研究领域内的前沿和热点课题，也是"海岸带陆海相互作用计划"（Land-Ocean Interactions in the Coastal Zone，LOICZ）、"海洋生物地球化学与生态系统综合研究计划"（Integrated Marine Biosphere Research, IMBER），以及"未来地球海岸计划"（Future Earth Coasts, FEC）等国际重大研究计划所关注的核心主题。

河口近岸生态系统受自然与人为活动双重影响，生态系统复杂多样，主要包括泥质潮滩、砂质潮滩、河口、海湾、盐沼湿地、红树林、海草床、海洋牧场、潮滩围垦养殖生态系统等。随着 ^{15}N 同位素示踪与稀释技术和分子生物学技术的不断发展，目前国内外学者已针对这些生态系统开展了不少氮循环的相关研究，并取得了一系列研究成果。但绝大部分研究仅关注氮循环的某一过程，或者仅围绕单一的生境开展工作。作者研究前期本想将国内外学者关于河口近岸这一关键带的沉积物氮循环相关文献做一个数据获取，并撰写综述，但实施过程中发现，各学者采用的培养方式与技术手段不尽相同。因此，将以往所有研究统一标准化并用于河口近岸沉积物氮通量估算存在很大的挑战性。本人从硕士以来一直围绕河口近岸生态系统沉积物这一介质开展氮循环的相关研究工作，经过 11 年的不断积累，对氮循环过程及速率的测定方法有了一些新的认识；同时也在我国多个河口海湾区域开展过相关的研究，其中包括镇海湾、珠江口、漳江口、闽江口、长江口、黄河口、胶州湾和莱州湾等，所涉及到的生态系统比较齐全，主要包括河口、海湾、泥质光滩、盐沼湿地、海草床、红树林、养殖滩、海洋牧场等。大部分研究成果已发表在国际期刊上，现将这一系列研究成果翻译、归纳、总结整理成书，以期能够为更多国内氮循环相关研究的学者提供参考。

本书采用氮同位素示踪与分子生物学技术围绕河口近岸多个典型生态系统开展沉积物关键氮循环过程研究。主要目的是准确定量估算河口近岸沉积物中氮转化速率并探讨其影响机制；更好地认识该生态系统活性氮的归趋、转化情况，以期为控制河口近岸氮平衡提供理论支撑。

书中不妥之处，还望广大读者和学界同仁批评指正。

林贤彪

2023 年 8 月

目　　录

第1章 河口近岸沉积物氮循环

1.1 氮循环研究背景与意义

1.1.1 氮循环研究历程

氮（N）是有机物中丰度仅次于氢、氧、碳的第四大类元素，作为生命的必需要素，氮元素是浮游植物生长的主要营养盐，氮循环是海洋生态系统中重要的生物地球化学过程（Zehr and Kudela, 2011; Devol, 2015）。氮化合物价态可从-3到$+5$，种类多样，因此在化学反应中，氮元素既可以作为电子受体也可作为电子供体。主要的氮循环过程包括硝化、反硝化、厌氧氨氧化、硝酸盐异化还原成铵（DNRA）、固氮、氮矿化及同化过程（Herbert, 1999; Lam and Kuypers, 2011）（图 1-1；表 1-1）。18 世纪是氮化合物发现的时代，而 19～20 世纪是氮循环过程发现的时代。自 1772 年 Daniel Rutherford 发现 N_2，1774 年 Joseph Priestley 发现 N_2O 和 NH_4^+，1785 年 Henry Cavendish 发现 NO_3^- 后，科学家们便认识到有机氮与无机氮间相互转化的氮矿化与氨同化过程，并相继于 1877 年发现硝化过程，1880 年发现生物固氮过程，1886 年发现反硝化过程，1913 年哈柏法实现工业固氮后极大地促进全球生产力的提高，1938 年发现 DNRA 过程后，直到 1986 年才在废水处理工艺中发现厌氧氨氧化过程（Woods, 1938; Galloway et al., 2013），2002 年首次证实海洋环境中也存在厌氧氨氧化过程（Thamdrup and Dalsgaard, 2002）。过去的二十年里，铁介导的 Feammox，硫介导的化学自养反硝化及 DNRA 等也相继被发现（Burgin et al., 2011）。

氮循环过程是与微生物新陈代谢相关的氧化还原，大部分微生物在元素价态发生改变的过程中获取能量，并将转化后的元素释放到环境中。当发生 4 个电子转移时，异养有氧呼吸可以产生 402 kJ 能量，异养反硝化过程产生 398 kJ，异养 DNRA 为 257 kJ，自养厌氧氨氧化为 477 kJ，自养硝化第一步 NH_4^+ 氧化产生 185 kJ，第二步 NO_2^- 氧化产生 164 kJ（Lam and Kuypers, 2011）。自养固氮过程是一个耗能过程，每生成一个 NH_3 需要消耗 8 个 ATP（Sohm et al., 2011a），固氮酶极度厌氧，但海洋中普遍存在的固氮蓝细菌 UCYN-A 却生活在海洋表层，研究发现其缺乏产生氧气的光合系统II复合体,同时其与 Haptophyte 光合藻类共生(Tripp et al., 2010; Harding et al., 2018)。不同反应的难易程度及合适环境均存在差异,且大部分由专一的微生物介导,但共同组成了微生物的能量及氮元素的生物地球化学循环。氮转化过程复杂多变,同位素的发展为氮循环研究提供了新思路,通过同位素配对技术、示踪技术或稀释技术,我们可以在接近自然状态下单独或同时测量每一个过程,极大地促进对氮素生物地球化学循环及其控制机制的认知(Huygens et al., 2013)。

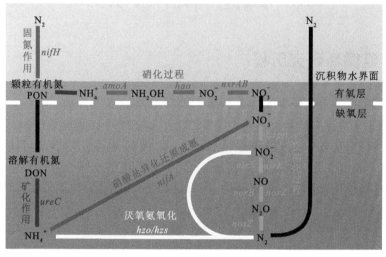

图 1-1　近岸海域沉积物微生物驱动下的氮循环过程示意图(Arrigo, 2005; Francis et al., 2007)

　　氮转化过程主要由微生物功能基因编码的酶催化 (图 1-1),*nirS* 是反硝化过程中 NO_2^- 还原酶的编码基因,*nrfA* 是 DNRA 中 NO_2^- 还原为 NH_4^+ 的编码基因(Smith et al., 2015),*nifH* 是固氮过程中固氮还原酶的编码基因(Zehr and Capone, 1996), NH_4^+ 氧化是硝化的第一步也是限制步骤,由 bacteria-*amoA* 或 archaea-*amoA* 基因编码的氧化酶催化(Li et al., 2011),全部细菌及厌氧氨氧化细菌的丰度可大致由 bacterial 16S rRNA 和 anammox 16S rRNA genes 的丰度反映(Yu et al., 2018)。尽管功能基因表达编码的催化酶是氮循环反应的必须介质,有研究显示基因丰度并非反硝化或 DNRA 的主要控制因素(Liu et al., 2013a),因此,有关基因丰度与转化速率之间的关系和控制因素还需要更多的研究。

表 1-1　海洋生态系统氮循环关键过程反应方程式(Pena et al., 2010; Lam and Kuypers, 2011)

氮循环反应	反应方程式	O_2/N
矿化作用	$(CH_2O)_{106}(NH_3)_{16}H_3PO_4 + 106O_2 \rightarrow 106CO_2 + 106H_2O + 16NH_3 + H_3PO_4$	6.625

续表

氮循环反应	反应方程式	O_2/N
硝化作用	$NH_4^+ + 1.5O_2 \rightarrow NO_2^- + 2H^+ + H_2O$	1.5
	$NO_2^- + 0.5O_2 \rightarrow NO_3^-$	0.5
反硝化作用	$(CH_2O)_{106}(NH_3)_{16}H_3PO_4 + 84.8HNO_3 \rightarrow 106CO_2 + 42.4N_2 + 148.4H_2O + 16NH_3 + H_3PO_4$	—
	$1/2C_2H_3O_2^- + 2/3NO_2^- + 5/6H_2O \rightarrow 2/3NH_4^+ + HCO_3^-$	—
	$3/4CH_2O + NO_2^- \rightarrow 1/2N_2 + 4/5H_2O + 3/4CO_2^-$	—
厌氧氨氧化	$NH_4^+ + NO_2^- \rightarrow N_2 + H_2O$	—
DNRA（NO_3^-）	$1/2C_2H_3O_2^- + 1/2NO_3^- + 1/2H^+ + 1/2H_2O \rightarrow 1/2NH_4^+ + HCO_3^-$	—
DNRA（NO_2^-）	$1/2C_2H_3O_2^- + 2/3NO_2^- + 5/6H_2O \rightarrow 2/3NH_4^+ + HCO_3^-$	—
固氮作用	$N_2 + 14H^+ + 12e^- \rightarrow 2NH_4^+ + 3H_2$	—

注：DNRA 指硝酸异化还原成铵过程；O_2/N 表示环境中 O_2 与 N 的摩尔数比值。

1.1.2　河口近岸氮循环研究意义

氮循环是全球变化科学研究当中重要、前沿又极具挑战的板块。过量人为活性氮输入地表系统所引发的生态环境问题，是仅次于生物多样性危机之后最严重的全球环境问题。过量的人为活性氮通过径流与大气沉降等方式汇入河口，已导致该生态系统氮素失衡，进而引发赤潮、缺氧、温室气体排放增加、生物多样性减少等一系列生态环境问题（Liu et al., 2021）。河口近岸作为陆地与海洋的连接枢纽，接收了大量陆地排放的活性氮，并成为氮转化的天然反应器。海洋沉积物在微生物驱动下常作为氮循环的重要反应场所，其中主要涉及固氮、氮矿化、硝化、反硝化、厌氧氨氧化和硝酸盐异化还原成铵（DNRA）等一系列微生物氮循环过程（龚骏和张晓黎，2013）。目前国内外学者主要关注河口近岸沉积物关键氮循环过程的微生物活性、脱氮比例、种群多样性及其对环境变化的响应和反馈机制，其中所涉及的环境变化范畴不仅包括全球性或区域性的，如全球气候变暖（Brin et al., 2017; Galbraith and Kienast, 2013）、人为活性氮增加（Gardner and McCarthy, 2009）、海洋酸化（Hutchins et al., 2009）和缺氧区（Dalsgaard et al., 2012）等；同时也涵盖如温度、盐度、硝态氮（NO_3^-）与有机碳（TOC）等环境因子差异（Brin et al., 2017; Bristow et al., 2017; Plummer et al., 2015; Tan et al., 2019; Zheng et al., 2016）。

1.2 河口近岸氮循环研究进展

1.2.1 反硝化研究进展

反硝化被认为是河口近岸生态系统中至关重要的氮循环过程之一，将生态系统中的活性氮转化为 N_2 归还到大气中，常被视为活性氮永久性脱离生态系统的关键途径之一，对降低水体氮负荷、修复氮污染具有十分重要的生态环境意义（Deng et al., 2015）。大多数反硝化细菌属异养型，即以含碳化合物作为电子供体和碳源，将 NO_3^- 逐步还原为亚硝态氮（NO_2^-）、一氧化氮（NO）、N_2O 和 N_2（图 1-1 和表 1-1），该过程中大部分的 NO_3^- 被还原 N_2，还有少部分以 N_2O 的形式存在（姜星宇等，2016）。迄今为止，能够完成异养反硝化过程的生物体包括广泛多样的细菌（特别是变形菌门）（Devol, 2015）、古菌（Zumft, 1997），以及有孔虫类（Risgaard et al., 2006; Piña-Ochoa et al., 2010）。同时，随着国内外学者对反硝化过程研究的不断深入，有学者发现脱氮硫杆菌（*Thiobacillus denitrificans*）和脱氮硫微螺菌（*Thiomicrospira denitrificans*）两种细菌均能通过以硫化氢为化学能源将 NO_3^- 转作为 N_2，最终实现化能反硝化过程（Devol, 2015）。此外，有报道证实了金属氧化物（如二氧化锰）同样能够作为反硝化过程的能源补给（Anschutz et al., 2000）。海洋沉积物作为海洋生态系统中一个重要组成部分，常处于缺氧状态，其接收了大量来自陆地生态系统和可见光层水体光合作用产生的有机物，可为异养型反硝化提供潜在电子供体和碳源，而海洋生态系统中大量存在的硫化物和金属氧化物又可为反硝化过程的发生提供化学能源。近几十年来，大量人为活性氮输入到近海生态系统中，可为反硝化提供反应底物，进而影响反硝化过程。因此，近海生态系统中的沉积物常被视为反硝化发生过程的理想场所，备受国内外学者广泛关注。

NO_3^- 在河口水体无机氮（DIN）中一般占比最高。因此，硝酸盐还原过程在河口生物地球化学循环中发挥重要作用。硝酸盐还原过程包括反硝化、厌氧氨氧化、DNRA。反硝化是 NO_3^- 还原为 N_2 的一系列过程，厌氧氨氧化通过利用 NH_4^+ 和 NO_2^- 合成 N_2，这两个过程是海洋中重要的氮损失过程。反硝化研究起步较早，经过长期的研究探讨，目前已对该反应过程路径、中间产物、酶活性与相关的微生物种群特征有了较为深入的认识。目前反硝化微生物按营养类型划分大致可分为自养型反硝化细菌和异养型反硝化细菌两大类。其中异养型反硝化能够在缺氧或者厌氧环境中以有机物作为电子供体及碳源，以 NO_3^- 作为电子供体，进行无氧呼吸，进而达到分解有机物，NO_3^- 还原为 N_2。相反，自养型反硝化则是微生物利用无机碳（DIC）作为碳源，并从无机物的氧化-还原过程中获取能量（方晶晶等，2010）。该过程主要的中间产物和最终产物包括 NO_2^-、NO、N_2O 及 N_2，并最终以氮的气态形式（NO、N_2 和 N_2O）退出生态系统，该过程被视为重要的生物氮去除途径，且其对自然界脱氮贡献比例超过 70%，因此在控制氮素污染上常扮演着重要角色（Babbin et al.，2014；Gao et al.，2016）。该过程的代谢酶种类多样，主要包括硝酸还原酶（Nar）、亚硝酸还原酶（Nir）、一氧化氮还原酶（Nor）和氧化亚氮还原酶（Nos）（Zumft，1997）。其中 Nir 是反硝化过程中的限速步骤，并存有含铜基（Cu-nir）的 nirK 和含有亚铁血红素 c 和 d1（cd1-nir）的 nirS 两种不同的结构形态的基因编码（方芳和陈少华，2010）。尽管两种基因的结构不同，但其功能和生理学特性较为相似（Braker et al.，1998）。此外，nirS 在自然环境中分布更为广泛，故在以往的反硝化群落和生物标记研究中 nirS 要比 nirK 应用得更为频繁（Gao et al.，2016）。

　　河口近岸生态系统中的反硝化细菌种类较多，且在分类学上没有专门的类群。主要包括芽孢杆菌属（Bacillus）、假单胞菌属（Pseudomonas）、节杆菌属（Arthrobacter）、不动杆菌属（Acinetobacter）、纤维微杆菌属（Cellulosimicrobium）、微杆菌属（Microbacterium）、螺旋菌属（Spirillum）、海单胞菌属（Oceanimonas）等。其中 Bacillus 与 Pseudomonas 普遍存在于河口、近岸及远洋生态系统中，而其他种属出现频率偏低，仅在一些特殊环境中占优势（Zumft，1997）。除以上细菌外，某些特殊的古生菌和真核与原核生物群落（如底栖有孔虫类）同样具备反硝化功能（Piña-Ochoa et al.，2010；Bernhard et al.，2012），目前已有 60 多种有孔虫类被认为能够积累并通过反硝化作用进行呼吸，故其对推动海洋沉积物脱氮过程的认识意义重大，也将成为今后脱氮过程研究的热点话题之一（Prokopenko et al.，2006；Piña-Ochoa et al.，2010；Bernhard et al.，2012；Glock et al.，2013）。海洋生态系统中除异养反硝化菌外，还包括如产硫酸杆菌（Thiobacillus）和硫微螺菌（Thiomicrospira）等利用硫化氢作为能源的化能自养型反硝化细菌（Zumft，1997；Cardoso et al.，2006）。此外，海洋生态系统中金属氧化物如二氧化锰也被证实能够作为能源服务于反硝化过程（Anschutz et al.，2000）。因此，虽然人们对反硝化作用的认识较为深入，但海洋生态系统中参与反硝化过程的微生物种类多，获取能量与底物的途径多样，需进一步探讨与认识的未知领域仍较多。

　　一般而言，大陆边缘海域的沉积物可被分为泥质与砂质两大类，分别占大陆边缘海域面积的 40% 与 50%（Devol，2015）。河口、大陆架及隆起的边缘海域，尤其是泥质区，沉积了大量富含有机物的沉积物，并成为了全球海洋系统中反硝化过程发生的温床（50%～70%）（Gruber and Sarmiento，1997；Codispoti et al.，2001）。因此，尽管砂质沉积物在大陆边缘海域所占面积广，但先前关于海洋沉积物反硝化的大部分研究集中于泥质区，而以砂质沉积物为研究对象的报道较少。有综述研究表明，砂质为主的沉积物反硝化速率范围大概在 0.5～2 mmol/（$m^2 \cdot d$）之间

（Devol, 2015）。先前有学者以墨西哥湾近岸砂质沉积物为研究对象，发现其上覆水的水平对流能够有效促进沉积物反硝化速率的发生，速率增加近 17 倍（Gihring et al., 2010）。大部分学者认为这可能是砂质沉积物通透性促进了硝化过程的发生，进而为反硝化过程提供反应底物，如 Rao 等（2008）发现南大西洋海湾的砂质沉积物中反硝化过程所需的 NO_3^- 主要来自硝化过程。因此，砂质沉积物主要由石英和长石组成，有机物含量较低（Yao et al., 2015），虽不利于反硝化过程的发生，但该类通透性沉积物在一定程度上促进了反硝化与硝化耦合除氮，加之该类沉积物所占面积比例较大，故其对海洋脱氮贡献不容忽视。除海洋沉积物外，北太平洋、南太平洋和阿拉伯海三大深海缺氧水体亦为反硝化发生的重要场所（Gruber and Sarmiento, 1997; Devol, 2015）。

海洋氮输入主要包括生物固氮、河流输入和大气干湿沉降，而氮输出主要包括反硝化、沉积物埋藏，以及其他形式流失到大气中（Gruber and Galloway, 2008）。迄今为止，固氮和反硝化过程仍被作为决定海洋氮收支平衡的最主要部分（Codispoti et al., 2001; Devol, 2015）。由于无法通过足够的实验数据准确的估算海洋氮收支情况，故关于海洋氮收支是否平衡至今仍是一个极具争议的话题（Codispoti, 2007; Gruber and Galloway, 2008）。基于有限的实测数据和外推法，早期估算出海洋沉积物反硝化通量的浮动范围较大，约从 100 t g N/a 到 400 t g N/a（Middelburg et al., 1996b; Gruber and Sarmiento, 1997; Codispoti et al., 2001; Codispoti, 2007）。即便实测数据仍较为匮乏，但有学者根据已有实测数据估算出海洋不渗透性沉积物的反硝化速率为 1 mmol/（$m^2 \cdot d$），而约为 2.7×10^{13} m^2 的大陆架沉积物通过反硝化年脱氮量为 140 t（Devol, 2015）。目前关于渗透性沉积物（即砂质沉积物）和深海沉积物的反硝化实测数据较为匮乏，无法准确的估算出全球海洋沉积物的反硝化脱氮总量。因此，准确估算全球海洋氮收支平衡急需大尺度多样点的实测数据，且对砂质区和深海区相关数据的需求显得尤为迫切。

沉积物反硝化过程常被视为是海洋生态系统中最主要的氮去除途径，在近海生态系统中具有重要的生态环境意义。开展关于反硝化过程影响机理研究具有重要的现实意义。随着人们对反硝化过程的不断探索与认识，目前为止影响反硝化过程发生的因素可概括为生物因素和非生物因素两大类。其中生物因素主要包括反硝化微生物与其功能基因的丰度、酶活性和底栖生物等；而非生物因素主要包括温度、盐度、有机质、NO_3^-、溶解氧（DO）、铁离子、硫化物和水深深度等。

越来越多的研究证明微生物群落结构、多样性与其功能联系紧密，海洋生态系统也不例外。近年来，对海洋生态系统氮循环生物分子生态学研究方兴未艾，其中反硝化微生物及其关键酶基因等成为氮循环研究的热点话题之一。反硝化细菌的丰度是限制反硝化速率的决定性因素，且通过其丰度能够直接反映海洋沉积物中的反硝化速率强弱。李佳霖等（2009）以长江口海域沉积物为研究对象，研究表明反硝化速率与反硝化细菌数量呈极显著正相关；晨曦等（2011）用乙炔抑制法和最大或然数法（MPN）对黄海北部海域沉积物反硝化速率及其细菌数量的季节变化进行了研究，结果表明春秋季反硝化速率与其细菌数量之间呈显著正相关。反硝化过程中的各种酶活性通常作为表征反硝化活性的重要指标，尤其是反硝化限速步骤中涉及到的亚硝酸还原酶（Nir）。随着分子生物学技术的发展，可通过功能基因来研究反硝化菌在海洋环境中的多样性与分布情况（Braker et al., 2000; Oakley et al., 2007）。亚硝酸还原酶基因已被广泛作为海洋环境中反硝化的功能标记，并用于阐述不同生境如河口沉积物（Santoro et al., 2006）、海洋沉积物（Braker et al., 2000; Hannig et al., 2006）和海洋水体中（Jayakumar et al., 2004; Castro-González et al., 2005; Oakley et al., 2007）的反硝化细菌多样性。因此，反硝化微生物丰度、多样性及其功能酶活性是影响反硝化活性的内在因素。

　　大型底栖生物被广泛地认为在控制碳矿化、营养盐再生和硝化-反硝化耦合方面扮演着重要角色（Aller, 1994; Kristensen and Kostka, 2005）。一般而言，大型底栖生物摄食、排泄、挖洞或建立管状洞穴结构等途径会改变沉积物的孔隙度、表面组成，以及微生物的数量和群落结构，进而促进反硝化过程的发生（Karlson et al., 2007; Stief, 2013）。但也有研究发现大型底栖生物对反硝化过程起到负作用，即促进另一硝酸还原过程 DNRA 的发生（Bonaglia et al., 2013）。除大型底栖生物外，Bonaglia 等（2014）研究发现较小型底栖生物能够通过其生物扰动作用在一定程度上刺激沉积物中的反硝化与硝化细菌活性，并得出小型底栖生物与细菌相互之间的生态学作用对海洋沉积物氮循环具有重要的调节作用。此外，近期有研究发现在极地浅滩沉积物中氮循环过程受生物因素影响显著，且底栖生物作为加强极地海洋沉积物反硝化作用重要的潜在因素往往被忽视（McTigue et al., 2016）。因此，海洋生态系统中底栖生物对反硝化过程的影响基本已成定论，而具体内在影响机理仍需进一步探讨。

　　温度、盐度、NO_3^-和可利用有机物被认为是影响海洋生态系统中反硝化活性、微生物群落组成和多样性的重要环境因子。温度通过影响反硝化微生物体酶活性，进而影响其新陈代谢。一般情况下，温度越高越有利于反硝化过程的发生，但不同纬度地区和不同季节的反硝化最适合温度不尽相同。如有研究发现极地反硝化细菌最适合温度为 20～25 ℃（Rysgaard et al., 2004; Canion et al., 2014b）；Brin 等（2017）以位于温带的美国罗德岛附近海域沉积物为研究对象，发现其反硝化的最适合温度为 26～35 ℃，并认为反硝化微生物群落属于嗜常温型微生物；同时，Canion 等（2014a）选取了纬度跨度范围大（高达 50°）的透水性海洋沉积物为研究对象，研究发现最适合温度的最高值和最低值分别出现在亚热带（36 ℃）和极地地区（21℃），而季节上有研究发现温带地区反硝化冬、夏季的最适合温度分别为 26 ℃和 34 ℃；此外，Gao 等（2016）以中国沿海 11 个潮滩湿地沉积物作为研究对象，结果表明 *nirS* 存在明显的纬度差异性，但无明显的季节差异。海洋生态系统中的河口区受咸淡水交互作用影响显著，其盐度的周期性变化势必影响该区微生物的生理特征，反硝化微生物群落也不例外。有不少学者发现河口区的反硝化和硝化作用均随着盐度的增加而减弱，并将其归因于高盐度减弱了沉积物对 NH_4^+ 的吸附能力，促进沉积物 NH_4^+ 向水体中释放，导致硝化细菌受到可利用性 NH_4^+ 的限制，进而影响反硝化过程。同时又有学者将盐度对反硝化作用的负面影响归因于盐度直接对反硝化微生物群落产生生理上的影响（Rysgaard et al., 1999）。但也有学者研究表明杜罗河河口的反硝化速率与盐度无相关性，并将其归因于该区的反硝化细菌群落以耐盐性细菌为主（Magalhães et al., 2005）。为了更好地研究反硝化群落结构随盐度梯度的更迭情况，Piao 等（2012）在不同盐度梯度的沿海滩涂湿地发现 *nosZ* 群落里的 α-分支更趋向高盐度环境，而 β- 和 γ-分支，尤其是前者更趋向低盐度环境，因此盐度是影响 *nosZ* 群落组成的一个重要决定性因素。因此，研究温度和盐度对反硝化过程的影响，已经由简单的对速率影响研究逐渐发展到对微生物群落结构特征影响的相关研究。

反硝化细菌绝大部分为异养型微生物，该反应过程以 NO_3^- 为电子受体，同时以可利用性有机物为电子供体（Hardison et al., 2015）。故 NO_3^- 和可利用有机物含量常被视为控制海洋生态系统中反硝化过程发生的关键影响因子。关于反硝化过程对 DIN 输入的响应研究起步较早，早期 Koike 和 Hattori（1978）发现海洋反硝化菌在 NO_3^- 浓度为 0～30 μM[①]范围内培养时，反硝化菌与之呈正相关；Koop 和 Giblin（2010）研究表明在潮沟沉积物中，施加 NO_3^- 使得反硝化速率增加了约一个数量级，而硝化-反硝化耦合反应也增加了近 3 倍；同时，Hardison 等（2015）研究表明有机质丰富的环境中，反硝化过程仍然可能在 NO_3^- 去除中起主导地位，且主要取决于 NO_3^- 的浓度。海洋生态系统中，大部分反硝化菌以陆源或海洋表层水体藻类产生的有机碳作为其生长所需碳源。因此，发生在海洋水体和沉积物中的反硝化过程很大程度依赖于有机物的供给是否充足，而在较深海域，来自表层水体的初级生产显得尤为重要（Ward, 2013）。近海大陆架虽然仅占全球海洋面积的7.49%，但其上层水体具有很高的初级生产力，约占到全球海洋初级生产力的20%（Huettel et al., 2014）。较高的初级生产力为大陆架沉积物提供了大量的有机物来源，加之丰富的有机物能够首先消耗环境中的 O_2，创造一个适宜反硝化发生的厌氧环境，故而使得有机质较为丰富的近海大陆架成为海洋沉积物反硝化发生的主要场所。不少研究发现海洋沉积物中厌氧氨氧化、反硝化和 DNRA 分别适合发生于有机质含量较低、中等和较高的沉积物中（Christensen et al., 2000; Gardner and McCarthy, 2009; Algar and Vallino, 2014; Hardison et al., 2015）。因此，有时沉积物

---

① 1M=1mol/L，全书同。

有机碳含量高能够刺激 DNRA 的发生，从而产生竞争机制，最终反而不利于反硝化过程的发生。此外，不少研究发现 DNRA 活性与 TOC：NO_3^- 呈显著正相关（Hardison et al.，2015），故而可利用有机碳对反硝化作用的影响还取决于周围环境中 NO_3^- 含量的大小。总而言之，反硝化过程的发生普遍认为是受可利用性有机碳与 NO_3^- 含量的共同影响。

1.2.2　厌氧氨氧化研究进展

厌氧氨氧化过程是指厌氧氨氧化细菌在厌氧条件下直接以氨态氮（NH_4^+）作为电子供体，以 NO_2^- 作为电子受体，将其转化为 N_2 的过程（Devol，2015）（图 1-1和表 1-1）。20 世纪 90 年代，该过程的发现打破了人们长期认为反硝化是活性氮脱离水环境的唯一生物途径这一传统观念。迄今为止，所有被发现的厌氧氨氧化细菌均属于浮霉菌门（Planctomycetes），且海洋生态系统中绝大部分归属于 *Candidatus scalindua* 属（Lam and Kuypers，2011）。该类细菌能够适应极低的 DO条件（< 13～20 μm）（Jensen et al.，2008; Kalvelage et al.，2013），且生长周期长达 2周左右（Kuenen，2008）。同反硝化过程一样，厌氧氨氧化过程被视为海洋生态系统中有效的脱氮途径，且被广泛地发现于许多大陆边缘海沉积物中，甚至深海沉积物中如靠近大不列颠海岸（Trimmer and Nicholls，2009）和华盛顿州海岸（Engström et al.，2009）的深海沉积物。此外，该过程属于化能自养型过程，在有些海洋环境中的脱氮贡献率可高达 80%（Dalsgaard et al.，2005）。

自然界中的厌氧氨氧化过程最早被发现于海洋生态系统中，即基于氮同位素示踪技术发现了丹麦的斯卡格拉克海峡沉积物中存在这一脱氮过程（Thamdrupand Dalsgaard，2002）。随后该过程被广泛发现于多种自然环境中，如海洋沉积物（Penton et al.，2006; Engström et al.，2009; Gao et al.，2010）与水体（Hamersley et al.，2007; Woebken et al.，2008）中、淡水沉积物（Penton et al.，2006; Yoshinaga et al.，2011; Cheng et al.，2016）与水体（Schubert et al.，2006）中、河口潮滩湿地（Hou et al.，2015）、红树林（Fernandes et al.，2012b; Xiao et al.，2018）、海草床（Lin et al.，2021）、河口海湾（Humbert et al.，2010; Zhu et al.，2011; Shan et al.，2016）、养殖塘（Gao et al.，2019b; Jiang et al.，2021b）以及一些如温泉（Jaeschke et al.，2009）、热泉喷口处（Byrne et al.，2009）和地下石油贮存层（Li et al.，2010）等特殊自然环境中。就海洋生态系统而言，经过几十年的研究和发现，人们普遍认为该过程已经成为海洋氮循环的关键过程之一，并广泛存在于海洋沉积物、海冰和厌氧水层等环境中，甚至有学者认为全球海洋生态系统中高达 50%的固定态氮去除由该过程执行（Dalsgaard et al.，2005）。此外，相关学者初步探讨了有机质、NO_3^-、温度、盐度和硫化物等环境因子对该过程的影响，并探讨不同环境下厌氧氨氧化的脱氮贡献比例和相关微生物群落结构特征（Devol, 2015）。

同淡水和陆地生态系统相比较，海洋生态系统中的厌氧氨氧化过程的研究起步较早，故厌氧氨氧化活性、微生物群落特征及其环境影响因素的相关研究也相对较为丰富（Hu et al., 2011）。厌氧氨氧化菌从分类学角度属于浮霉菌纲中比较深的一个分支，尽管不同的厌氧氨氧化菌在分类学上差距较大，但其生理学特性、新陈代谢及细胞结果较为相似（魏海峰等, 2014）。尽管在河口海岸地带中发现该过程的微生物群落属于 *Brocadia* 和 *Kuenenia* 属（Amano et al., 2007; Dale et al., 2009），但海洋生态系统中绝大部分厌氧氨氧化细菌隶属于 *Scalindua* 属，且表现出较低的生物多样性（Kuypers et al., 2003; Kuypers et al., 2005; Schmid et al., 2007）。

温度作为控制微生物体新陈代谢的关键影响因子，同样影响着厌氧氨氧化菌的生长及活性。国内外学者开展了不少关于厌氧氨氧化细菌丰度、群落结构及活性对温度的响应研究。在一定温度范围内，较高的温度有利于厌氧氨氧化菌的新陈代谢，进而提高其活性（Rattray et al., 2010）；然而不少研究表明厌氧氨氧化菌比反硝化菌拥有更低的最适温度（9~18 ℃）和活化能，因此普遍认为厌氧氨氧化菌比反硝化菌更能适应低温环境（Thamdrup and Dalsgaard, 2002; Rysgaard et al., 2004; Canion et al., 2014a）；其中 Canion 等（2014b）以北极圈内的海湾沉积物作为研究对象开展了相关研究，发现厌氧氨氧化速率的最适合温度为 12~17 ℃，虽然该区的反硝化与厌氧氨氧化微生物均属于耐寒群落，但厌氧氨氧化菌的耐寒性要强于反硝化菌；同时，Canion 等（2014a）研究表明极地最适合温度为 9 ℃，而温带最适合温度为 26 ℃，这主要受不同纬度地区厌氧氨氧化微生物群落结构差异的影响；Hou 等（2015b）以中国沿海 11 个潮滩湿地沉积物作为研究对象，研究表明温度是导致沉积物厌氧氨氧化菌群落组成结构、生物多样性与活性出现纬度上差异的决定性因素；但也有学者研究表明厌氧氨氧化活性的季节差异不显著（Brin et al., 2014）。河口及邻近海域厌氧氨氧化种群丰度、多样性及其活性对盐度的响应研究一直以来都是国内外学者广泛关注的热点话题之一。许多研究结果表明在河口区盐度不仅能够直接影响厌氧氨氧化菌的种群结构特征和活性，还能通过影响厌氧氨氧化过程反应基质（NO_2^- 与 NH_4^+）间接影响其活性（Rich et al., 2008; Hou et al., 2013; Deng et al., 2015; Fu et al., 2015; Zheng et al., 2016）。不同盐度生态位下的厌氧氨氧化种群结构特征差异明显，其中 Fu 等（2015）基于 16S rRNA 和 HZO 基因调查得出珠江口表层沉积物厌氧氨氧化优势菌种从口内淡水区到外海咸水区呈现出由 "*Candidatus brocadia*" 或 "*Candidatus anammoxoglobus*" 转变为 "*Candidatus scalindua*" 的变化特征；而 Jiang 等（2017）室内模拟研究表明长时间（60~120 d）不同盐度梯度条件下培养后，厌氧氨氧化种群结构发生了变化，随着盐度的增加优势菌种从 "*Candidatus kuenenia stuttgartiensis*" 转变为 "*Candidatus scalindua*"。因此，盐度成为影响河口区沉积物厌氧氨氧化种群结构、丰度和活性的一个关键影响因子，也是当下厌氧氨氧化研究的热点话题之一。

NO_2^- 与 NH_4^+ 作为厌氧氨氧化过程的反应底物，是该过程发生的先决条件（Dong et al., 2009）。先前有研究发现丹麦斯卡格拉克海峡的沉积物在厌氧条件下培养时，NO_2^- 的产生速率要比其消耗速率快 4 倍（Dalsgaard and Thamdrup, 2002）；随后有学者以极地海洋沉积物为研究对象开展了类似的培养实验，再次证明了 NO_2^- 的产生速率要高于其消耗速率（Rysgaard et al., 2004）。因此，即便自然界中 NO_2^- 存在不稳定性且含量较低等特征，但在低氧海洋环境中 NO_3^- 易被还原成 NO_2^-，故在 NO_3^- 较为丰富的海洋沉积物中 NO_2^- 可能不会直接成为限制厌氧氨氧化过程发生的关键影响因素。同时，大部分关于海洋环境中厌氧氨氧化速率测定都是基于同位素示踪法，该技术通常在培养过程中加入足量的 $^{15}NO_3^-$，进而无法获取真实环境中底物浓度的限制情况（Kuypers et al., 2003; Rich et al., 2008; Engström et al., 2009）。此外，自然界中的 NO_2^- 主要源于反硝化和硝化过程，因此厌氧氨氧化与反硝化或硝化的耦合关系往往能够反映出厌氧氨氧化过程对 NO_2^- 的需求情况（Zheng et al., 2014; Hou et al., 2015b）。就 NH_4^+ 而言，由于自然环境中氮矿化过程的不断发生，NH_4^+ 一般较为丰富，故至今仍较难获取厌氧氨氧化对 NH_4^+ 利用的最大值。如 Rysgaard 等（2004）发现在斯卡格拉克海峡沉积物中，NH_4^+ 浓度从 50 μM 添加到 250 μM，厌氧氨氧化速率仍无明显变化，暗示着该过程对 NH_4^+ 利用的最大值可能低于 50 μM。但也有研究表明对于低 NH_4^+ 浓度（接近检测线）生态环境而言，若将其样品的 NH_4^+ 浓度添加至 10 μM 能够使得厌氧氨氧化速率提升 2～4 倍（Dalsgaard et al., 2005）。因此，在一些海洋沉积物与水体环境中，NH_4^+ 限制极有可能存在。总而言之，可利用性 NO_2^- 与 NH_4^+ 仍然被视为厌氧氨氧化过程发生的先决条件。

硫化物常被视为影响厌氧氨氧化过程的主要影响因子。当硫化物浓度达到一定程度时，其毒性往往能够抑制厌氧氨氧化菌的活性，因此有不少研究表明水环境中的厌氧氨氧化速率与硫化物呈显著负相关（Jensen et al., 2008; Deng et al., 2015; Plummer et al., 2015）。但也有研究表明厌氧氨氧化与硫化物呈显著正相关，并将其归因于通过硫酸盐还原或 DNRA 过程产生较高的 NH_4^+ 供厌氧氨氧化反应，且硫化物较高的环境往往有利于 DNRA 的发生（Wenk et al., 2013; Lisa et al., 2014）。此外，厌氧氨氧化过程需要在严格的厌氧条件下才能发生，有室内培养研究结果表明，仅 1.1 μM 的氧气（O_2）就足以完全抑制反应罐中的该过程发生（Strous et al., 1997）。就此可推断海洋生态系统中的厌氧氨氧化活性同样深受 DO 浓度的影响。而迄今为止关于海洋水体和沉积物的厌氧氨氧化速率的测定大部分在较为理想的室内厌氧条件下开展，故测定结果可能被高估。

就厌氧氨氧化脱氮贡献比例（ra）而言，大量研究结果表明该比例在海洋生态环境中变化范围较大，一直以来都是氮循环研究领域的热点话题之一。尽管厌氧氨氧化的研究已开展了十几年，但关于控制海洋沉积物中反硝化与厌氧氨氧化脱氮贡献比例的关键影响因子至今仍不清楚。先前的研究发现 ra 从近岸大陆架到深海沉积物的变化范围为 20%～80%（Thamdrup and Dalsgaard, 2002; Engström et al., 2009; Trimmer and Nicholls, 2009），但也有不少研究发现河口或近海浅水沉积物中的 ra 要低于 20%（Trimmer et al., 2003; Rich et al., 2008; Dale et al., 2009; Wang et al., 2012; Deng et al., 2015）。因此，海洋生态系统中的 ra 与水深深度呈正相关关系。此外，由于大量表层水体初级生产力产生的有机物在抵达底层沉积物过程中被矿化，故水深深度往往与底层沉积物有机含量呈负相关关系，因此较深海域沉积物的有机物含量一般较低（Dalsgaard et al., 2005）。在有机物含量丰富的近海沉积物中，丰富的电子供体（可利用性有机物）往往会导致反硝化和厌氧氨氧化菌对有限电子受体 NO_2^- 的获取产生竞争机制，而生长周期较长（2 周左右）的厌氧氨氧化菌在竞争中往往处于劣势（Hu et al., 2011）；同时，由于较高浓度的 NO_3^- 往往被还原产生较丰富的 NO_2^- 来供应厌氧氨氧化过程的发生, ra 直接受可利用 NO_3^- 浓度的影响（Risgaard et al., 2004; Rich et al., 2008; Brin et al., 2014）。也有研究表明由于厌氧氨氧化菌生长缓慢，厌氧氨氧化活性仅与那些较为稳定的环境影响因子存在显著相关性，故而环境的稳定性也可能成为影响 ra 的重要影响因子（Dalsgaard et al., 2005）。温度作为影响脱氮微生物关键影响因子，就此许多学者开展了关于海洋沉积物中的反硝化与厌氧氨氧化过程对季节或温度变化的响应研究，并发现厌氧氨氧化菌比反硝化菌更耐低温（Thamdrup and Dalsgaard, 2002; Rysgaard et al., 2004; Brin et al., 2014; Canion et al., 2014a; Canion et al., 2014b）；但近期 Brin 等（2017）通过大量的室内培养实验研究表明未来全球气候变暖不会影响到海洋沉积物中的 ra。同时，有研究表明 ra 在一定程度上还受盐度的影响，高盐度条件下的 ra 较高（Dale et al., 2009）。此外，有研究表明 ra 与沉积物矿化产生的溶解性无机盐（如 NH_4^+ 和 PO_4^{3-}）、表层沉积物耗氧速率及沉积物叶绿素 a 含量呈显著负相关（Engström et al., 2005）。综上所述，海洋生态系统沉积物中的 ra 虽然受多种生物与非生物影响因子共同影响，但普遍认为其关键影响因子为有机物与 NO_3^- 含量。

1.2.3　DNRA 研究进展

过去大部分学者认为在水淹土壤、沉积物等厌氧环境中，绝大部分 NO_3^- 经反硝化过程转化为成氮气等形式从生态系统中去除。后来人们发现有部分可以被某些细菌还原成 NH_4^+，文献中将其成为硝酸盐异化还原成铵（DNRA）。DNRA 不同于反硝化和厌氧氨氧化过程，它是指在厌氧条件下，通过一些严格的厌氧微生物

将 NO_3^- 还原为 NH_4^+ 的过程（图 1-1 和表 1-1），且产生的 NH_4^+ 是一种易被生物利用的活性氮（Giblin et al., 2013）。迄今已知的 DNRA 途径可大体分为与微生物发酵有关和与硫的氧化过程有关的两大类（Devol, 2015）。在厌氧条件下，该过程能够有效地促发一个反馈回路，使得海洋生态系统中的 DIN 得以循环利用。该过程与反硝化和厌氧氨氧化存有共同的反应底物，存在竞争机制，且 NO_3^- 去除后的氮形态不同，因此厘清三者之间的贡献比例关系具有非常重要的生态环境意义（Babbin and Ward, 2013; Hardison et al., 2015）。

DNRA 还原 NO_3^- 为 NH_4^+，显示为氮保留过程，对于生态系统中氮元素的留存具有重要意义（Gardner et al., 2006）。反硝化和 DNRA 是竞争 NO_3^- 底物的两个过程，哪个过程是主导过程及其决定因素一直是研究热点及争论不休的问题，长江河口的 DNRA 速率仅占到反硝化的 111.9%（Wei et al., 2020），而在缺氮肥的稻田中，DNRA 速率为反硝化的 8 倍（Pandey et al., 2019）。主流观点认为由于 NO_3^- 还原为 NH_4^+ 比还原为 N_2 需要更多的电子，因此还原性越强的环境越有利于 DNRA（Pajares and Ramos, 2019）。长江口及邻近海域研究显示，底层水氧气降低 50%，反硝化速率上升，厌氧氨氧化速率下降，DNRA 占硝酸盐移除的比例上升。底层水严重缺氧时，反硝化及厌氧氨氧化速率均下降，DNRA 占比进一步上升（Song et al., 2021）。反硝化和 DNRA 主要由利用有机物的异养微生物介导，或由利用铁、硫、甲烷、氢作为电子供体的化学自养微生物介导（Dannenberg et al., 1992; Zumft, 1997）。厌氧氨氧化则为化学自养过程，其中 NH_4^+ 是电子供体，NO_2^- 是电子受体（Strous et al., 1999）。

先前有学者研究表明，在发生 DNRA 过程的生态环境中，兼性厌氧发酵性细菌如 *Aeromonas*、*Enterobacteria* 等是主导区系。经富集、分离和纯培养证实，这类细菌在厌氧条件下能够将培养基中的 NO_3^- 还原成 NH_4^+，但在有氧条件下，未发现 NO_2^- 和 NH_4^+ 的积累。归类以往已发表文献发现能够进行 DNRA 过程的细菌共 11 属，具体如下：*Escherichia*、*Klebsiella*、*Citrobacter*、*Proteus*、*Desulfovibrio*、*Wolinella*、*Haemophilus*、*Achronmobacter*、*Clostridium*、*Streptococcus* 和 *Neisseria subflava*（殷士学和陆驹飞，1997）。我们发现这些类群除 *Achronmobacter* 外，均不属于 Payne 所列出来的反硝化菌类群，但几乎都包括在硝酸呼吸菌类群中，说明按 NO_3^- 还原产物划分 DNRA 生理类群比较合理（Payne, 1973）。

先前有研究表明采用纯株 *Klebsiella* K312 开展对氧分压的响应研究发现，当氧分压大约为大气氧压的 10%（15 mmHg）时，有 15% 的 NO_3^- 被还原为 NH_4^+，氧分压降到零时，高达 63% 的 NO_3^- 被还原成 NH_4^+（Cole and Brown, 1980）。说明 15 mmHg 的氧分压是一个临界值，只有低于这个值才能进行 DNRA 过程。同时也有研究通过纯 DNRA 细菌培养发现，烟酰胺腺嘌呤二核苷酸（NADH）是 DNRA 过程的电子供体，而甲酸是 NO_2^- 还原成 NH_4^+ 的电子供体（Cole, 1978）。DNRA 细菌

也能产生 N_2O，迄今报道唯一不能产生 N_2O 的菌株是 *Clostridium* KDHS2，但一般产生量仅占 NO_x 总量的 1% 左右（Bleakey and Tiedje, 1982）。但 *Citrobacter* C48 的 N_2O 产出量可高达 23.5%（Smith, 1982）。过去把 N_2O 的产源一般仅归于硝化和反硝化两个过程，而随着人们对氮循环过程的不断认识，发现更多的过程能够产生 N_2O，但是目前的研究技术手段还很难区分不同 N_2O 产源。

1.2.4 硝化作用研究进展

硝化作用是指在硝化细菌将 NH_4^+ 氧化为 NO_2^- 和 NO_3^- 的过程（图 1-1 和表 1-1），即包括先由亚硝酸细菌将 NH_4^+ 氧化为 NO_2^- 和硝化细菌将 NO_2^- 氧化为 NO_3^- 两个好氧过程（Ward, 2008），它是潮滩环境系统生源要素生物地球化学循环过程的重要环节。河口近岸生态系统中的硝化过程主要发生在有氧区，它对河口近岸生态环境影响较大，一方面能够有效去除环境中的 NH_4^+，减轻其毒性，另一方面生成的产物（NO_2^- 与 NO_3^-）进一步为反硝化和厌氧氨氧化过程提供底物，故硝化过程在一定程度上能够限制河口近岸沉积物中其他氮循环过程的发生，在促进生态系统氮循环和缓解氮负荷方面发挥重要作用（Chen et al., 2014; Shiozaki et al., 2016）。当然河口近岸生态系统水体和沉积物硝化作用过于强烈，往往会导致生态系统水体、沉积物酸化、缓冲能力降低和释放 N_2O 等环境效应（Inamori et al., 2008）。由于河口近岸环境复杂多变，沉积物的硝化速率通常变化较大，不同环境因子的变化将产生不同的响应，因此对河口近岸硝化作用的研究具有重要价值，广受国内外学者关注。

好氧氨氧化作为硝化过程的首步，为限速环节，在河口及海洋生态系统中扮演重要角色并受国内外学者广泛关注（Francis et al., 2005; Hsiao et al., 2014; Shiozaki et al., 2016）。长期以来人们认为该过程仅由 β-变形菌和 γ-变形菌两类氨氧化细菌（AOB）参与完成。而随着氧氨氧化古菌（AOA）的发现极大的改变和丰富了人们对氨氧化过程的认识。随后关于海洋环境中 AOB 与 AOA 对氨氧化过程的贡献及其环境影响机理的相关报道层出不穷，极大地丰富了人们对海洋生态系统中硝化过程的理解。

河口近岸沉积物硝化过程复杂，在不同的环境条件下，硝化活性差异较大。影响河口近岸沉积物硝化过程的因素较大，大体可以分为以下三大类：一是物理因素，如温度、光照等；二是化学因素，如盐度、NH_4^+ 的浓度、pH 和 DO 等；三是生物因素，如底栖微生物、大型植物、竞争排除者和掠食者等（徐继荣等，2004）。

1.2.5　固氮研究进展

海洋固氮作用是指固氮微生物在固氮酶作用下，将水体溶解态 N_2 固定转化为氨，进而合成有机氮的过程（图 1-1 和表 1-1）。海洋生物固氮因可以支持初级生成所需的活性氮而在全球氮循环过程中起重要角色。每年通过海洋固氮生物固定下来的新氮大约为 $100\sim150$ Tg，占全球氮输出总量一半以上（Karl et al., 2002）。20 世纪 70 年代分子生物与 $^{15}N_2$ 同位素示踪法应用于固氮研究领域以来，逐渐发现了单细胞过段蓝藻和异养固氮细菌的重要性。在贫营养环境中，生物固氮固定的氮是上层海洋新氮的重要来源，可以有效缓解上层海洋的氮限制（Glibert et al., 2004）。同时对于 CO_2 的净吸收也起到重要作用（Altabet et al., 1995）。海洋生物固氮在海洋碳氮循环中发挥着重要作用，是国际研究的热点。因此传统的海洋固氮研究多局限于热带亚热带的寡营养盐区域，对于高营养盐区域如河口近岸和上升流区域的研究较少关注，因此有必要对这些区域的生物固氮进行重新评估和再认识（李志红等，2021）。

固氮菌分异养和自养两种类型，异养型固氮菌活性明显受碳源的限制，通常光合固氮菌的固氮能力要强于异养型和化能自养型固氮菌（Andersson et al., 2014）。海洋固氮生物多样性，主要包括固氮蓝藻和固氮异养细菌，目前认为固氮蓝藻是海洋中主要的固氮生物，固氮蓝藻又包括丝状固氮蓝藻、共生固氮蓝藻和单细胞固氮蓝藻。束毛藻（*Trichodesmium* spp.）是最常见且最为重要的丝状固氮蓝藻，主要生物在水温高于 20 ℃的寡营养海域上层，易在海洋表层形成赤潮（Capone et al., 1997）。目前发现的共生固氮蓝藻主要有：与根管藻和半管藻共生的 *Richelia*，以及与角毛藻共生的 *Calothrix*，这些固氮蓝藻喜欢生活在营养丰富的近岸区域（Subramaniam et al., 2008; Sohm et al., 2011b; Turk et al., 2014）。而单细胞固氮蓝藻个体一般小于 10 μm，广泛分布于寡营养和富营养区域，且在深水层仍有较高丰度，其固氮量可达海洋固氮总量的 30%～70%，在某些区域超过束毛藻，其主要分为 UCYN-A、UCYN-B 和 UCYN-C 三个类群（Zehr et al., 2001）。

海洋生物固氮的影响因素较多，大体归纳起来有以下几个方面：一是温度、盐度、光和氧气；二是营养元素，如铁、磷等元素；三是物理过程如中尺度涡、上升流等。温度可以影响固氮微生物的生长与固氮，野外调查发现束毛藻最适合温度为 25～30 ℃（Capone et al., 1997），室内培养则发现其最适合范围为 27 ℃（Breitbarth et al., 2007）。单细胞固氮类群能耐受更低温度，如 Cyanothece 可以生活在 18～30 ℃（Brauer et al., 2013），在温度较低的区域也很常见（Moisander et al., 2010）。盐度作为影响固氮微生物生长和固氮的另一个重要影响因素，束毛藻具有广泛的盐度耐受性（24～43 PSU），其中最适合固氮的盐度为 33～37 PSU；与共生固氮蓝藻可以在较低的盐度生存，所以经常在河口等近岸发现（Foster et al., 2007; Grosse et al., 2010）。光可以影响固氮酶的活性，也可以影响细胞的光合作用，因此光能够影响固氮生物的生长和固氮（Gallon et al., 2001）。除了光强和光周期，不同光谱也会影响固氮生物的生长，室内培养发现紫外线可以抑制束毛藻生长和固氮，但束毛藻在受到紫外线激发时会产生类菌胞素氨基酸 MAAs 以减少紫外线的抑制作用（Cai et al., 2017），此外氧气也能抑制固氮酶活性，因此固氮生物采取多种机制来避免光合作用产生氧气对生物固氮的抑制（Gallon et al., 1992; Karl et al., 2002）。海洋固氮菌对磷酸盐（PO_4^{3-}）和铁离子的需求量要远大于其他藻类。因此海洋固氮过程不仅受光照条件的影响而且还受 PO_4^{3-} 和铁离子的限制（Raven, 1998; Wu et al., 2000）。此外，DIN 也会影响固氮生物固氮（Karl et al., 2002），如束毛藻和 Crocoshphaera 也可以利用 DIN，但是固氮能力会被抑制（Knapp et al., 2012）。另外，也有研究表明环境中氮磷的比例也会对固氮产生一定的影响（Ward et al., 2013）。而中尺度涡和上升流等物理过程也是通过改变水体理化特征和营养盐等影响海洋固氮（李志红等, 2021）。

1.2.6 氮矿化与同化研究进展

氮同化与氮矿化过程作为河口近岸沉积物中关键的氮循环过程，这两个过程在河口和近岸生态系统中起到调节和平衡活性氮含量的作用（Zhou et al., 2017; Huang et al., 2021）。氮矿化为异养微生物降解有机氮为无机氮并从中获取能量用于微生物生长和新陈代谢。氮矿化过程在有机物丰富的河口近岸沉积物中扮演着一个重要的内生 DIN 源，进而加剧了水体富营养化的发生（Lin et al., 2016a）。而矿化产生的 NH_4^+ 又常作为其他氮循环如硝化和厌氧氨氧化过程的反应底物，故而一般与沉积物氮补给和脱氮过程的关系较为密切（Herbert, 1999），厘清该过程的氮转化通量对维持河口近岸生态系统的生态健康和保护海洋水质具有重要的生态环境意义（Lin et al., 2016a; Lin et al., 2016b）。氮同化则为相反过程，微生物利用无机氮转变为有机氮，包括氨同化过程和硝酸同化过程（Stark and Hart, 1997）。关于同时测定氮矿化和同化的研究多集中于森林（Vervaet et al., 2004; Gütlein et al., 2016）、草地（Accoe et al., 2004; Yang et al., 2017c）、农田（Li and Lang, 2014; Regehr et al., 2015）、河流（Zhao et al., 2015b; Lin et al., 2017a），而关注于河口和近岸生态系统的相关研究相对较少（Blackburn, 1979; Lin et al., 2016b; Huang et al., 2021）。有研究报道每年～18.9 Tg N 的 DIN 被排放入近岸海洋中，造成了生态系统的富营养化和有害藻华数量的增加（Bouwman et al., 2005; Seitzinger et al., 2010）。因此，增强对有机氮和无机氮间相互转化过程及其控制因素的认知可以为富营养化治理提供理论基础，有利于正确评估河口和近岸生态系统的稳定性及可持续性发展。

^{15}N 同位素稀释法被广泛应用于同时测量总氮矿化和总氨同化速率（Kirkham and Bartholomew, 1954; Kristensen and McCarty, 1999）。基于 NH_4^+ 培养前后浓度差计算而得的净矿化只显示了总氮矿化和总氨同化的综合效应，覆盖了总氮矿化和总氨同化各自对净矿化的影响（Hart et al., 1994）。净矿化的高低由总氮矿化与氮同化速率共同决定。因此，单独测量总氮矿化和总氨同化对于解析微生物介导的氮转化过程及其影响因素具有重要意义。

研究显示氮矿化和同化受到多种生物和非生物因素影响，河口和近岸生态系统中主要受到细菌丰度和微生物酶活性（Jia et al., 2019; Huang et al., 2021）、有机物和 NH_4^+（Zhao et al., 2015; Lin et al., 2017a）、沉积物含水率和粒径（Lin et al., 2016b; Jia et al., 2019）、盐度和温度（Li et al., 2020c; Huang et al., 2021）等的影响。此外，多种生态系统中均发现总氨同化高度依赖于总氮矿化（Silva et al., 2005; Gao et al., 2012; Zhu et al., 2013; Lin et al., 2016b），这可能是因为氮矿化积累的 NH_4^+ 可以促进氨同化吸收（Barrett and Burke, 2000）。有趣的是，有研究发现氮矿化受 TOC 调控，而氮同化受 DOC 调控，预示着矿化细菌可以利用更广泛的有机物而同化细菌仅能利用简单的或易降解的有机物（Li and Lang, 2014）。河口近岸沉积物中的氮转化过程复杂多变，具有很高的空间异质性并受到多种因素共同影响，沉积物中的有机物不仅有陆源河流输入，更有从上层水体沉降的浮游植物，特别是在藻华爆发期间（Su et al., 2017）。但是，陆源和海源有机物对沉积物氮转化速率的影响仍不清晰，有研究显示来源于浮游植物的新鲜易降解有机物可促进沉积物氮损失过程，显示了水体初级生产力的重要性（Plummer et al., 2015; Lin et al., 2017b），又由于河口浮游植物的生长和生物量受浑浊度控制（Lu and Gan, 2015），水体浑浊度可能对沉积物氮转化过程有重要影响，河口较强的水动力条件和沉积物搬运过程形成的高浑浊度条件可能会降低沉积物氮转化速率。此外，河口近岸沉积物受人为活动影响深刻，形成多种生态环境，不同生境的沉积物氮矿化与同化速率及关键控制影响因素肯定也不尽相同。因此，在河口近岸区开展沉积物氮矿化与同化过程研究需要多个生态系统的综合研究才能更准确地估算出这一关键带对全球氮通量的贡献。

1.3　氮循环测定方法研究进展

反硝化速率的测定方法较多，其中主要包括总量平衡法（Nedwell, 1975; Nixon et al., 1996）、乙炔抑制法（Yoshinari and Knowles, 1976; Sørensen, 1978）、N_2 通量

法（Jenkins and Kemp, 1984; Seitzinger et al., 1984）、^{15}N 示踪法（Jenkins and Kemp, 1984; Middelburg et al., 1996a; Plummer et al., 2015; McTigue et al., 2016）、N_2：Ar 物质量比法（Eyre et al., 2002）、化学计量法（Joye et al., 1996; Babbin et al., 2014）和 NO_3^- 消耗法（Andersen, 1977）等。这些方法各有利弊，但相对而言，同位素示踪法和乙炔抑制法是目前使用较为广泛且效果较好的测定方法（Groffman et al., 2006）。

乙炔抑制法简单灵敏，且成本低，被长期广泛运用于陆地与水环境生态系统中的反硝化过程研究中。其原理为乙炔不仅能够有效抑制 N_2O 还原为 N_2，还能抑制氨氧化过程的发生，从而避免硝化过程产生的 N_2O 所带来的影响（Groffman et al., 2006）。同时，乙炔抑制法被不断改进与完善，其中涉及到静态箱法、气体循环法和"静态柱样"法等，其中"静态柱样"乙炔抑制法被广泛应用于陆地与水环境的反硝化速率测定，该方法主要将未扰动的沉积物/土样置于密封的容器内，静止于原位或实验室内模拟培养，具体操作过程为将乙炔添加到密封柱状样的顶空区内，培养一段时间（1～24h 不等）后，从顶空区内抽取定量的气体，测定其中 N_2O 的浓度，进而计算反硝化速率（Sørensen, 1978; Tiedje et al., 1989）。该方法操作简单方便，能够允许大批量的样品测定，适合长时间大尺度的反硝化过程研究（Groffman et al., 2006）。但该方法存有不足之处，当反应环境中 NO_3^- 浓度低于 10 μM 时，抑制效果不完全，尤其是在一些 NO_3^- 较低的海洋环境中（Seitzinger, 1988）。有研究发现这种不完全抑制导致反硝化速率被低估高达 30%～50%（Lohse et al., 1993; Seitzinger et al., 1993）。同时还发现当乙炔浓度大于 10%时，同时会抑制氨氧化过程的发生，进而减少反应环境中的 NO_3^- 来源，最终导致反硝化速率被低估，其在沉积物中尤为显著（Seitzinger et al., 1993）。

目前 ^{15}N 同位素示踪法作为测定反硝化过程的重要方法之一，被广泛运用于海洋生态环境中（Devol, 2015）。与其他方法相比，该方法具备操作简单、灵敏，且精确度较高等优势，是目前关于反硝化速率最为理想的测定方法之一。早期的 ^{15}N 示踪技术主要包括同位素分馏法、同位素稀释法、^{15}N 质量平衡法，以及通过添加 $^{15}NO_3^-$ 和 $^{15}NH_4^+$ 后直接测定 ^{15}N 标记的气体（$^{29}N_2O$、$^{30}N_2O$、$^{29}N_2$ 和 $^{30}N_2$）（Groffman et al., 2006）。随后，将 ^{15}N 示踪技术应用于无扰动完整柱状沉积物的相关研究变得越来越普遍（Rysgaard et al., 2004; McCarthy et al., 2015; Yin et al., 2015; McTigue et al., 2016）。完整柱状培养方法适合模拟野外原位条件，能够较好地保存沉积物的原始结构，从而较好地反映野外真实的反硝化活性，但其工作量大，不利于大规模样品的测定。而随着分子生物学与同位素技术结合的不断深入，泥浆培养法常被视为测定水环境沉积物潜在反硝化速率的重要方法之一，该方法操作简单灵活，样品需求量少，适合大批量样品测试。当然该方法也存在一些弊端，如采用混合均匀的泥浆作为培养物，破坏了沉积物的原始结构，加上培养过程中添加了过量的反应底物（$^{15}NO_3^-$），往往使得反硝化速率被高估（Groffman et al.,

2006; Shan et al., 2016），甚至早期有学者认为同位素示踪法在操作过程中存在被大气中 N_2 污染的可能性（Oremland et al., 1984）。但是，有研究表明该方法下的潜在速率与其相关的微生物丰度存在显著相关性（Gao et al., 2016; Zheng et al., 2016）。因此，^{15}N 同位素示踪结合泥浆培养法虽然不能反映沉积物的真实速率，但在一定程度上能够反映沉积物反硝化微生物群落的潜在活性。

基于 ^{15}N 同位素示踪法技术，自然环境中的厌氧氨氧化过程被首次发现于海洋环境中（Thamdrup and Dalsgaard, 2002）。故海洋沉积物中的厌氧氨氧化速率一般采用 ^{15}N 同位素示踪法技术。该技术一般结合柱状样品（无扰动完整）培养实验或泥浆培养实验开展，培养前需去除原水样或沉积物中的氧气（O_2），有时甚至要将 NO_3^- 和 NO_2^- 一并去除，然后添加三种不同类型的标记物（$^{15}NO_3^-$、$^{15}NO_3^-+^{14}NH_4^+$ 和 $^{15}NH_4^+$），培养一段时间后，采用同位素质谱仪直接测定 ^{15}N 标记的气体（Thamdrup and Dalsgaard, 2002; Hou et al., 2013）。此外，泥浆培养法操作简单灵活，适合大批量厌氧氨氧化速率的测定，但仍存在与反硝化类似的问题，测定结果可能会高出实际值。

当前，静态箱法、气袋法和静态顶空法被广泛应用于陆地生态系统 N_2O 通量的观测与分析中，其中农田和湿地生态系统中最常用的方法为静态箱法。静态箱法可以提供植物生长过程中 N_2O 排放的详细信息，并提供建模和验证模型所需实测数据。该方法具有适应性强、结构和操作简易、成本低和灵敏度高等优点，适于农田和湿地生态系统温室气体交换过程研究（侯玉兰，2013）。但是，静态箱法采样过程中须保持箱内气密性，从而对箱内微气候产生一定程度的扰动，最终影响测定结果的准确性，且该方法仅适合海洋生态系统水气界面温室气体交换，而无法应用于沉积物-水界面温室气体交换通量观测。随着人们对溶解性温室气体研究的不断深入，静态顶空法被应用于溶解态 N_2O 的测定，其主要原理是将装有待测液态样品和初始惰性气体的密闭体系，通过剧烈摇晃使得水体和上方顶空气体浓度达到平衡，通过测定顶空气体浓度，间接计算出样品溶解性温室气体浓度（杨博道和吕锋，2016）。Butler 和 Elkins（1991）改进了传统的顶空平衡法，将 5 mL 超纯 N_2 与 15 mL 水样置于 20 mL 顶空瓶中，使顶空瓶在恒温水浴中振荡一段时间，直至两相中的气体达到平衡，对一定体积的顶空气体进行了测定。该方法操作简单，且样品需求量少，适合水体中溶解态 N_2O 的监测研究，同时也有学者将其运用于水环境中沉积物 N_2O 的释放通量研究中（Hinshaw and Dahlgren, 2013; Hou et al., 2015a）。

第2章　利用薄膜进样质谱测定河口近岸沉积物硝化与硝酸盐同化过程

2.1　引　　言

在过去的几十年里，人为活性氮输入已超过自然氮固定，人类活动已打破全球氮循环的平衡，造成了许多生态环境问题（Davidson, 2009; Galloway et al., 2008）。为进一步评估河口及近岸海域活性氮的归宿和控制该生态系统氮污染，改进和优化氮转化速率的有效测定方法显得尤为重要。^{15}N 稳定同位素示踪技术为量化关键氮循环过程提供了有效途径，如硝化（Carini et al., 2010）、厌氧氨氧化（Buchen et al., 2016; Rysgaard et al., 2004; Thamdrup and Dalsgaard, 2002）、反硝化（Lin et al., 2017b; Ward et al., 2009）、DNRA（Gardner et al., 2006; Yin et al., 2014）、固氮（Lin et al., 2017a）、氮矿化与同化过程（Lin et al., 2016b; Regehr et al., 2015）。使用 ^{15}N 稳定同位素示踪和稀释技术来量化以上速率，可提高活性氮在河口及近岸海域生态系统中的源汇转化和过程信息的理解。

在好氧条件下，硝化作用和 NO_3^- 固定化是许多生态系统中主要的氮循环（Barraclough and Puri, 1995; Burger and Jackson, 2003; Recous et al., 1990）。硝化和 NO_3^- 同化速率可以通过添加 $^{15}NO_3^-$ 和测定好氧培养过程中 $^{15}NO_3^-$ 浓度的变化来估计。但目前基于质谱测定同位素 ^{15}N 稳定同位素的传统方法存在前处理过程繁琐和费时等问题。例如，几种测量 $^{15}NO_3^-$ 的传统方法需要从溶液中定量提取分析物、干燥并转化为气态氮（N_2 或 N_2O）（Kieber et al., 1998; Russow, 1999）。这些高灵敏度的方法需要昂贵的设备和复杂的预处理（Carini and Joye, 2008; Kieber et al., 1998; Mulvaney and Kurtz, 1982; Recous et al., 1990; Russow, 1999）。虽然近期有不少研究在传统方法的基础上进一步缩短了预处理所需的时间与样品需求量，并实现了自动化，但这些技术的应用仍受到昂贵的组装仪器、繁琐费时的步骤、或对有毒化学品使用等方面的阻碍（Houben et al., 2010; Isobe et al., 2011; Tsikas et al., 2010）。因此，为满足大量样品的测定，高效、方便和低成本的 $^{15}NO_3^-$ 测定分析方法的开发显得尤为重要。

相比而言，性价比较高的薄膜进样质谱仪（MIMS）（Kana et al., 1994）及其衍生开发的 OX/MIMS 技术（Yin et al., 2014）被越来越多的氮循环研究工作者接受。MIMS 能够准确、灵敏、廉价地测定培养体系中的示踪同位素含量。本章将介绍一种新的方法用于准确测定加标样品中的 $^{15}NO_3^-$ 浓度，该方法具备 MIMS 仪器具备的一些特征如准确、精确、操作简单、性价比高等特征，测定中仅需少量的液态样品（~15 mL）。这种新的方法的原理为将同位素 $^{15}NO_3^-$ 在酸性条件下，振荡，经锌粉还原成 NH_4^+，然后再使用次溴酸盐碘溶液将其氧化成 N_2，最终由 MIMS 识别定量。该方法是在 OX/MIMS 测定 $^{15}NH_4^+$ 技术（Yin et al., 2014）的基础上延伸发展的，因此在此将其命名为 REOX/MIMS。该方法优化了 NO_3^- 还原成 NH_4^+ 的条件，主要包括温度、盐度、振荡频率、振荡时间、酸性条件、锌粉的添加量。这种方法简化了设备需求和实验程序，并减少了预处理时间、成本和样品体积的要求。本章利用该方法对中国崇明岛 6 种生态系统（草地、森林、水稻、湿地、湖泊和河口环境）的 NO_3^- 动态进行了初步评价。研究结果表明该方法为理解和预测不同生态系统中的氮循环速率提供了一种便捷的工具。

2.2 材料与方法

2.2.1 $^{15}NO_3^-$ 测定方法

将前期备好的次溴酸盐碘溶液 -20 ℃保存（Ohyama and Kumazawa, 1981; Yin et al., 2014）。测试分析前，取 15 mL 的 $^{15}NO_3^-$ 待测溶液用 75 μL 2 M H_2SO_4 酸化。用锌粉（Mallinckrodt, USA）将硝酸盐（包括添加的 $^{15}NO_3^-$）在 50 mL 离心管中还原为铵（NH_4^+）。反应方程式（Brown, 1921）为：

$$NO_3^- + 4Zn + 10H^+ \rightarrow 3H_2O + 4Zn^{2+} + NH_4^+ \qquad (2\text{-}1)$$

将待测水样、H_2SO_4 和锌粉放入 50 mL 离心管中，在室温下用 250 rpm 的振荡筛充分搅拌 30 min。混合后，溶液转移到 12 mL 密封硼硅小瓶（Labco Exetainer, High Wycombe, Buckinghamshire, UK）。瓶内充满，用硅胶隔片和螺旋盖密封，防止溶液和气体泄漏。每个样品瓶中注射过量的次溴酸盐碘溶液（0.2 mL），将 $^{15}NH_4^+$ 完全氧化为 $^{29}N_2$ 和 $^{30}N_2$（Yin et al., 2014）。氧化后产生的 N_2 气体用 MIMS 进行分析。"REOX/MIMS" 法测定水样中 $^{15}NO_3^-$ 的具体流程如图 2-1 所示。

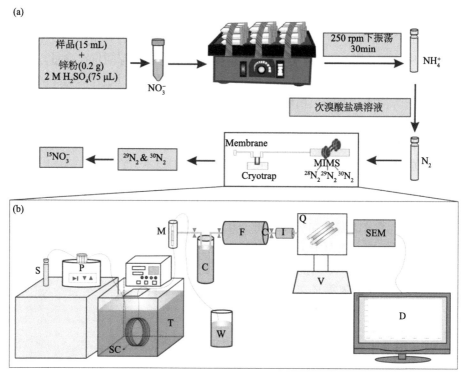

图 2-1 采用 "REOX/MIMS" 法测定水样中 $^{15}NO_3^-$ 浓度的流程图（a），自组装膜进样质谱系统示意图（b）

主要的组成部分包括：样品瓶（S），进样蠕动泵（P），恒温水浴槽（T），不锈钢毛细管（SC），膜进样器（M），废液回收瓶（W），冷阱（C），铜还原炉（F，内含一根装有还原铜丝的石英管），抽真空系统（V），离子源（I），四极杆质量分析器（Q），二次电子倍增检测器（SEM），数据处理系统（D）

2.2.2 $^{15}NO_3^-$还原条件和标准曲线的优化

酸碱度、振荡频率、锌粉、还原时间、盐度和温度对 $^{15}NO_3^-$还原反应的影响。使用三种标准的 $Na^{15}NO_3$（99.4 atom%）溶液（5 μM、50 μM 和 500 μM）来优化几个因素。本研究准备了三种标准的 $^{15}NH_4Cl$（99.09 atom%）溶液（5 μM、50 μM 和 500 μM）来计算 $^{15}NO_3^-$的还原效率。还原效率（ R, % ）计算公式：

$$R = \frac{C_n}{C_a} \times 100\% \qquad (2-2)$$

式中，C_n 代表还原后 $^{15}NH_4^+$的浓度；C_a 代表还原前 $^{15}NO_3^-$的浓度（5 μM，50 μM 和 500 μM）。

在优化的反应条件下，制备浓度梯度为 0、0.5 μM、1 μM、2 μM、5 μM、10 μM、

15 μM、20 μM、50 μM、100 μM、200 μM、300 μM 和 500 μM 的 $Na^{15}NO_3$。每个浓度梯度下设置三个重复，然后每个标准溶液（15 mL）中均加入 75 μL 2 M H_2SO_4 和 250 mg 锌粉，在室温下振荡（250 rpm）30 min。然后静置后，将离心管内的上清液移置 12 mL 密封硼硅小瓶，密封后加入过量的次溴酸盐碘溶液（0.2 mL）。同时，本研究添设了关于不同 $^{15}NO_3^-$ 梯度标准溶液在 2 M KCl 溶液中的标准曲线测定，其中仅将溶剂换为 2 M KCl 溶液，其他步骤同上。

此外，本研究测量了不同丰度下的 $^{15}NO_3^-$ 标准溶液，以评价 REOX/MIMS 测量水溶液中 $^{15}NO_3^-$ 丰度的可重复性和准确性。标准溶液由两个 $NaNO_3$ 储备溶液（一个有 ^{15}N 的天然丰度，另一个有 99.4 atom% 的 ^{15}N）制备，浓度均为 10 mM。其中一组将其制备成 NO_3^- 浓度为 500 μM 的且 ^{15}N 占比分别为 0.5%、1%、5%、10%、25%、50% 和 75% 的标准溶液；另一组配置成 ^{15}N 占比分别为 1%、10% 和 50% 且 NO_3^- 浓度分别为 10 μM、50 μM、100 μM 和 500 μM 的标准溶液。

2.3　结果与讨论

2.3.1　$^{15}NO_3^-$ 还原条件的优化

1. 酸性条件的影响

先前的研究已证实了 N 形态能够通过锌粉从 +5 价态还原成 +3、+2、+1、0 和 −3 价态（表 2-1）。对于 NO_3^- 浓度范围较大的样品，通过控制 NO_3^-/H^+ 的比例将 NO_3^- 完全转化为单一产物（如 NO_2^-、N_2、NO、N_2O 或 NH_4^+）是很难实现的。因此，加入过量的酸，将 NO_3^- 尽可能地转换为 NH_4^+ 相对可控。此外，选择 2 M 的 H_2SO_4 而不是盐酸（HCl），因为氯离子（Cl^-，大于 0.1 M）可以降低 NO_3^- 催化还原波，而硫酸离子（SO_4^{2-}，最高可达 5 mM）可以增加 NO_3^- 催化还原波（Hemmi et al., 1984）。图 2-2（a）通过在 15 mL 样品中添加 2 M H_2SO_4 来探讨酸性条件对 $^{15}NO_3^-$ 还原率的影响。不同浓度（5 μM、50 μM 和 500 μM）下的 $^{15}NO_3^-$ 还原率存在相似的变化趋势。当 H_2SO_4 添加量为 0 时，还原率基本为 0。然而当加入少量 H_2SO_4（0~50 μL）时，还原率陡增。当 H_2SO_4 添加量为 50~100 μL 时，还原率达到较高（90.5%~95.3%）且较为稳定。还原率最高值出现在 H_2SO_4 添加量为 75 μL 时。随后还原率随着 H_2SO_4 添加量（100~500 μL）的增加而逐渐下降。因此，本研究基于三种不同的 $^{15}NO_3^-$ 浓度的研究结果，最终确定每 15 mL 样品中添加 75 μL 2 M H_2SO_4 作为 NO_3^- 还原成 NH_4^+ 的最佳酸添加量。

表 2-1 不同酸性条件下锌还原 NO_3^- 的反应方程

还原方程式	VC	$NO_3^- : Zn : H^+$	参考文献
$NO_3^- + Zn + 2H^+ \rightarrow H_2O + Zn^{2+} + NO_2^-$	2	$1:1:2$	Edwards et al., 1962
$2NO_3^- + 3Zn + 8H^+ \rightarrow 4H_2O + 3Zn^{2+} + 2NO$	3	$1:1.5:4$	Liou et al., 2012
$2NO_3^- + 4Zn + 10H^+ \rightarrow 5H_2O + 4Zn^{2+} + N_2O$	4	$1:2:5$	Liou et al., 2012
$2NO_3^- + 5Zn + 12H^+ \rightarrow 6H_2O + 5Zn^{2+} + N_2$	5	$1:2.5:6$	Liou et al., 2012
$NO_3^- + 4Zn + 10H^+ \rightarrow 3H_2O + 4Zn^{2+} + NH_4^+$	8	$1:4:10$	Brown, 1921

2. 振荡频率的影响

在反应过程中，Zn（OH）$_2$ 或 ZnO 的形成可能会阻碍锌颗粒表面的反应位点（Liou et al., 2012）。采用台式振动器在高振动频率下进行反应，通过促进了 Zn（OH）$_2$ 或 ZnO 膜的去除来增加溶液与锌的接触面积（Wu et al., 2016）。因此，了解振荡频率对 NO_3^- 还原的影响显得尤为重要[图 2-2（b）]。在低振动频率下（0～250 rpm），降低效率低且不稳定。随着振动频率的增加（250～400 rpm），降低效率更高且更稳定。因此，选择 250 rpm 作为 NO_3^- 还原成 NH_4^+ 的最佳振荡频率。

3. 锌粉添加量的影响

锌具有成本低、毒性低、重现性好和还原效率高等特征，常作为还原剂用于将 NO_3^- 转化为 NO_2^-、N_2、N_2O 或 NH_4^+（Carini et al., 2010; Ellis et al., 2011; Liou et al., 2012; Wu et al., 2016）。锌是将 NO_3^- 还原为 NH_4^+ 的电子供体，锌的用量影响反应效率甚至反应产物（Brown, 1921）。因此，为了有效地将 NO_3^- 转化为 NH_4^+，需要优化每个样品所需的锌粉量。锌粉添加量对 $^{15}NO_3^-$ 还原效率的影响在三种浓度之间呈现出相似的变化趋势[图 2-2（c）]。在 250～500 mg 锌粉添加量的条件下，NO_3^- 还原率较为稳定且较高（89.7%～95.6%）。因此，最终确定每 15 mL 样品中添加 250 mg 锌粉作为 NO_3^- 还原成 NH_4^+ 的最佳锌粉添加量。

4. 还原反应时间的影响

如图 2-2（d）所示，本研究探讨了反应时间与还原效率的关系。三种不同浓度 $^{15}NO_3^-$ 下的还原效率变化趋势相似，即在前 30 min 还原效率快速上升，30 min 后还原效率保持较高且较为稳定（92.3%～94.8%）。当 $^{15}NO_3^-$ 浓度为 5 μM、50 μM 和 500 μM 时，还原效率无显著差异（$p > 0.05$）。因此，30 min 作为最佳的反应时间。

5. 离子强度的反应

盐度会影响水样中 NO_3^- 的还原，因为高盐度会破坏附着在锌粉表面的 Zn（OH）$_2$

或 ZnO 膜，增加样品溶液的离子强度（ Wu et al., 2016; Zhang and Fischer, 2006 ）。此外，虽然 Cl⁻可以延迟 NO₃⁻还原，但最大还原率不受影响（ Sah, 1994 ）。本研究探讨了盐度范围从 0 到 40‰的 NO₃⁻还原率[图 2-2（ e ）]。三种不同浓度的 $^{15}NO_3^-$ 还原率变化趋势相似。随着盐度的增加，还原率略有提高，但不同盐度之间的差异不显著（ $p > 0.05$ ），说明酸性条件下，盐度对锌对硝铵还原效率的影响很小。先前的研究表明酸性溶液比盐水溶液更容易破坏锌粉的 Zn（OH）₂ 或 ZnO 膜（ Wu et al., 2016 ），与该研究结合相符。同样，有研究表明在低盐度（ 0‰～ 5‰）海水中，加入 HCl 后 NO₃⁻还原率显著提高（ Zhang and Fischer, 2006 ）。

6. 温度的影响

该研究结果与先前的研究结果较为一致，即锌粉还原 NO₃⁻对温度较为敏感（ Carini et al., 2010; Carlson, 1986 ）。在三种浓度下，$^{15}NO_3^-$ 还原率随温度变化规律相似[图 2-2（ f ）]。在低温条件下（ 0～15 ℃），还原率随温度的升高而迅速提高。当温度超过 15℃时，还原效率在 91.3%～93.8%范围内保持稳定，且三种 $^{15}NO_3^-$ 浓度之间无显著差异，表明 15 ℃时还原率达到了相对稳定且较高的水平。因此，该反应在相对较宽的温度范围内（ 15～40 ℃ ）是有效的。为方便起见，本研究选择 25℃作为最优反应温度。

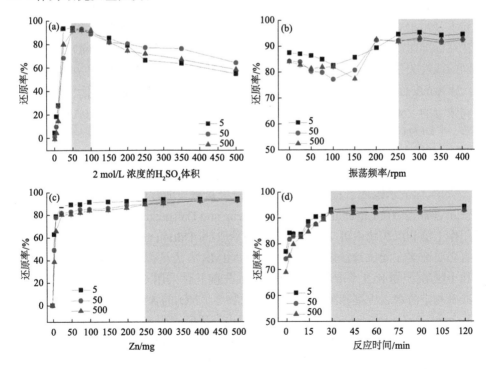

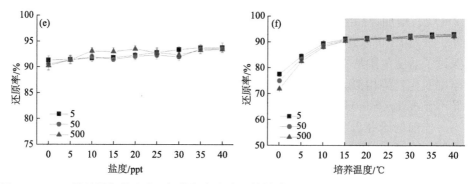

图 2-2　H$_2$SO$_4$溶液添加量（a）、振荡频率（b）、锌粉质量（c）、反应时间（d）、盐度（e）、
培养温度（f）对 ^{15}NO$_3^-$还原率的影响

所有的反应都使用 5 µM、50 µM 和 500 µM 的 ^{15}NO$_3^-$的三种标准溶液；灰色区域表示在相应条件下，还原率已达到
相对稳定的较高水平；误差棒表示标准差（$n=3$）

2.3.2　REOX/MIMS 精确度和准确度

在上述优化的反应条件下，通过测定不同盐度（0‰、15‰和35‰）及 2 M KCl 溶液下含不同 ^{15}NO$_3^-$浓度（0、0.5 µM、1 µM、2 µM、5 µM、10 µM、15 µM、20 µM、50 µM、100 µM、200 µM、300 µM 和 500 µM）的标准样品溶液来确定 REOX/MIMS 方法在标准曲线。总的 ^{15}N 信号强度（10^{-9} Amps）与低浓度下的 ^{15}NO$_3^-$（20 µM）之间的线性关系在不同盐度条件和 2 M KCl 条件下均极佳[图 2-3(a)]（$p<0.0001$）。当 ^{15}NO$_3^-$浓度范围进一步扩展到 500 µM 时,相关性仍极高[图 2-3(b)]（$p<0.0001$）。不同浓度的 ^{15}NO$_3^-$（0.1～500 µM）的相对标准偏差（RSD）较低，从 0.1%到 4.37%不等，平均为（1.49±0.87）%。实验数据结果表明该方法的最低检测限约为 0.1 µM（重复空白样本标准差的两倍）（Tortell, 2005），而最高检测限高达 500 µM。该检测范围容纳了来自富营养化湖泊和河流等自然环境的大部分样本。

^{15}NO$_3^-$标记示踪或者稀释技术常用于定量盐碱或海洋生态系统中氮转换速率（Carini et al., 2010; Lin et al., 2017b; Thamdrup and Dalsgaard, 2002）。饱和 KCl 被广泛用作土壤和沉积物中可交换性无机氮的萃取剂（Dorich and Nelson, 1983）。因此，很有必要证实在同位素富集实验中 REOX/MIMS 方法是否能够准确定量海洋环境中和土壤/沉积物 KCl 萃取物的 ^{15}NO$_3^-$含量。先前几种采用 GC-MS、IRMS 和 HPLC 可准确测定海水、土壤和沉积物 KCl 提取物中 ^{15}NO$_3^-$的含量（Carini et al., 2010; Isobe et al., 2011; Preston et al., 1998）。同时也有研究表明 SPIN-MIMS 方法可以准确测定淡水和土壤提取物中 ^{15}NH$_4^+$和 ^{15}NO$_3^-$浓度（Eschenbach et al., 2017）。本研究也证实了 REOX/MIMS 方法能够用于测定土壤和沉积物 KCl 提取物中 ^{15}NO$_3^-$的含

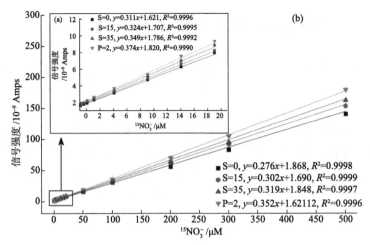

图 2-3　最优反应条件下已知 $^{15}NO_3^-$ 浓度与总 ^{15}N（$^{29}N_2 + 2 \times ^{30}N_2$）在 0、15‰、35‰ 及 2 M KCl
条件下两者之间的线性关系

垂直误差棒表示标准误差（$n=3$）；S 和 P 分别表示盐度和 2 M KCl

量。在不同盐度和 2 M KCl 条件下 $^{15}NO_3^-$ 浓度与 ^{15}N 信号强度均存在很高的相关性，表明该方法受盐度和 KCl 含量影响可忽略不计（图 2-3）。该结果表明 REOX/MIMS 方法能够准确地测定浓度范围较广的 $^{15}NO_3^-$ 溶液（$0.1 \sim 500$ μM）。同位素富集实验在盐度范围（0‰～35‰）和 2 M KCl 溶液中均有良好的线性关系。同时，不同盐度下的斜率略有不同（图 2-3），表明应使用与样品盐度相似的标准溶液进行拟合计算。此外，测定的 ^{15}N 丰度与期望 ^{15}N 丰度之间的相关系数极高[图 2-4（a）]（$R^2 = 0.9998$，$p < 0.0001$）。在不同的 ^{15}N 丰度和 N 浓度下，REOX/MIMS 方法测量 ^{15}N 丰度的 RSD 均在可接受的范围内（0.37%～3.43%），除了总 NO_3^- 浓度为 10 μM 且 ^{15}N 丰度为 1 atom% 的 RSD（15.25%）外（图 2-4）。

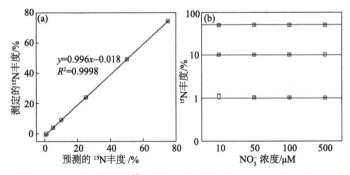

图 2-4　（a）标准 500 μM NO_3^- 浓度在 ^{15}N 不同丰度条件下（0.5%、1%、5%、10%、25%、50% 和 75%）的测定值与预测值之间的线性拟合关系；（b）^{15}N 丰度测量在不同的 NO_3^- 浓度下（$n=3$，平均值和标准差）

2.3.3 测定总硝化与硝酸盐同化速率

表层土壤/沉积物（0～5 cm）的总硝化和总 NO_3^- 同化速率也用两种常规方法测定。用 REOX/MIMS 得到的结果与用同位素比值质谱(IRMS, Finnigan MAT delta plus advantage)（Højberg et al., 1994; Laughlin et al., 1997）和气相色谱仪配备四极质谱仪（GC-MS）（Isobe et al., 2011）得到的结果一致。配对 t 检验表明，总硝化和总 NO_3^- 同化速率的分析方法之间没有统计学差异（表 2-2）。同时该方法的精度足够高（RSD < 5%），可以使用 N 同位素稀释法定量不同生态系统土壤/沉积物中的总硝化和总 NO_3^- 同化速率（表 2-2）。以上结果表明，REOX/MIMS 可通过同位素稀释在各种生态系统中准确地测量总硝化作用和总 NO_3^- 同化速率，是一种实用有效的技术方法。

表 2-2　三种不同方法测定不同生态系统土壤/沉积物中 **GNR** 和 **GNI** 速率

样品（0～5 cm）	REOX/MIMS		GC-MS		IRMS	
	平均值	RSD%	平均值	RSD%	平均值	RSD%
森林（GNR）	3.15	2.54	3.41	1.11	3.05	2.08
森林（GNI）	6.74	0.82	6.84	0.72	6.45	1.03
草地（GNR）	2.15	4.13	2.38	1.35	2.11	2.24
草地（GNI）	4.25	1.29	4.54	1.66	4.11	1.99
湿地（GNR）	3.54	2.99	3.82	1.44	3.37	2.67
稻田（GNR）	3.05	1.33	3.11	2.04	3.05	2.18
湖泊（GNR）	1.24	3.80	1.33	2.71	1.08	4.55
河口（GNR）	0.55	4.60	0.61	3.28	0.49	6.27

注：GNR 和 GNI 分别表示总硝化和总 NO_3^- 同化速率。

2.3.4 REOX/MIMS 优缺点及应用

尽管测定同位素的传统方法存在费时费力等困难,但先前的研究已使用 IRMS 或 GC-MS 等设备在淡水（Kieber et al., 1998）、海水（Preston et al., 1998）、土壤/沉积物萃取物（Isobe et al., 2011）、尿液（Houben et al., 2010; Tsikas et al., 2010）及其他生物液体（Tsikas, 2000）中准确地定量 $^{15}NO_3^-$ 的含量。然而，传统方法对 $^{15}NO_3^-$ 的定量要求分析物必须从溶液中去除、干燥并转化为 N_2 或 N_2O(Kieber et al.,

1998）。昂贵的设备费用，复杂的样品操作程序和大量的时间要求限制了进一步应用这些传统方法测定 $^{15}NO_3^-$ 和 NO_3^- 转化（Houben et al., 2010）。该方法的预处理过程不需要花费大量的劳力，也不需要特殊的设备，除了相对便宜的 MIMS 和/或在生物地球化学实验室经常可实现。同时，锌作为将 NO_3^- 还原为 NH_4^+ 的电子供体，与其他电子供体（如氯化钒、镉和肼等）相比，具有更简单、成本更低、毒性小的优点（Eschenbach et al., 2017; Merino, 2009）。因此，REOX/MIMS 方法使用廉价的试剂和仪器，可以帮助更多希望适应国际环境要求的发展中国家的实验室。

在预处理过程中，该方法可在一小时内同时处理多达 60 个样品（图 2-1）。常规情况下，用 REOX/MIMS 分析一个样品大约需 5 min，而用 GC-MS（Isobe et al., 2011）和 FT-IR/HPLC（Carini et al., 2010; Kieber et al., 1998）分析则需要约 15 min 和 40 min（表 2-3）。虽然 REOX/MIMS 预处理便捷，比其他非自动进样方法快得多，但与最近研发的自动测样方法（SPIN-MAS）相比，这种非自动进样方法更耗时（Eschenbach et al., 2017; Eschenbach et al., 2018）。

REOX/MIMS 方法测定 $^{15}NO_3^-$ 一般需要 15 mL 的样品。该方法的样品需求量要明显少于 IRMS（Højberg et al., 1994; Laughlin et al., 1997）和 FT-IR（Kieber et al., 1998）方法，与使用 R-CRMS（Russow, 1999）和 GC-MS（Isobe et al., 2011）和 AIRTS-HPLC （Carini et al., 2010）方法较为相近，但比 SPIN-MIMS 方法所需的样品量（1.5 mL）多（表 2-3）。REOX/MIMS 方法较低的变异系数（0.1%～4.37%）说明了该方法的精度较高，其变异系数与 FT-IR 方法（Kieber et al., 1998），IRMS 方法（Laughlin et al., 1997）和 R-CFMS 方法（Russow, 1999）较为接近（表 2-3）。该研究结果还表明，无论离子强度如何（盐度高达 35‰的海水及 2 M KCl 萃取溶液），0.1～500 μM $^{15}NO_3^-$ 的水样都可以用 REOX/MIMS 进行精确测量，而有部分其他方法所使用的仪器无法应对高离子浓度（Ellis et al., 2011）。与 IRMS 相比，使用 REOX/MIMS 进行预处理的成本要低得多，这使得该方法具有成本效益。因此，REOX/MIMS 方法为在同位素富集实验中定量淡水、咸水和土壤/沉积物提取物的 $^{15}NO_3^-$ 浓度提供了一种低成本、快速、简单、准确和精确的方法。

然而，用 REOX/MIMS 方法测量分析物 N_2 仍然是低浓度水样中 $^{15}NO_3^-$ 丰度测量的一个问题（图 2-4）。该结果可解释以往研究中在低 $^{15}NO_3^-$ 浓度和低 ^{15}N 浓缩条件下，NO 或 N_2O 作为分析物具有更好的灵敏度和准确性（Eschenbach et al., 2017; Eschenbach et al., 2018）。因此，REOX/MIMS 方法可能不是作为测定低浓度的首选方法，更不适合测定天然 ^{15}N 丰度，但它可准确地测定加标后土壤/沉积物样品的 $^{15}NO_3^-$ 的浓度。

在过去的几十年里，由于 MIMS 的高精度、快速的样品吞吐量、测试样品浓度范围广和成本低等优势，它越来越多地被用于定量同位素富集实验中的微生物氮转化速率（Crowe et al., 2012; Eyre et al., 2002; Hardison et al., 2015; Lin et al., 2017a; McCarthy and Gardner, 2003; McTigue et al., 2016; Yin et al., 2014）。例如，MIMS 可用于测定水生生态系统沉积物和水柱中的反硝化作用和厌氧氨氧化速率（Crowe et al., 2012; Eyre et al., 2002; Hardison et al., 2015; Lin et al., 2017b; McCarthy and Gardner, 2003; McTigue et al., 2016）。在同位素富集实验中测量 $^{15}NH_4^+$ 的 OX/MIMS 方法为测量沉积物中的 DNRA 速率提供了一种方便的方法（Yin et al., 2014）。它被成功地扩展，以确定氮固定，矿化和固定同位素示踪或稀释技术在水生环境的沉积物（Hou et al., 2018; Lin et al., 2016a; Lin et al., 2016b; Lin et al., 2017a）。将 MIMS 扩展到 $^{15}NO_3^-$ 的测量，即前面所述的 REOX/MIMS 方法，为确定总硝化作用、总 NO_3^- 同化速率提供了一种方便而经济的方法，并将 MIMS 的应用领域扩展到陆地生态系统。如图 2-5 所示，随着该方法的推广与应用，目前我们可使用 MIMS 来量化不同生态系统的土壤/沉积物中关键氮转化过程。此外，REOX/MIMS 可以扩展到使用 UV 氧化（Armstrong and Tibbitts, 1968）和/或过硫酸盐氧化（Bronk et al., 2000）来测定 $DO^{15}N$ 浓度。测定 $DO^{15}N$ 浓度对控制培养实验具有重要意义，该实验利用 ^{15}N 标记底物研究不同生态系统中 DON 的 N 归宿和动态。

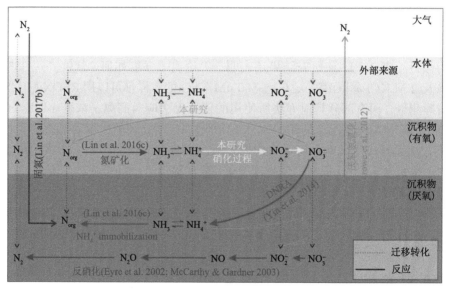

图 2-5　运用薄膜进样质谱仪（MIMS）仪器测定氮循环关键过程速率示意图

表 2-3　本方法与其他测定 $^{15}NO_3^-$ 分析方法的分析性能比较

分析系统	反应原理	还原效率 /%	检测限 /μM	RSD /%	单个样品耗时 /min	用量 /mL	价格	范围 /μM	参考文献
IRMS	$^{15}NO_3^- \xrightarrow{Cu\&Cd} {}^{15}NO_2^- \xrightarrow{NH_4OH\&H^+} {}^{29}N_2O + {}^{30}N_2O$	95	—	<4	~15	50	高	≤100	Laughlin et al., 1994
IRMS	$^{15}NO_3^- \xrightarrow{Denitrifier} {}^{29}N_2O + {}^{30}N_2O$	—	—	—	~15	50	高	0~10	Højberg et al., 1994
FT-IR	$^{15}NO_3^- \xrightarrow{Cu\&Cd} {}^{15}NO_2^- \xrightarrow{2,4-DNPH} {}^{15}N$ azide	>98	0.5	9	45	40	低	0~60	Kieber et al., 1998
R-CFMS	$^{15}NO_3^- \xrightarrow{TiCl_3\&H_2SO_4} {}^{15}NO$	—	—	≤3	~8	5	—	0.66~67.1	Russow, 1999
HPLC	$^{15}NO_3^- \xrightarrow{Zn\&H_2SO_4} {}^{15}NH_4^+$	102	—	—	>40	15	低	—	Carini et al., 2010
GC-MS	$^{15}NO_3^- \xrightarrow{Denitrifier} {}^{29}N_2O + {}^{30}N_2O$	—	~0.5	—	~15	1~10	—	0.5~1000	Isobe et al., 2011
SPIN-MIMS	$^{15}NO_3^- \xrightarrow{VCl_3\&HCl} {}^{15}NO$	—	—	<0.8	~15	1.5	低	—	Eschenbach et al., 2017
SPIN-MIMS	$^{15}NO_3^- \xrightarrow{VCl_3\&HCl} {}^{15}NO \xrightarrow{VCl_3\&NaOH} {}^{29}N_2O + {}^{30}N_2O$	—	—	<1.7	~10	1.5	低	—	Eschenbach et al., 2018
MIMS	$^{15}NO_3^- \xrightarrow{Zn\&H_2SO_4} {}^{15}NH_4^+ \xrightarrow{NaOBr} {}^{29}N_2 + {}^{30}N_2$	92.3~94.8	~0.1	1.49±0.87	~5	15	低	0.5~500	本研究

注：FT-IR 指由 Mattson Polaris、Balston CO_2/H_2O 过滤系统和安装在 BM 兼容 PC 上的 WinFIRST 数据采集系统的分析系统；SPIN-MIMS 指耦合至膜入口四极质谱仪的无机氮自动样品制备装置。

2.4　本　章　小　结

本章节提出了一种采用薄膜进样质谱测定溶解相 $^{15}NO_3^-$ 的方法（REOX/MIMS）。REOX/MIMS 方法提供了一种低成本、方便和准确的方法来定量不同盐度范围（$R^2 \geqslant 0.9997, p < 0.0001$）和 2 M KCl 溶液（$R^2 = 0.9996, p < 0.0001$）中的 $^{15}NO_3^-$ 浓度。该方法的优点包括：①精度高[RSD =（1.49 ± 0.87）%]；②样品需求量少（15 mL）；③操作简单方便；④测试通量高（每小时可测 12 个样品）；⑤成本相对于其他质谱仪或其他同位素分析方法低。此外，除了这些分析优势之外，本章还证明了该方法适用于从湖泊到森林的各种生态系统。REOX/MIMS 提供了直接在水中测量的重要优势，而不需要从样本中蒸发或净化水。随着该方法的建立，现如今实现使用薄膜进样质谱仪测定海洋生态系统中的反硝化、厌氧氨氧化、DNRA、固氮、同化、矿化和硝化等关键氮循环过程速率。从而实现仅使用一台仪器既能构建海洋生态系统全貌过程。

第3章　最大浑浊带对河口沉积物硝酸盐还原过程的影响

3.1 引　言

氮循环是全球变化科学研究当中重要、前沿又极具挑战的板块。过量人为活性氮输入地表系统所引发的"氮瀑布"效应，是仅次于生物多样性危机之后最严重的全球环境问题（图 3-1）。大量的人为活性氮通过径流与大气沉降等方式汇入河口（Liu et al., 2021），与日俱增的氮负荷量已导致该生态系统氮素失衡，进而引发赤潮、缺氧、温室气体排放增加、生物多样性减少等一系列生态环境问题。微生物介导的反硝化与厌氧氨氧化过程常被视为河口近岸生态系统中活性氮去除的两种主要途径，能将生态系统内的活性氮转化为氮气（N_2）或氧化亚氮（N_2O）等气态氮，从而将其永久性去除，能有效缓解河口近岸氮污染问题（Canfield et al., 2010）。有研究表明全球约 45%的活性氮去除是由河口近岸沉积物中的反硝化与厌氧氨氧化共同完成（Seitzinger et al., 2006）。其中反硝化在河口近岸沉积物脱氮过

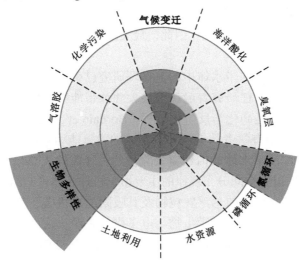

图 3-1　量化后的九大地球环境系统

浅绿色区域为安全可持续发展范围，红色为现状（Rockström et al., 2009）

程中起主导地位，但该过程也是沉积物 N_2O 产生的主要来源之一（Hylén et al., 2022），加之全球气候变暖与河口近岸水体缺氧范围不断扩大，反硝化过程在该生态系统 N_2O 产生过程中可能扮演更为重要的角色（Codispoti, 2010; Tan et al., 2020）。N_2O 贡献着全球约 6%的辐射强迫，既是最重要的温室气体之一，又是目前大气平流层中最主要的臭氧消耗物质（Ravishankara et al., 2009）。因此，深入探讨河口近岸沉积物硝酸盐还原速率、比例、相关微生物菌群特征及其环境影响机理对更好地认识该生态系统活性氮的归趋、转化具有重要的生态环境意义，以期能够为控制河口近岸水体富营养化和全球气候变暖提供重要的理论支撑。

最大浑浊带广泛分布于各种气候条件和不同规模大小的河口区，作为河口天然"过滤器"的热点区域，常年捕获大量的悬浮颗粒物和溶解性物质（沈焕庭等，1992; Remoro et al., 2019）。最大浑浊带不仅在河口悬浮颗粒物的输运和积累、底泥的沉积和再悬浮，以及三角洲的形成与发展中起到重要作用，而且在河口营养盐与有机碳等物质的组成、迁移、转化和归趋上扮演重要角色。有关最大浑浊带生物地球化学方面的研究已在吉伦特河口（Abril et al., 1999）、塞纳河口（Servais and Garnier, 2006; Garnier et al., 2008; Garnier et al., 2010）、叶尼塞河口（Gebhardt et al., 2005）、哥伦比亚河口（Smith et al., 2013）、鸭绿江口（于欣等，2012）、闽江口（Yu et al., 2020）、珠江口（Shi et al., 2017）和长江口（Shen et al., 2008; Li et al., 2015c; Zheng et al., 2021）等诸多河口地区逐步展开，并不断取得新进展。大体可归纳为以下 3 个方面：一是浮游生物和细菌等生物种群在最大浑浊带内的分布与迁移规律；二是最大浑浊带的生物化学特征及其对环境的影响，包括营养盐和叶绿素的迁移与含量变化规律等；三是化学物质在最大浑浊带内的迁移和富集规律及其对河口化学物质通量的影响。因此，最大浑浊带的生物地球化学研究已成为海洋科学研究的热点之一。

目前，河口最大浑浊带水体中的氮循环研究已引起人们的广泛关注，并取得了重要研究进展。以往研究普遍认为最大浑浊带能够有效地促进河口水体脱氮过程的发生，尤其是硝化与反硝化过程（Bordalo et al., 2016; Zhu et al., 2018; Yu et al., 2020），甚至有学者认为浑浊带水体的脱氮能力被严重低估，并初步估算出长江口最大浑浊带水体的活性氮去除量约占径流输入总量的 18%（Zheng et al., 2021）。呈现以上空间分布规律的主要影响机理大体可归结为以下两点：一是河口最大浑浊带水体中的悬浮颗粒物及其吸附的有机碳和微生物相对较高，可为水体脱氮过程的发生提供微生物与电子供体来源，从而有效提高水体活性氮去除能力（Schuchardt and Schirmer, 1991; Yu et al., 2020）；二是最大浑浊带悬浮颗粒物含量较高，利用悬浮颗粒物对氧气（O_2）产生扩散阻力，使其由外到内形成好氧区、缺氧区和厌氧区，分别为硝化和反硝化菌提供有利环境，从而有效促进硝化与反硝化耦合过程的发生（Owens, 1986; Smith et al., 2013）。因此，河口最大浑浊带的存在已被证实能够有效提高其水体活性氮的去除能力，使其成为河口水体活性氮去除的热点区域，在减缓河口营养盐过载中扮演重要角色。

此外，最大浑浊带的水体含沙量较高，透光性较差，叶绿素含量明显低于相邻河段，存在一个浮游植物含量的低值区，这一现象普遍存在于许多河口地区（Shi et al., 2017; Huang et al., 2021）。由此推断，最大浑浊带表层沉积物接受上覆水体沉降的活性有机碳必将受限，导致其表层沉积物同样成为叶绿素含量的低值区。加之最大浑浊带的水动力较强，部分底泥易发生再悬浮、再搬运和重新分配，导致颗粒态吸附的有机碳长时间暴露在水体中，加速有机碳的降解和阻碍有机碳的沉积埋藏（沈焕庭和时伟荣，1999）。因此，最大浑浊带的存在不仅能够影响表层沉积物有机碳的来源、含量和分子组成，而且能够影响其降解与埋藏。活性有机碳作为异养硝酸盐还原过程的最主要的电子供体之一，对控制反硝化、厌氧氨氧化及 DNRA 活性及其贡献比例起到重要作用（Hardison et al., 2015; Plummer et al., 2015; Tan et al., 2019）。已有研究发现河口近岸上覆水体光合作用产生的活性有机碳是维持表层沉积物脱氮过程发生与温室气体 N_2O 产生的关键控制因子（Lin et al., 2017b; Tan et al., 2019）。同时，也有研究表明叶绿素 a 含量常作为河口近岸沉积物活性氮去除能力的关键限制因子（Plummer et al., 2015; Zhang et al., 2018）。因此，最大浑浊带的存在势必影响河口表层沉积物活性有机碳的来源、含量及分子组成，进而影响其硝酸盐还原活性、比例及相关微生物菌群结构特征等，而目前关于这方面的数据仍十分匮乏。

综上所述，最大浑浊带作为河口有机碳和营养盐的源、汇和转化的热点区域，有关最大浑浊带内生物地球化学过程的研究已逐步展开。尽管已有不少学者关注河口最大浑浊带对水体关键氮循环过程的影响，并证实最大浑浊带能显著提高水体活性氮的去除能力，但最大浑浊带的存在是否能显著影响河口表层沉积物的硝酸盐还原过程，及其影响程度和机制目前仍不清楚。鉴于此，本研究选取最大浑浊带较为典型的珠江口作为研究区，通过野外观测、样品采集分析，结合 ^{15}N 稳定同位素示踪与分子生物学技术，旨在：①探讨最大浑浊带对河口表层沉积物硝酸盐还原过程的影响，并深入剖析其内在微生物与电子供体影响机制；②量化最大浑浊带对珠江口沉积物硝酸盐还原通量的贡献，并探讨其生态环境效应。研究成果不仅有助于认识最大浑浊带对河口沉积物硝酸盐过程的影响及其机制，而且可为控制河口近岸水体富营养化和全球气候变暖提供重要的理论支撑。

3.2 材料与方法

3.2.1 研究区概况与样品采集

本项目拟选取珠江口为研究对象（图 3-2）。该河口属于亚热带海洋性季风气候，温暖湿润，年均气温 21.8 ℃，年均降雨量 1747.4 mm，雨水主要集中于 5~9 月，约占全年降水量的 74%（徐继荣等，2005）。该河口沉积物主要由粉砂和黏粒组成，中值粒径介于 5.75 μm 和 32.44 μm 之间（Zhang et al., 2019）。珠江口作为粤港澳大湾区的重要组成部分，环境复杂多变，受人类活动影响深刻（王茜等，2009）。随着珠江三角洲人为活动影响的不断加剧，大量的人为活性氮（1.2×10^8 mol/d）输入至该生态系统中，并造成了该河口生物多样性不断降低、生物量急剧减少、水体富营养化日益严重和赤潮频繁爆发等一系列生态环境问题（Wang et al., 2012）。此外，珠江口的最大浑浊带分布较为明显，主要集中分布在 22.13 °N 与 22.70 °N 之间，是控制河口初级生产力时空分布特征的关键控制因素之一（Lu and Gan, 2015; Shi et al., 2017）。

珠江口悬浮颗粒物浓度较高且空间分布差异较大，河口的高浑浊度限制光透性，从而降低水柱中的初级生产力，导致沉降到沉积物表面的自生有机物减少，可能降低沉积物上附着微生物的数量和活性，鉴于此，我们猜测珠江口沉积物的 NO_x^- 去除能力受到海源有机物的影响。为了证明猜测，我们开展了 4 个航次重复 11 个站位的采样，时间分别为 2018 年 10 月 26、27 日，2018 年 12 月 1、2 日，2019 年 1 月 4、5 日，2019 年 4 月 17、18 日（图 3-1）。采样站点布设如图 3-2 所示。本研究所设站点均位于泥质区内，尽量确保获取的样品为泥质沉积物，从而减少沉积物粒径对实验设计的影响。本研究采用无扰动箱式采泥器将沉积物采集置于船板上，再用直径为 7 cm 的有机玻璃管采集表层柱状样（0~5 cm），每个站点采集 3 个平行样；将每个平行样在厌氧袋内混匀后，取 20 g 左右沉积物存于冻存管内并将其冻于液氮中，回实验室后转至–80 ℃冰箱，该部分样品用于 DNA 提取及后续相关分子生物实验；另用无菌自封袋取 200 g 左右沉积物冻于–20 ℃冰箱，该部分样品用于测定沉积物基本理化指标；剩余沉积物迅速密封贮存于无菌自封袋中，并将其存放于 4 ℃冰箱，用于测定各脱氮速率与微生物生物量碳（MBC）。用 Sea-Bird Ⅱ型采水器采集沉积物上覆水体，经 0.45 μm 核孔膜过滤后存放于聚乙烯瓶中，冷冻保存带回实验室。具体研究内容为：①NO_x^- 移除各过程速率（反硝化、厌氧氨氧化、DNRA）及其相对贡献（DEN%、ANA%、DNRA%），对应基因丰度（*nirS*，anammox 16S rRNA，*nrfA*）；②各过程控制因素，特别是水柱叶绿素对沉积物 NO_x 移除过程的影响；③沉积物 NO_x 移除通量对水柱 DIN 浓度的影响。

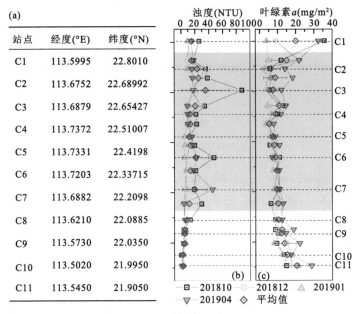

图 3-2　采样点示意图

（b）和（c）中的浊度和叶绿素含量源于 4 次珠江口航次数据；根据 Lu 和 Gan，2015 与 4 次航次的实测数据确定灰色阴影区域为最大浑浊带出现较为频繁的区域

3.2.2　站点理化性质测定

采用重量法测量沉积物含水率，真空冷冻干燥前后的质量差为所含水量（Yu and Ehrenfeld, 2009）。沉积物中 Fe^{2+} 采用 0.5 M HCl 浸提，3000 rpm/min 离心 5 min，再经 0.45 μm 孔径的聚醚砜水相滤头过滤，过滤后采用分光光度计（尤尼克 UV-2000）和邻菲罗啉比色法测定；可交换性总铁采用 0.5 M HCl 与 0.25 M 盐酸羟胺（提前与 N_2 混合）浸提，离心过滤后同样采用邻菲罗啉比色法测定，可交换性总铁减去 Fe^{2+} 即为 Fe^{3+} 含量（Lovley and Phillips, 1987）。沉积物中的有机物和碳酸盐用 20%过氧化氢（H_2O_2）和 15%HCl 去除后，通过 LS 13320 激光粒度仪测定沉积物粒径和比表面积。沉积物：水（无 CO_2 去离子水）=1：5 w/v 的充分混匀混合物静置后，用 pH 探头（Thermo Scientific™ Orion™ Star A211，美国）测量其上清液的 pH 则为沉积物 pH（Wang et al., 2020）。沉积物中可交换的 NH_4^+、NO_2^- 和 NO_3^- 用 2 M 氯化钾（KCl，提前用 N_2 曝气）提取后通过流动分析侧测量，并且以

2 M KCl 为基底配备标线（Hou et al., 2013）。沉积物色素经 80%（v/v）丙酮在黑暗 4 ℃下提取 24 h 后于 2200 g 离心 10 min，分光光度计测定 663nm，647nm 和 470 nm 处波长，计算叶绿素 a、叶绿素 b、类胡萝卜素含量（Lichtenthaler, 1987）。冷冻干燥研磨过筛后的沉积物用 1 M HCl 完全去除碳酸盐后于 60 ℃烘干研磨过筛，通过元素分析仪的 CN 模式（vario EL cube, Germany）测定总有机碳（TOC）和总氮（TN）含量，此外，沉积物的 $\delta^{13}C_{org}$ 和 $\delta^{15}N$ 通过稳定同位素质谱仪（Thermo MAT 253 Plus，美国）测量。陆源 TOC 占 TOC 的百分比（T%）经两端混合模型计算而得

$$T\% = \frac{\delta^{13}C_{org}marine - \delta^{13}C_{org}}{\delta^{13}C_{org}marine - \delta^{13}C_{org}terrestrial} \times 100\% \qquad (3\text{-}1)$$

式中，珠江口海源端的 $\delta^{13}C_{org}$ 取 −22.4‰，陆源端 $\delta^{13}C_{org}$ 取 −27.6‰（Yu et al., 2010），海源 TOC 为 TOC 与陆源 TOC 之差。

3.2.3　氮转化速率测定

沉积物中潜在厌氧氨氧化和反硝化速率采用同位素示踪技术结合泥浆培养实验测定（Hou et al., 2013; Brin et al., 2014）。简言之，将新鲜沉积物与人工盐水（同原位水盐度保持一致）按 1:7 的质量比在厌氧袋中混合制成均匀的泥浆，用氦气（He）对泥浆充分曝气 30 min 后，用注射器将其转移到一系列气密性血浆瓶内（Labco Exetainers）。尔后将血浆瓶置于与野外实测温度相同的培养箱内预培养 24 h 以去除瓶内剩余的 DO 与 NO_x（NO_3^- + NO_2^-）。预培养后，选取 3 个血浆瓶，加入 200 μL 50%的 $ZnCl_2$，然后萃取测定其预培养后瓶内剩余 NO_x 的浓度，用于计算之后同位素添加后 $^{15}NO_3^-$ 占总 NO_3^- 的百分比（F_n）。剩余血浆瓶分为三组，分别用微量注射器注入经 He 曝过气的 $^{15}NH_4^+$（^{15}N 含量为 99.6%）、$^{15}NO_3^-$（^{15}N 含量为 99%）和 $^{15}NH_4^+$ + $^{14}NO_3^-$ 标准溶液，最终使每个瓶内标准溶液的最终浓度为 100 μM。随后向每组一半数量的瓶中注射 200 μL 50%的 $ZnCl_2$ 作为起始样。剩余血浆瓶培养 8 h 后再加入 200 μL 50%的 $ZnCl_2$ 以终止反应。潜在反硝化与厌氧氨氧化速率通过泥浆培养过程中小瓶内产生的溶解性气体 $^{29}N_2$ 和 $^{30}N_2$ 来确定。基于团队长期的实验结果确定 N_2 产生量在 8 h 内是呈现线性增长的，故而设置培养时间为 8 h。瓶内产生的溶解性气体 $^{29}N_2$ 和 $^{30}N_2$ 采用膜入口薄膜进样质谱仪（Membrane Inlet Mass Spectrometry, MIMS）测定（An and Gardner, 2002; Thamdrup and Dalsgaard, 2002）。考虑到三种硝酸盐还原过程同步发生反应，从而影响示踪结果，即 DNRA 过程产生的 $^{15}NH_4^+$ 能够进一步参与到厌氧氨氧化过程中，产生 $^{30}N_2$，进而影响最终的反硝

化速率。因此，本研究根据 Song 等（2016）里面的计算公式重新校正了反硝化和厌氧氨氧化潜在速率。

测定沉积物 DNRA 速率的方法采用同位素示踪技术结合泥浆培养实验测定，其预培养过程同反硝化和厌氧氨氧化培养过程一致（Yin et al., 2014）。预培养后，用微量注射器往血浆瓶中注入经 He 曝过气的 $^{15}NO_3^-$（^{15}N 含量为 99%）标准溶液，最终使每个瓶内所添加标准溶液的最终浓度为 100 μM。随后向每组一半数量的瓶中注射 200 μL 50% 的 $ZnCl_2$ 作为起始样。剩余血浆瓶培养 8 h 后再加入 200 μL 50% 的 $ZnCl_2$ 以终止反应。将每组实验的起始样和终止样再经 He 充分曝气 30 min，目的在于将瓶内由反硝化和厌氧氨氧化产生的溶解性同位素气体（$^{29}N_2$ 和 $^{30}N_2$）去除。然后将曝气后的泥浆转移回血浆瓶内，并加入 200 μL 的次溴酸氧化剂，将 $^{15}NH_4^+$ 完全氧化为 $^{29}N_2$ 和 $^{30}N_2$，最后使用 MIMS 测定其浓度。泥浆实验培养所得的潜在 DNRA 速率由式（3-2）计算得出。

$$R_{DNRA} = (H_f - H_i) \times V \times W^{-1} \times t^{-1} \qquad （3\text{-}2）$$

式中，R_{DNRA}[nmol/（g·h）]为沉积物 DNRA 潜在速率；H_f 和 H_i（nM）分别表示终止和起始样品中 $^{15}NH_4^+$ 的浓度；V（L）表示培养样品体积；t（h）表示培养时间；W（g）表示沉积物干土重。

3.2.4　微生物功能基因测定

沉积物微生物 DNA 使用 FastDNA spin kit for soil（MP Biomedical，美国）试剂盒提取，泥土量~0.5 g，提取的 DNA 浓度和纯度通过 NanoDrop 分光光度计（ND-2000C，Thermo Scientific，美国）检测，DNA 质量通过 1% 琼脂糖凝胶电泳检验，合格的 DNA 保存于 -80 ℃。nirS（反硝化）、anammox 16S rRNA（厌氧氨氧化）、nrfA（DNRA）、nifH（固氮）、Bacteria-amoA 和 Archaea-amoA（硝化），以及 Bacterial 16S rRNA（细菌）的基因丰度通过 qPCR 一式三份测定，仪器为 ABI 7500 Fast real-time quantitative PCR system（Applied Biosystems，美国），染料为 SYBR green（TaKaRa Bio Inc）。当 qPCR 反应被抑制时，提取的 DNA 进行适当稀释后再测定丰度，克隆文库标准曲线稀释为 $10^2 \sim 10^8$ copies 梯度，$R^2 >$ 0.996，并让样品基因丰度落在标准曲线内。每个反应体系为 20 μL，包括 10 μL SYBR Green, 0.4 μL 引物, 0.4 μL Rax DyeII, 1 μL DNA 模板, 7.8 μL DNase-free water，每一个 96 孔板都含有空白对照，每一个反应体系都通过 melt curves 评估反映情况。所有的基因丰度都换算为 copies/（g·dry）。qPCR 引物、温度设定和循环数等如表 3-1 所示。

表 3-1　目的基因 qPCR 扩增引物及循环参数

目标基因	引物名称	引物序列（5'～3'）	参考文献
Bacterial 16S rRNA	341F	CCTACGGGAGGCAGCAGI	Bachar et al., 2010
	519R	GWATTACCGCGGCKGCTG	
nirS	Cd3aF	GTSAACGTSAAGGARACSGG	Throback et al., 2004
	R3cd	GASTTCGGRTGSGTCTTGA	
Amx 16S	Amx-808F	ARCYGTAAACGATGGGCACTAA	
	Amx-1040R	CAGCCATGCAACACCTGTRATA	
nrfA	F2aw	CARTGYCAYGTBGARTA	Hamersley et al., 2007
	R1	TWNGGCATRTGRCARTC	
nifH	PolF	TGCGAYCCSAARGCBGACTC	Welsh et al., 2014
	PolR	ATSGCCATCATYTCRCCGGA	
Archaea-amoA	Arc-amoAF	CTGAYTGGGCYTGGACATC	
	Arc-amoAR	TTCTTCTTTGTTGCCCAGTA	
Bacteria-amoA	amoA1F	GGGGTTTCTACTGGTGGT	Poly et al., 2001
	amoA2R	CCCCTCBGSAAAVCCTTCTTC	

3.2.5　统计与分析

使用 SPSS 19.0（SPSS Inc., USA）和 OriginPro 2016 （OriginLab Corporation, Northampton, MA, USA）等软件进行数据统计分析；使用 OriginPro 2016、Corel Draw X6 （Corel, Ottawa, ON, Canada）和 ArcGIS 10.2（ArcMap 10.2, ESRI, Redlands, CA）制图。微生物丰度及部分沉积物理化性质采用 log10 转换后进行相关性分析；单因素方差结合 LSD 检验进行差异性检验。反硝化%=100×[反硝化/（反硝化+厌氧氨氧化+DNRA）]，代表反硝化对 NO_x^- 还原的贡献率，同理适用于厌氧氨氧化%，DNRA%。所有的统计分析均通过 SPSS 19.0 进行，独立样本 t 检验或单因素方差分析 One-way ANOVA（Tukey's test）用于检验氮转化速率、基因丰度、环境因子等在内河口和外河口、砂质与泥质样品间、高低叶绿素区域间、不同月份间的差异。Pearson 相关性分析用于探究氮转化速率、基因丰度、环境因子间的相关性，偏相关分析通过剔除某个控制变量后探究剩余变量间的相关性。所有参数预先进行 Shapiro-Wilk 检验其正态性，不符合正态分布的通过 Blom's formula 预先进行正态化转换。

3.3　结果与讨论

3.3.1　水体和沉积物理化参数变化

水体盐度、叶绿素、浊度如图 3-3 所示。处于干季的 10 月～1 月盐水入侵逐渐向上游移动，说明淡水径流的逐步减少，处于湿季的 4 月，低盐度占据河口大部分区域，说明淡水径流的增加[图 3-3（a）～（d）]。浊度呈现上游高下游低的特征。反之，叶绿素浓度呈现大致以 C6 站位为分界线的上游低下游高的特征，除了 4 月河口头部有一小块叶绿素高值区[图 3-3（e）～（h）]，说明高浊度限制了该区域浮游植物光合作用和生物量[图 3-3（i）～（l）]。

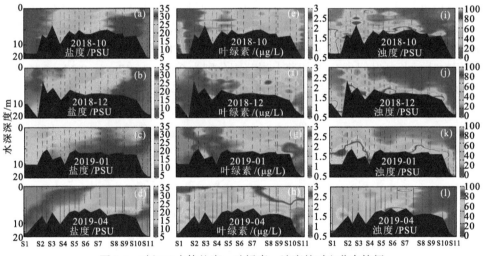

图 3-3　珠江口水体盐度、叶绿素、浊度的时空分布特征

底层 DO 向外海逐渐增加，10 月、12 月和 4 月的 DO 从 C1[（4.85±0.25）mg/L]增长到 C5[（6.95±0.18）mg/L]后保持相对稳定，但 1 月 DO 显著高于其他月份[图 3-3（d）]，说明冬季的大风将水体进行了强有力的混合（Harrison et al., 2008）。底层水 DIN 呈现向外海逐渐减少的变化趋势，与盐度趋势相反[图 3-3（a）～（c）]。NH_4^+、NO_2^- 和 NO_3^- 分别占 DIN 的 10.4%、12.26% 和 78.34%。10 月、12 月、1 月、4 月 NO_3^- 的浓度范围分别 1.20～127.62μM、7.16～146.31μM、6.77～80.58μM 和 9.14～134.16 μM。4 个月份 NO_2^- 平均值为（8.77±7.35）μM，其中 10 月和 12 月显著高于 1 月和 4 月（$p < 0.05$）；4 个月份 NH_4^+ 平均值为（7.86±8.15）μM，其中 1

月和 4 月明显高于 10 月和 12 月，与 NO_2^- 的时空分布趋势相反。PO_4^{3-} 和 SiO_4^{4-} 也向外海逐渐减少，PO_4^{3-} 从 1.51 μM 降低至 0.17 μM，SiO_4^{4-} 从 126.77 μM 降低至 10.38 μM[图 3-3（e）、（f）]。

除了 10 月和 12 月 C2 站位为砂质沉积物，其他沉积物类型均为粉砂或黏土，中值粒径平均值为（9.85±4.97）μm[图 3-4（g）]。沉积物 Fe^{2+}[（5.95±1.98）mg Fe/g] 显著高于 Fe^{3+}[（2.37±1.59）mg Fe/g]，Fe^{2+}/Fe^{3+} 范围为 0.61～24.28 mg Fe/g，平均值为（5.17±5.90）mg Fe/g，暗示着河口表层沉积物基本处于厌氧状态[图 3-4（r）]。沉积物 NH_4^+、NO_2^-、NO_3^- 浓度范围分别为 2.79～9.70μg N/g、0～0.04μg N/g、0.76～2.11 μg N/g，平均占 DIN 含量的 82.29%、0.26%、17.50%[图 3-4（j）～（i）]。TOC、TN、TOC/TN 平均值分别为（7.33±1.75）mg C/g、（0.64±0.17）mg N/g、（11.76±1.45）mg N/g，具有较高空间异质性[图 3-4（m）～（o）]，TOC/TN 向外海逐渐降低，说明陆源有机物从上游至下游逐渐被减少，$\delta^{13}C_{org}$ 从上游（−25.97‰）向下游（−22.98‰）逐渐增加，$\delta^{15}N$ 范围为 1.86‰～5.61‰，无显著空间分布差异[图 3-4（h）和（i）]。基于 $\delta^{13}C_{org}$ 计算的陆源 TOC 浓度从 C1 站位的 6.47 mg C/g 下降至 C11 站位的 0.74 mg C/g，而海源 TOC 从 C2 站位的 1.20 mg C/g 增加至 C10 站位的 7.52 mg C/g，显示陆源沉积物向外海逐渐减少的变化趋势[图 3-4（p）和（q）]。沉积物叶绿素 a、叶绿素 b、类胡萝卜素范围分别为 0.01～11.47μg/g，0.37～6.18μg/g 和 0.12～8.18 μg/g，上游与下游的存在明显空间差异但无显著的月份差异。

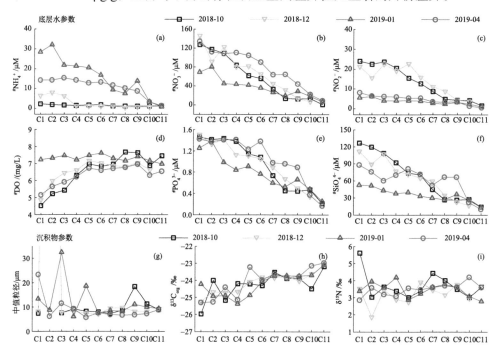

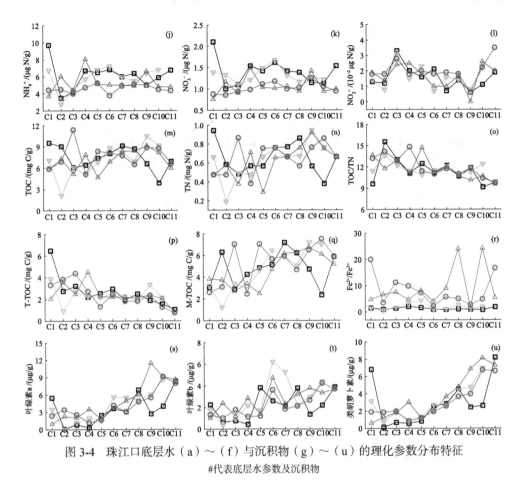

图 3-4　珠江口底层水（a）～（f）与沉积物（g）～（u）的理化参数分布特征

#代表底层水参数及沉积物

3.3.2　NO$_x^-$去除过程的变化

图 3-5 和表 3-2 展示了潜在 NO$_x^-$去除速率（反硝化、厌氧氨氧化、DNRA）和相应功能基因丰度（*nirS*、anammox 16S rRNA 和 *nrfA*）。10 月、12 月、1 月、4 月反硝化速率分别为 0.60～6.02μg N/（g·d）、0～5.26μg N/（g·d）、0.14～1.29μg N/（g·d）、0.28～6.48μg N/（g·d），存在显著的月份差异（$p < 0.05$）。10 月、12 月、1 月、4 月 *nirS* 基因丰度范围分别为 0.089～12.27×10^{7}copies/g、0.38～12.38×10^{7}copies/g、0.31～20.71×10^{7}copies/g、0.48～22.11×10^{7}copies/g，无显著性月份差异。反硝化速率与 *nirS* 基因丰度显著正相关（图 3-5）（$r = 0.372$, $n = 43$, $p < 0.05$），并且空间上呈现相似分布规律，较低值出现在 C2～C5 站位，较高值出现在 C6～C11 站位，特别是 12 月和 1 月。除了 4 月的 C2 和 C3 站位出现高值[图 3-5（a）～（d）]。10 月、12 月、1 月、4 月 DEN 分别为 40.75%～99.18%、54.37%～

79.74%、29.54%～79.09%、57.07%～88.93%，1月为显著低值（$p < 0.05$），4月为相对高值，总平均值为（68.43±14.61）%。

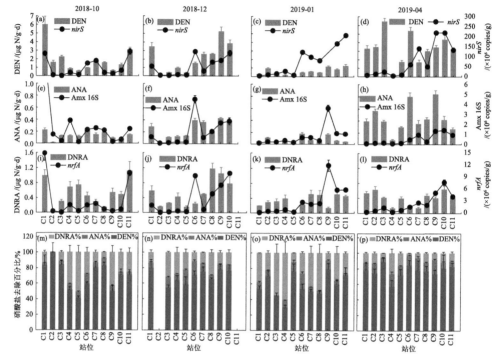

图 3-5　珠江口表层沉积物反硝化、厌氧氨氧化、DNRA 速率及 $nirS$、anammox 16S rRNA、$nrfA$ 基因丰度，和各速率对总 NO_x 移除的贡献。误差棒是三个平行样的标准偏差

　　10月、12月、1月、4月厌氧氨氧化速率分别为 0.01～0.23μg N/（g·d）、0～0.43μg N/（g·d）、0～0.18μg N/（g·d）、0.08～085 μg N/（g·d），具有较大的月份差异，与反硝化时间分布趋势相似（图 3-5）。10月、12月、1月和4月 anammox 16S rRNA 基因丰度分别为 0.14～8.77×10⁶ copies/g、0.058～4.47×10⁶ copies/g、0.12～3.64×10⁶ copies/g 和 0.10～1.48×10⁶ copies/g，且月份差异不显著（$p > 0.05$）。厌氧氨氧化速率与 anammox 16S rRNA 基因丰度显著正相关（图 3-5）（$r = 0.329, n = 43, p < 0.05$）。四个月份中，10月具有最高的 anammox 16S rRNA 基因丰度，但 $nirS$ 基因丰度最低[图 3-5（e）～（h）]。10月、12月、1月、4月 ANA%分别为 0.82%～13.11%、5.05%～19.14%、0%～20.19%、5.38%～17.93%，其中 10 月和 1 月低于 12 月和 4 月，总平均值为（8.96±4.86）%。

　　10月、12月、1月和4月 DNRA 速率分别为 0～1.12μg N/（g·d）、0.16～1.19μg N/（g·d）、0.02～0.52μg N/（g·d）和 0.13～0.64 μg N/（g·d），且月份之间的差异性不显著（$p > 0.05$）。10月、12月、1月和4月 $nrfA$ 基因丰度分别为 0.049～

14.86×10^6 copies/g、$0.047 \sim 9.94 \times 10^6$ copies/g、$0.14 \sim 12.00 \times 10^6$ copies/g、$0.21 \sim 7.74 \times 10^6$ copies/g，且无显著性月份差异（$p > 0.05$）。DNRA 速率与 $nrfA$ 基因丰度显著正相关（图 3-6）（$r = 0.429$，$n = 43$，$p < 0.01$）。10 月的 C1 站位有 $nrfA$ 基因丰度极高值 1.49×10^7 copies/g。空间上，DNRA 速率与 $nrfA$ 基因丰度在水体叶绿素高值区呈现较高值[图 3-5（i）～（1）]，与反硝化和厌氧氨氧化速率变化趋势较为一致。10 月、12 月、1 月和 4 月 DNRA%分别为 $0\% \sim 51.16\%$、$11.39\% \sim 32.21\%$、$9.55\% \sim 61.09\%$ 和 $2.97\% \sim 26.83\%$，平均值为（22.61 ± 14.90）%。与 DEN%相反的是，1 月 DNRA%值较高，而 4 月 DNRA%值较低。

总体而言，NO_x^- 去除速率具有明显的时空差异性，但基因丰度仅表现出明显的空间差异性。反硝化、厌氧氨氧化和 DNRA 速率均在 1 月出现最低值，主要原因可能是因为冬季温度较低且水体光合作用产生的叶绿素含量较低。空间上，上游的反硝化、厌氧氨氧化、DNRA 速率和基因丰度普遍低于下游，上游的沉积物 TN、TOC、陆源 TOC、叶绿素 a，叶绿素 b，类胡萝卜素也低于下游，但上游浊度高于下游。反硝化是最主要的 NO_x^- 去除途径，$nirS$ 基因丰度高于 anammox 16S rRNA 和 $nrfA$ 基因丰度。NO_x^- 去除速率的最低值出现在 1 月[（1.01 ± 0.13）μg N/（g·d）]，这个月份的 DNRA%[（34.41 ± 16.09）%]值最高，但 DEN%最低 [（57.67 ± 14.46）%]。总体来说，珠江口沉积物反硝化：DNRA：厌氧氨氧化的比值约为 7：2：1。DNRA 与水柱叶绿素 a，沉积物叶绿素 a 和类胡萝卜素显著正相关；反硝化、厌氧氨氧化速率和 $nirS$、anammox 16S rRNA、$nrfA$ 基因丰度与水柱叶绿素 a，沉积物叶绿素 a、TN、TOC、$\delta^{15}N$、海源 TOC。DNRA 速率、$nirS$ 和 $nrfA$ 基因丰度与水柱浑浊度显著负相关。此外，DNRA 与底层水 NH_4^+ 显著负相关但与沉积物 NH_4^+ 显著正相关。反硝化和厌氧氨氧化与沉积物 pH 和中值粒径显著负相关。$nirS$、anammox 16S rRNA、$nrfA$ 基因丰度与沉积物 NH_4^+、NO_3^- 显著正相关（图 3-6）。

表 3-2　反硝化、厌氧氨氧化、DNRA 速率及 $nirS$, anammox 16S rRNA，$nrfA$ 基因丰度各个月份平均值及季节差异性

指标	10 月	12 月	1 月	4 月	平均值
反硝化/[μg N/（g·d）]	1.89 ± 1.49^{ac}	2.13 ± 1.65^a	0.61 ± 0.39^b	3.32 ± 1.64^c	1.98 ± 1.7
厌氧氨氧化/[μg N/（g·d）]	0.13 ± 0.06^{ab}	0.25 ± 0.14^a	0.07 ± 0.06^b	0.44 ± 0.22^c	0.22 ± 0.2
DNRA/[μg N/（g·d）]	0.53 ± 0.33^a	0.54 ± 0.35^a	0.33 ± 0.16^a	0.4 ± 0.17^a	0.45 ± 0.28
反硝化/[mmol N/（m²·d）]	4.91 ± 2.90^{ab}	5.11 ± 3.86^{ab}	1.70 ± 0.98^a	9.23 ± 4.52^b	5.24 ± 4.29

续表

指标	10 月	12 月	1 月	4 月	平均值
厌氧氨氧化/[mmol N/（m²·d）]	0.33±0.12[ab]	0.58±0.31[a]	0.2±0.13[b]	1.22±0.56[c]	0.58±0.52
DNRA/[mmol N/（m²·d）]	1.31±0.71[a]	1.36±0.85[a]	0.96±0.49[a]	1.13±0.54[a]	1.19±0.68
DEN/%	70.12±17.09[a]	69.12±8.56[ab]	57.67±14.46[b]	76.93±7.91[a]	68.43±14.61
ANA/%	6.14±3.31[a]	10.53±4.85[b]	7.92±5.23[ab]	11.54±3.87[b]	8.96±4.86
DNRA/%	23.74±15.47[ab]	20.35±7.41[a]	34.41±16.09[a]	11.54±6.08[b]	22.61±14.9
NIRI	0.37±0.31[ab]	0.27±0.12[a]	0.63±0.44[a]	0.14±0.086[b]	0.36±0.34
$nirS$/（×10⁶ copies/g）	41.95±42.72[a]	49.16±44.38[a]	73.14±69.84[a]	81±80.36[a]	61.32±63.78
ANA 16S/（×10⁶ copies/g）	1.69±2.33[a]	1.2±1.34[a]	0.79±0.96[a]	0.58±0.51[a]	1.06±1.51
$nrfA$/（×10⁶ copies/g）	3.07±4.58[a]	3.46±3.76[a]	3.05±3.46[a]	2.38±2.27[a]	2.98±3.63

注：数值显示为平均值±标准偏差，上标的不同字母代表参数在月份间的显著性差异（$p < 0.05$）。

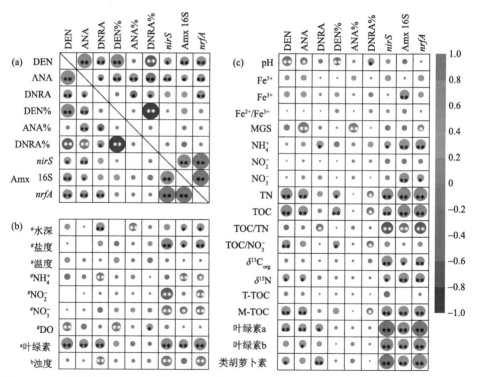

图 3-6　NO_x^-还原过程与（a）自身，（b）水柱环境参数，（c）沉积物性质的 Pearson 相关性分析

$*p < 0.05$, $**p < 0.01$, #代表底层水参数，a 水柱积分叶绿素 a，b 水柱 0～4 m 平均浊度

3.4　讨　论

3.4.1　浑浊度介导的初级生产力对沉积物 NO_x^- 去除过程的影响

先前有不少研究已发现 NO_x^- 去除速率与有机物关系密切，珠江口的盐度、营养盐和有机物是影响反硝化速率和 *nirS* 基因丰度的重要因子（Tan et al., 2019; Xie et al., 2020）。本研究发现的珠江口下游 NO_x^- 去除速率和基因丰度显著高于上游的结果与之前的研究结果一致（Tan et al., 2019）。一般而言，河口沉积物中不同来源的有机物具有不同的化学特征并对 NO_x^- 去除过程产生不同的影响（Plummer et al., 2015）。沉积物有机物通常与沉积物叶绿素呈正相关（Lesen, 2006; Li et al., 2013）。因此，可推测沉积物的活性有机质含量与组成受真光层水体叶绿素含量的显著影响，暗示着自生有机物可能是沉积物 NO_x^- 去除的重要电子供体与碳源（Lin et al., 2017b）。此外，新鲜的有机物更易降解，更能为 NO_x^- 去除过程提供电子供体。已有研究证实有机物的数量和质量均能对河口氮循环过程产生重要影响（Westrich and Berner, 1984; Henrichs and Doyle, 1986）。尽管色素仅占到沉积物 TOC 的一小部分（通常<1%），但它是极易被降解利用的有机物。因此，水体及表层沉积物中色素是河口及近岸生态系统中 NO_x^- 去除过程中的主要驱动因子或表征因子（Plummer et al., 2015; Zhang et al., 2018）。先前有研究通过模型得出厌氧氨氧化的经验公式为：厌氧氨氧化[mmol N/（$m^2·d$）]=0.705 × N_{org} export[mmol N/（$m^2·d$）]（Kalvelage et al., 2013; Babbin et al., 2014）。大陆架的反硝化速率的经验公式为反硝化[mmol N/（$m^2·d$）]= 0.019 × phytoplankton production[mmol C/（$m^2·d$）]（Seitzinger and Giblin, 1996）。本研究通过简单的线性拟合得出 NO_x^- 去除速率[μg N/（g·d）]=0.16 × depth-integrated chlorophyll *a*（mg/m）+ 0.87（图 3-7）。此外，表层沉积物 NO_x^- 去除速率和相关的功能基因丰度同水柱叶绿素 a 和海源 TOC 均呈显著正相关（图 3-7）。基于沉积物 $\delta^{13}C_{org}$ 和 TOC/TN 的分析发现，本研究中绝大部分的沉积物有机物为海源（图 3-8），预示着沉降到沉积物中的颗粒有机物（POC）是支持沉积物微生物生长和 NO_x^- 去除的主要基质。根据图 3-2，我们将采样样品定义成两组，分别为低叶绿素组和高叶绿素组，其中低叶绿素组包括每个月份水柱叶绿素 a 积分最小的两个站位，分别为 10 月和 12 月的 C2、C3 站位，1 月的 C2、C5 站位，4 月份的 C4、C5 站位，总计 8 个站位；而高叶绿素组包括每个月份水柱叶绿素 a 积分最大的两个站位，分别为 10 月、1 月和 4 月的 C10、C11 站位，12 月的 C9、C10 站位。高叶绿素组的反硝化、DNRA、脱氮速率、NO_x^- 还原速率，以及 *nirS*、anammox 16S rRNA、*nrfA* 基因丰度均显著高于低叶绿素组（表 3-3），

特别是 NO_x^- 去除速率是低叶绿素组的 3 倍以上。两个组别的沉积物 TN，叶绿素 a，叶绿素 b，类胡萝卜素存在显著差异（$p < 0.05$）。

此外，水体叶绿素 a 与 NO_x 移除速率和基因丰度时空分布趋势较为一致（图 3-4 和图 3-5），暗示着水体和沉积物中的叶绿素可以作为沉积物微生物和相关氮转换速率的指示物，即水体初级生产力是珠江口表层沉积物 NO_x 移除的主要调节因子。

尽管珠江口上游含有最高营养盐浓度，但珠江口干季（10 月～次年 3 月）的藻华通常发生在河口区中部，湿季（4 月～9 月）发生在河口下游（Lu and Gan，2015）。先前有不少研究探讨了珠江口叶绿素的关键控制因素，其中河流径流量、潮汐、湍流、季风、河口循环被认为是控制该河口藻类爆发的物理调节因子（Yin，2002; Harrison et al.，2008; Lu and Gan，2015; Qiu et al.，2019）。本研究显示水体叶绿素分布趋势与浑浊度相反，水体与沉积物的叶绿素均与水体浑浊度呈显著负相关（图 3-7，表 3-3）。这些结果与先前的研究结果相吻合，均认为浑浊度是珠江口浮游植物生物量和生产力的关键控制影响因素（Zhang et al.，2013; Lu and Gan，2015; Shi et al.，2017）。因此，珠江口中上游的高浑浊度限制了光的投射从而抑制初级生产力，最终导致沉降至沉积物表面的浮游植物生物量大大减少。同时，高浑浊度地带也是强动力扰动的结果，而这也不利于藻类暴发（Huisman et al.，1999）。

表 3-3　低水柱叶绿素积分组与高水柱叶绿素积分组的独立样本 t 检验分析

指标	叶绿素低值组（$n=8$）	叶绿素高值组（$n=8$）	F 值	P 值
沉积物氮循环过程				
反硝化/[μg N/（g·d）]	0.93±0.79	2.92±1.50	8.110	0.0129
厌氧氨氧化/[μg N/（g·d）]	0.09±0.09	0.23±0.16	3.400	0.0865
DNRA/[μg N/（g·d）]	0.20±0.13	0.69±0.26	28.658	0.0001
脱氮速率/[μg N/（g·d）]	1.02±0.85	3.15±1.65	8.110	0.0129
NO_x 还原速率/[μg N/（g·d）]	1.22±0.92	3.84±1.82	11.463	0.0044
DEN%	73.18±14.28	73.79±6.86	0.083	0.7783
ANA%	9.57±4.95	5.35±1.90	3.242	0.095
DNRA%	17.25±10.01	20.87±8.25	0.197	0.6642
DNRA/（DEN+ANA）	0.23±0.15	0.28±0.14	0.197	0.6642
$nirS$/×10⁶ copies/g	5.42±2.58	134.53±59.63	28.658	0.0001
anammox 16S/×10⁶ copies/g	0.25±0.25	1.36±0.58	24.685	0.0002
$nrfA$/×10⁶ copies/g	0.29±0.20	6.43±2.82	28.658	0.0001
水体理化性质				
水深	5.16±1.76	14.21±5.34	16.530	0.0012

续表

指标	叶绿素低值组（$n=8$）	叶绿素高值组（$n=8$）	F 值	P 值
盐度/PSU	16.01±6.16	32.68±1.03	29.903	0.0001
温度/°C	22.52±2.97	22.9±2.67	0.241	0.6310
NH_4^+/μM	12.15±9.64	1.56±1.02	16.530	0.0012
PO_4^{3-}/μM	1.32±0.17	0.35±0.12	28.785	0.0001
NO_2^-/μM	13.24±8.21	2.39±1.37	21.431	0.0004
NO_3^-/μM	97.46±24.47	11.42±6.34	28.658	0.0001
SiO_4^{4-}/μM	83.52±26.63	19.4±5.93	28.658	0.0001
DO/mg /L	6.35±0.76	6.88±0.34	1.582	0.2291
叶绿素/（mg/m）	5.52±2.73	17.18±5.15	28.658	0.0001
平均浊度（FNU）（0～4 m）	25.37±25.27	3.10±2.16	24.685	0.0002
沉积物理化性质				
TN/mg N/g	0.47±0.17	0.71±0.16	7.237	0.0176
TOC/（mg C/g）	6.11±2.06	7.5±1.95	1.575	0.2301
陆源 TOC/（mg C/g）	2.43±0.84	1.60±0.81	3.548	0.0806
海源 TOC/（mg C/g）	3.68±1.88	5.90±1.53	3.109	0.0997
叶绿素 a/（μg/ g）	1.11±0.75	7.73±1.67	28.658	0.0001
叶绿素 b/（μg/ g）	1.09±0.58	3.55±0.66	24.685	0.0002
类胡萝卜素/（μg/ g）	0.98±0.48	6.41±1.74	28.658	0.0001
TOC/TN	13.41±1.43	10.39±1.00	18.657	0.0007
$\delta^{13}C_{org}$/‰	−24.59±0.62	−23.53±0.50	12.76	0.0031
$\delta^{15}N$/‰	3.18±0.60	3.38±0.46	0.393	0.5409
容重/（g/cm³）	1.53±0.16	1.46±0.05	0.997	0.3349
pH	8.31±0.39	8.4±0.34	0.032	0.8607
Fe^{2+}/（mg Fe/g）	4.97±2.26	5.81±1.56	0.315	0.5837
Fe^{3+}/（mg Fe/g）	1.69±1.04	2.14±1.45	0.182	0.6764
Fe^{2+}/Fe^{3+}	4.58±3.55	7.11±8.10	0.263	0.6159
中值粒径/μm	82.22±125.79	9.03±1.15	0.060	0.8106
NH_4^+/（μg N/g）	4.51±0.96	5.52±0.97	3.871	0.0693
NO_2^-/（μg N/g）	0.02±0.01	0.02±0.01	0.301	0.5919
NO_3^-/（μg N/g）	1.10±0.10	1.14±0.19	0.004	0.9481

注：数值表示为平均值±SD，粗体表示该参数在两个组别间有显著性差异（$p < 0.05$）。

浑浊度的分布是潮汐、淡水径流量、沉积物再悬浮和沉降共同影响的结果（Wai et al., 2004; Liu et al., 2016b）。最大浑浊带位置存在明显的季节性变化，主要随着河口地形、深度、动力条件和沉积物悬浮的变化而变化（Mitchell et al., 1999; Uncles, 2002; Wai et al., 2004）。该研究水体的浊度也存在明显季节性差异（图 3-3），并对水体和沉积物叶绿素产生深刻影响，进而影响沉积物微生物丰度及 NO_x 移除速率。独立 t 检验显示，高浑浊度对应显著的高叶绿素、高基因丰度和高氮转化速率（表 3-3）。反硝化、DNRA、$nirS$、$nrfA$ 均同水体浑浊度呈负相关[图 3-7（d1）～（d4）]，尽管反硝化与浑浊度的负相关并不显著，但结果同样显示浑浊度是影响沉积物 NO_x 移除的关键因素。与本研究一致的是 Colne 河口的反硝化、厌氧氨氧化、DNRA 和对应基因丰度与浮游植物生物量趋势一致，但与浑浊度趋势相反（Dong et al., 2009; Smith et al., 2015），这是因为 Colne 河口也是一个较浅、水体混合充分、较高光衰减系数的河口，浮游植物大部分时间受到光透性不足的限制（Kocum et al., 2002）。有研究发现长期施用无机化肥并不影响 $nirS$ 基因丰度，但无机+有机肥施用增加 $nirS$ 基因丰度（Sun et al., 2015），这与我们的研究结果类似，尽管河口上游接收大量的陆源营养盐，但是由于初级生产力较低，该区域的微生物丰度也较低。因此，浑浊度介导的水体浮游植物生物量是表层沉积物 NO_x 移除过程的主要控制影响因素，即水体高浑浊度会抑制富营养化河口沉积物的 NO_x 移除能力。

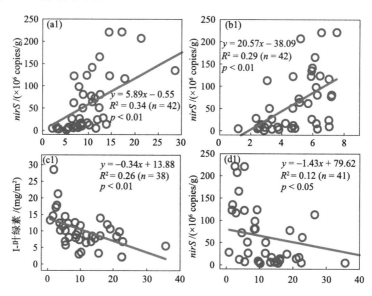

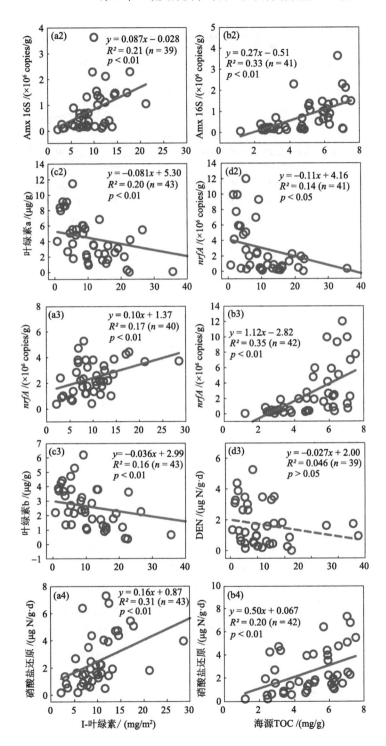

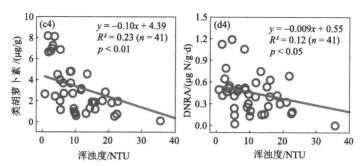

图 3-7　沉积物 NO_x 移除速率和基因丰度与水柱积分叶绿素 a，沉积物海源 TOC 的线性回归；
水体和沉积物色素与水体浊度的线性回归，沉积物速率和基因与水体浊度的线性回归

实线代表相关性显著（$p < 0.05$），虚线代表相关性不显著（$p > 0.05$），Amx 16S = anammox 16S rRNA

C1 站位水体低叶绿素对应较高的 NO_x 还原速率和基因丰度，这难以用水体初级生产力控制沉积物氮转换速率来解释。有研究显示 C1 站位的沉积物有机物主要来源于河流陆源输入（Jia and Peng, 2003; Strong et al., 2012），暗示着河口输入的有机物对该站点微生物的影响较大。本研究基于沉积物 $\delta^{13}C_{org}$ 和 TOC/TN 的有机物来源划分也显示 C1 站位有机物主要来源于淡水 POC 和陆地植物（图 3-8）。从10 月到次年 1 月，C1 站位底层水盐度从 8.89 PSU 增加到 24.11 PSU，4 月回落至12.16 PSU，说明径流量从 10 月逐渐减少至 1 月，然后 4 月增加。与淡水径流保持一致；沉积物 TOC、TN、反硝化、厌氧氨氧化、DNRA、*nirS*、anammox 16S rRNA、*nrfA* 亦是从 10 月逐渐降低至 1 月，而后 4 月回升（图 3-9）。这些结果显示 C1 站点的沉积物 NO_x 移除过程主要由河流淡水携带的外来有机物起主要调控作用。微生物量是决定氮转化速率的关键生物因素，有研究表明脱氮速率与 *nirS*、*nirK*、16S rDNA 基因丰度趋势一致（Wu et al., 2012; Pang and Ji, 2019），同时氮转化还受到环境因素如温度、pH、底物浓度、细胞内氧化还原状态及蛋白酶水平等的共同影响（Burgin and Hamilton, 2007; Rütting et al., 2011; Li et al., 2019c）。有研究显示珠江口高硝化和高厌氧氨氧化菌丰度并不对应高的氮转化速率（Dai et al., 2008; Wang et al., 2012）。本研究也发现尽管 *nirS* 基因丰度与浊度显著负相关（图 3-7），但反硝化与浊度的负相关并不显著（图 3-7），说明反硝化除了受到微生物量的影响外，还受到其他非生物因素的影响。不少研究报道称细颗粒沉积物具备的更大比表面积和吸附性使其比砂质沉积物吸附更多有机物。因此，沉积物粒径分布是 NO_x 还原过程的重要影响因素（Vance and Ingall, 2005; Koop and Giblin, 2010; Lin et al., 2017b）。本研究中沉积物粒径与 TOC 显著相关，但与沉积物叶绿素 a，叶绿素 b，类胡萝卜素的关系不显著，速率中仅有厌氧氨氧化与沉积物粒径显著相关，而反硝化、厌氧氨氧化、DNRA 与沉积物叶绿素 a 显著相关，这说明新鲜有机物比沉积物粒径对沉积物 NO_x 移除有更大影响。另一方面，除了 10 月和 12 月的 C2

站位为砂质沉积物，其他站位粒径多为粉砂或黏土（5.75～32.44 μm），时空分布差异不大。因此，珠江口沉积物 NO_x 移除过程主要受上覆水体沉降的有机物含量驱动。

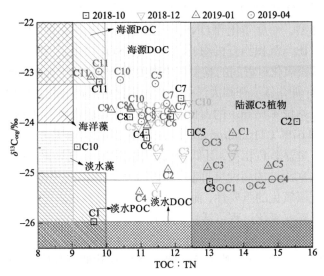

图 3-8　基于珠江口沉积物 $\delta^{13}C_{org}$ 和 TOC/TN 判断有机物的自生来源或外来来源
背景中有机物分类范围基于文献（Lamb et al., 2006）

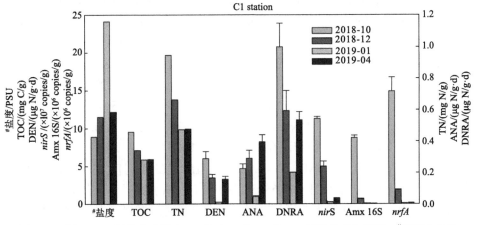

图 3-9　珠江口 C1 站位各参数在 10 月、12 月、1 月、4 月间的变化情况，#底层水参数

3.4.2　氮损失、氮保留及其生态环境意义探讨

本研究结果显示厌氧氨氧化不是氮损失的主要途径，占比范围和平均值分别

为 0%～27.52%和（11.75±6.37）%，与前人研究一致（Fernandes et al., 2010; Rooks et al., 2012; Lin et al., 2017b; Tan et al., 2019）。时间上，10 月厌氧氨氧化占比最低 [（8.83±5.37）%]，12 月占比最高[（13.30±6.17）%]。空间上，低叶绿素组的 ANA% 高于高叶绿素组，DNRA%则相反，DEN%差异不大（表 3-3），主要是由于厌氧氨氧 化是化能自养型，而反硝化和 DNRA 可能主要由异养细菌主导。尽管厌氧氨氧 化对氮损失的占比与沉积物有机物、叶绿素 a、NO_3^-、NH_4^+、氧气消耗速率等有关， 但反硝化与厌氧氨氧化过程间的竞争与协同关系仍未清晰（Kalvelage et al., 2013; Devol, 2015）。有研究显示开阔大洋中厌氧氨氧化对氮损失的占比比近岸高，如厌 氧氨氧化在较浅站位（16 m）的占比仅为 2%，氮在较深站位（380 m 和 695 m） 分别高达 24%和 67%（Thamdrup and Dalsgaard, 2002）。我们的结果显示厌氧氨氧 化的占比与深水呈显著负相关，且低叶绿素组的高厌氧氨氧化占比对应较浅水深， 预示着上游较浅水深处的高浊度抑制了初级生产力，降低易降解有机物的沉降， 从而增强了厌氧氨氧化的重要性，而这改变了厌氧氨氧化占比随深度增加的规律。

反硝化和厌氧氨氧化过程将活性氮转化为 N₂ 或 N₂O 有利于将富营养化水体 中的活性氮有效的去除，而 DNRA 将 NO_3^- 转化为 NH_4^+ 则是将活性氮继续保留在生 态系统中。因此，DNRA%反映了氮保留占 NO_x^- 移除的百分比。DNRA 速率在不 同生态系统中存在差异，受到大量因素的影响如施肥、有机碳、有机氮、盐度、 硫化物、含水率等。一些研究发现在大陆架、秘鲁氧气缺乏层的上方、近岸咸水 湖、再湿润的草地土壤、施肥较少的稻田，以及近岸海域沉积物中 DNRA 是 NO_x^- 还原的主要途径（Bohlen et al., 2011; Giblin et al., 2013; Bernard et al., 2015; Friedl et al., 2018; Pandey et al., 2019）。一些研究则发现在盐沼地、东海、Copano 湾、稻田 中反硝化是 NO_x^- 还原的主要途径（Koop and Giblin, 2010; Hou et al., 2012; Song et al., 2013）。本研究的结果显示 DNRA%范围为 0%～61.09%，平均值为（22.61± 14.90）%，反硝化是最主要的 NO_x^- 移除过程（除了 10 月的 C5 站位，1 月的 C3、 C4、C8 站位），这与长江口 DNRA%=25.8%较为一致（Deng et al., 2015）。

时间上，DNRA%最大值出现在 1 月[（34.41±16.09）%]，对应河流输入 NO_3^- 的最低值[（37.95±20.97）μM]，DNRA%最小值出现在 4 月[（11.54±6.08）%]， 对应河流输入 NO_3^-的最高值[（78.63±38.78）μM]，预示着河口生态系统可能存在 自我净化能力。当 NO_3^-输入浓度过高时，生态系统通过增强氮损失移除过剩的氮 素，当 NO_3^-输入浓度较低时，生态系统通过增强氮保留将氮素保存在生态系统循 环。这个"神奇"调节功能的具体机制目前仍不清晰，但作为一个复杂且强有力 的生态系统，自然界有其缓冲人类扰动并保持生态系统稳定的功能。此外，沉积 物 DNRA 过程产生的 NH_4^+ 有可能释放到上层水体以支持初级生产力（Gardner et al., 2006; Bohlen et al., 2011）。河口是碳氮循环紧密连接的生态系统，一方面，上覆水 体的初级生产力沉降到底层促进氮循环转换的发生，另一方面，沉积物 DNRA 过

程产生的 NH_4^+ 释放到水体促进初级生产力,显示了水体-底层的紧密连接和生态系统的各个界面相互调节机制。

通过沉积物容重和含水率,我们将氮转化速率单位 $\mu g\ N\,/\,(g\cdot d)$ 转换成 $\mu mol\ N\,(m^3\cdot wet\ d)$。然后,珠江口表层沉积物(0~5 cm)单位面积反硝化、厌氧氨氧化、DNRA 速率分别为 0~18.63 mmol N/ m^2·wet d[(5.24±4.29)mmol N/m^2 wet d]、0~2.26 mmol N/m^2 wet d [(0.58±0.52)mmol N/m^2 wet d]和 0~3.1 mmol N/m^2 wet d [(1.19±0.68)mmol N/m^2wet d]。为了定量沉积物 NO_x^- 移除对富营养化控制的贡献,本研究计算了沉积物 NO_x^- 日均移除通量占对应上层水柱 NO_x^- 和 DIN 浓度(I-NO_x^-,I-DIN,mmol N/m^2)的百分比(图 3-10)。由于~90%的 DIN 是 NO_x^-,因此(NO_x^-移除:I-NO_x^-)和(NO_x^-移除:I-DIN)的比值相似。日均反硝化、厌氧氨氧化、DNRA 通量占对应上层水柱 I-NO_x^- 的 0%~5.63%、0%~0.71%、0%~1.15%,中值为 0.9%、0.12%、0.24%,即 NO_x^-移除占 I-NO_x^-的 0.18%~7.22%,中值为 1.32%,平均值为(1.85±1.62)%。研究结果显示珠江口仅有小部分的河流 NO_x^-被沉积物移除,大部分的外来无机氮仍然保留在生态系统中,沉积物 NO_x^-移除通量对富营养化治理的贡献较小,大部分的河流 NO_x^-可能都被排放到近岸海域中,从而扩大珠江口临近海域的磷限制区域(Yin and Harrison, 2008),但也有利于缓解外海表层氮限制状况。沉积物是氮损失的热点区域,氮循环受到上层水体浮游植物生物量的控制,因此,在计算或模拟河口或近岸沉积物 NO_x^-移除通量时,浊度的影响应该纳入考虑范围,高浊度会导致底层氮循环速率减弱(图 3-11)。

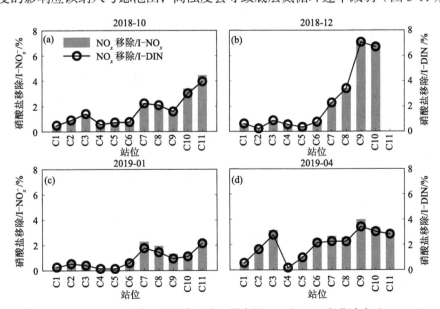

图 3-10 珠江口沉积物 NO_x^-移除日通量占对应上层水柱 NO_x^-和 DIN 积分浓度(I-NO_x^-,I-DIN)的百分比

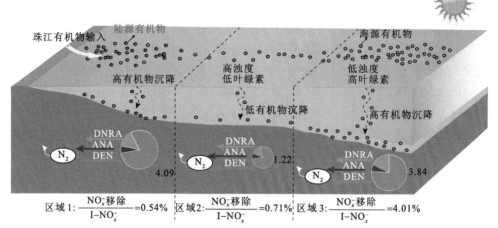

图 3-11　珠江口水体浑浊度和浮游植物生物量影响沉积物 NO_x 移除过程的概念模式图
圆圈大小代表 NO_x 移除速率大小[μg N/（g·d）]，绿色、橙色、蓝色分别代表反硝化、DNRA、厌氧氨氧化的贡献。
底部显示的是沉积物 NO_x 移除日通量占对应上层水柱 NO_x 积分浓度（I-NO_x）的百分比，Zone 1 数据来源于 C1 站
位，Zone 2 数据来源于低水柱叶绿素积分组，Zone 3 数据来源于高水柱叶绿素积分组

3.5　本　章　小　结

　　珠江口沉积物反硝化[（1.98±1.7）μg N/g·d]是最主要的硝酸盐去除过程
[（68.43 ± 14.61）%]，DNRA[（0.45±0.28）μg N/g·d]则贡献（22.61±14.89）%的
比例。硝酸盐还原速率及对应的功能基因丰度与沉积物和上覆水体的叶绿素呈正
相关，显示水体浮游植物是沉积物硝酸盐还原过程的重要有机物，高浑浊度区域
抑制水体初级生产力，减少沉降至沉积物表层的易降解有机物，进而削弱沉积物
硝酸盐移除速率。沉积物日均移除硝酸盐通量与上覆水柱硝酸盐浓度积分的比值
呈现上游低，向下游逐渐增加的趋势，主要是因为下游的叶绿素浓度更高。非浑
浊带的表层沉积物硝酸盐还原速率及相关功能基因丰度是浑浊带的 2～3 倍和 6～
11 倍。经估算由浑浊带引起的硝酸盐还原通量的减少量占到整个河口沉积物硝酸
盐还原总量的～17.95%。总之，我们提供的证据表明上覆水体浊度介导的初级生
产力是表层沉积物硝酸盐还原过程的主要驱动因素，我们应该接受浊度带的存在
会严重削弱河口表层沉积物活性氮去除能力，导致更多的人为活性氮需要通过更
为广阔的边缘大陆架来移除。

第4章　最大浑浊带对河口沉积物氮矿化与同化过程的影响

4.1　引　言

沉积物微生物介导的氮矿化和同化过程作为氮循环的内转化的关键过程，在控制河口近岸生物可利用性氮平衡中扮演重要角色（Zhou et al., 2017; Huang et al., 2021）。微生物氮矿化是将有机氮通过异养微生物转化为无机氮，而微生物氮同化过程则是微生物将无机氮转化为有机氮的过程（Stark and Hart, 1997）。先前关于这两个过程的相关研究主要聚焦于陆地生态系统，其中包括森林、草地、农田及河流生态系统等。关于河口近岸沉积物的相关研究相对较少（Blackburn, 1979; Lin et al., 2016b; Huang et al., 2021）。据报道约 18.9 Tg N/a 溶解性无机氮随着地表径流输入到河口近岸水体中，并造成如水体富营养化和有毒藻类暴发等一系列生态环境问题（Bouwman et al.,2005; Seitzinger et al., 2010）。因此，充分了解河口近岸沉积物有机氮和无机氮之间的内部转化及相关的控制机制，能够为河口近岸生态系统的氮污染控制提供科学依据。

^{15}N 同位素稀释技术被广泛用于测定总的氮转化速率（Kirkham and Bartholomew, 1954; Kristensen and McCarty, 1999）。先前有不少研究已证实河口近岸沉积物氮矿化与同化过程受各种生物与非生物作用共同影响，主要包括微生物酶活性（Jia et al., 2019; Huang et al., 2021），有机物与 NH_4^+（Zhao et al., 2015; Lin et al., 2017b），含水率与粒径（Li et al., 2020c; Huang et al., 2021）。此外，总的氨氮同化速率（GAI）同总氮矿化速率（GNM）关系密切，主要是由于 GAI 受氮矿化产生的 NH_4^+ 浓度的影响（Barrett and Burke, 2000）。先前有研究表明氮矿化主要受控于 TOC，但是氮同化过程主要受控于可溶性有机碳（DOC），暗示氮矿化微生物能够利用更多种类的 TOC，而氮同化速率更趋向使用更为简单和易降解的活性有机碳（Li and Lang, 2014）。河口近岸沉积物的氮转化过程受多重因素共同影响，因此其影响因素也显得复杂多样。河口沉积物的有机物来源广泛，不仅来源于河流径流的输入，还来源于上覆水体初级生产力，因此河口沉积物的氮矿化与同化过程势必存在明显的空间异质性。之前虽然有研究表明河口近岸活性更高的有机

物更能被脱氮微生物利用参与到氮循环过程中（Plummer et al., 2015; Lin et al., 2017b），但是关于陆源与海源有机物对沉积物氮转化过程的影响程度及机制目前仍不清楚。河口近岸水体的初级生产力主要受水体浊度的影响，因此可以推测水体浊度可通过影响表层沉积物有机物来源与含量间接影响其氮转化过程。

珠江口被广州、深圳、澳门和香港几大城市包围，密集的人口分布随之而来的是生活污水、工业废水、农业施肥和水产养殖等产生的大量 DIN 被排放到河口和近岸海域中，造成珠江口富营养化现象（Yin et al., 2000; Liu et al., 2018; Li et al., 2019d）。富营养化造成的高浮游植物生物量沉降到沉积物中（Huang et al., 2003; Li et al., 2020a），可能对氮矿化和同化的空间分布产生重要影响。目前对于富营养化河口沉积物中的氮矿化和同化过程仍知之甚少，而这对于增强对珠江口的氮循环认知和生态功能评估意义重大。鉴于此，本文开展了 2018 年 10 月 26～27 日，12月 1～2 日，2019 年 1 月 4～5 日，4 月 17～18 日共四个航次，沿着盐度梯度从上游向下游采样，每个航次共 10 个站位（C2～C11），除了 12 月由于天气恶劣未能采样 C11 站位（图 4-1），具体研究目标为：①探究 GNM 和 GAI 的时空分布及其各自对 NNM 的影响；②探究水体-沉积物中影响 GNM 和 GAI 的因素；③确定富营养化河口沉积物是 NH_4^+ 源、汇及其生态环境意义。

4.2　材料与方法

4.2.1　研究区概况与样品采集

本章的研究区概况与样品采集详见 3.2.1，采样点分布如图 4-1 所示。

站点	经度(°E)	纬度(°N)
C1	113.5995	22.8010
C2	113.6752	22.68992
C3	113.6879	22.65427
C4	113.7372	22.51007
C5	113.7331	22.4198
C6	113.7203	22.33715
C7	113.6882	22.2098
C8	113.6210	22.0885
C9	113.5730	22.0350
C10	113.5020	21.9950
C11	113.5450	21.9050

图 4-1　采样点概况

4 个航次采样站位图分别为 2018 年 10 月和 12 月，2019 年 1 月和 4 月

4.2.2　站点理化性质测定

本章节各个站点的理化性质的测定方法详见 2.2.2。

4.2.3　氮转化速率测定

沉积物中总的氮矿化和 NH_4^+ 同化速率采用同位素稀释技术结合泥浆培养实验测定（Matheson et al., 2003; Lin et al., 2016b）。简而言之，即将新鲜沉积物与上覆水按 1:7 的质量比制成均匀的泥浆，用 He 对泥浆充分曝气 30 min 后用注射器将其转移到一系列气密性血浆瓶内。尔后将血浆瓶置于与野外实测温度相同的培养箱内摇床（150 rpm）预培养 24 h 使其达到相对稳定的厌氧条件。预培养后，往血浆瓶注入 $^{15}NH_4^+$（使其最终浓度约为 2 μg ^{15}N/g，$^{15}NH_4^+$ 占总 NH_4^+ 浓度百分比范围为 5%～10%）（Huygens et al., 2013）。一半的血浆瓶作为起始样品立即加入 100 μL 饱和 $HgCl_2$ 溶液终止微生物活性，剩下样品作为终止样放入黑暗培养箱内摇床（150 rpm）培养 24 h。培养结束后，同样使用 $HgCl_2$ 溶液终止其微生物活性。起始和终止泥浆样品采用 2 M KCl 溶液萃取，离心后经醋酸纤维滤膜（孔径 0.22 μm）过滤后获取上清液，并及时测定其总 NH_4^+ 和 $^{15}NH_4^+$ 浓度，若不未能及时测定，须将其冷冻保存。总 NH_4^+ 浓度使用连续流动分析仪（SAN Plus, Skalar Analytical B.V., the Netherland）测定；而 $^{15}NH_4^+$ 浓度则使用次溴酸盐的碘溶液将其氧化成 $^{29}N_2$ 和 $^{30}N_2$，最后使用 MIMS 测定其浓度（Yin et al., 2014）。总的氮矿化与 NH_4^+ 消耗速率分别由式（4-1）和式（4-2）计算得出（Kirkham and Bartholomew, 1954）。

$$GNM = \frac{M_i - M_f}{t} \times \frac{\log(H_iM_f / H_fM_i)}{\log(M_i / M_f)} \qquad （4\text{-}1）$$

$$GAC = \frac{M_i - M_f}{t} \times \frac{\log(H_i / H_f)}{\log(M_i / M_f)} \qquad （4\text{-}2）$$

式中，GNM 和 GAC[μg N/（g·d）]分别表示总的氮矿化与 NH_4^+ 消耗速率；M_i 和 M_f（μg N/g）分别表示初始与终止样品中总 NH_4^+ 的浓度；H_i 和 H_f（μg N/g）分别表示初始与终止样品中 $^{15}NH_4^+$ 的浓度；t（h）表示培养时间。该培养过程在封闭的厌氧条件下培养，故硝化和氨挥发这两个 NH_4^+ 消耗途径可忽略不计（Di et al., 2000），因此总的 NH_4^+ 消耗速率（GAC）可视为总的 NH_4^+ 同化速率（GAI），加之海洋沉积物长期处于厌氧条件下，其 NO_3^- 同化也可忽略不计，故海洋沉积物 NH_4^+ 同化速率可视为氮同化速率。此外，日氮矿化百分比（PAM）等于一天内总的氮矿化量除以沉积物 TN 含量再乘以 100；氨同化相对贡献比（RAI）为 GAI 与 GNM 之间的比值。

4.2.4 微生物功能基因测定

总微生物 DNA 使用 FastDNA spin kit for soil（MP Biomedical，美国）试剂盒提取，泥土量～0.5 g，提取的 DNA 浓度和纯度通过 NanoDrop 分光光度计（ND-2000C, Thermo Scientific，美国）检测，DNA 质量通过 1%琼脂糖凝胶电泳检验，合格的 DNA 保存于−80 ℃。Bacterial 16S rRNA 的基因丰度通过 qPCR 一式三份测定，仪器为 ABI 7500 Fast real-time quantitative PCR system（Applied Biosystems，美国，染料为 SYBR green（TaKaRa Bio Inc），当 qPCR 反应被抑制时，提取的 DNA 进行适当稀释后再测定丰度，克隆文库标准曲线稀释为 $10^2 \sim 10^8$ copies 梯度，$R^2 > 0.996$，并让样品基因丰度落在标准曲线内。每个反应体系为 20 μL，包括 10 μL SYBR Green，0.4 μL 引物，0.4 μL Rax DyeII，1 μL DNA 模板，7.8 μL DNase-free water，每一个 96 孔板都含有空白对照，每一个反应体系都通过 melt curves 评估反映情况。所有的基因丰度都换算为 copies/g dry。qPCR 引物为、温度设定及循环数等设置如下：①Bacterial 16S rRNA 扩增所用的引物引物为 341F（5'-CCTACGGGAGGCAGCAGI-3'）和 519R（5'-GWATTACCGCGGCKGCTG-3'）；②PCR 扩增条件为：50 ℃下运行 2 min, 95 ℃ DNA 预变性 10 min，40 个循环的 95 ℃变性 30 s，57 ℃退火 30 s，72 ℃延伸 30 s（Bachar et al., 2010）。

4.2.5 统计与分析

使用 SPSS 19.0（SPSS Inc., USA）和 OriginPro 2016 （OriginLab Corporation, Northampton, MA, USA）等软件进行数据统计分析；使用 OriginPro 2016、Corel Draw X6 （Corel, Ottawa, ON, Canada）和 ArcGIS 10.2（ArcMap 10.2, ESRI, Redlands, CA）制图。微生物丰度及部分沉积物理化性质采用 log10 转换后进行相关性分析；独立样本 t 检验或 One-way ANOVA（Tukey's test）用于检验氮转化速率、基因丰度、环境因子等的时空显著性差异。Pearson 相关性分析用于探究氮转化速率、基因丰度、环境因子间的相关关系，方差分析与 Pearson 相关分析前，所有数据采用 Shapiro-Wilk 检验检验变量的正态性，非正态性变量采用 Blom 公式进行归一化。采用 SPSS 19.0 进行多元逐步回归分析，探讨 GNM，GAI，以及 NNM 的关键控制影响因素。

4.3　结果与分析

4.3.1　水体及沉积物理化性质

珠江口 C2～C9 站位底深在 5 m 附近，C10 和 C11 则基本大于 10 m。10 月、12 月、1 月、4 月平均底层水温度分别为（26.08±0.25）℃、（22.98±0.33）℃、（17.88±0.58）℃、（23.18±0.31）℃，10 月～1 月温度显著变化，但 12 月与 4 月温度差异不大（图 4-2）。C2 站在 10 月、12 月、1 月、4 月的底层水盐度分别为 10.37 PSU、10.40 PSU、22.90 PSU、11.33 PSU，并逐渐向外海增加，C11 站约 33 PSU，说明 1 月有最小的淡水径流量（图 4-2）。NH_4^+、NO_2^-、NO_3^-、PO_4^{3-}、SiO_4^{4-} 浓度范围分别为 0.38～32.05μM、0.59～23.71μM、1.20～122.83μM、0.17～1.43μM、10.38～119.79 μM，营养盐浓度从上游向下游减少，浓度最低月份出现在 1 月（除了 NH_4^+）。相比于其他月份，10 月和 12 月的 NO_2^- 显著较高但 NH_4^+ 显著较低（$p <$ 0.05），而 NO_3^- 无显著性差异（$p > 0.05$）。C2～C5 站位的水柱积分叶绿素 a 较低但浑浊度较高，预示着上游河口水体高浊度限制光透性抑制了浮游植物的生长（图 4-2）。

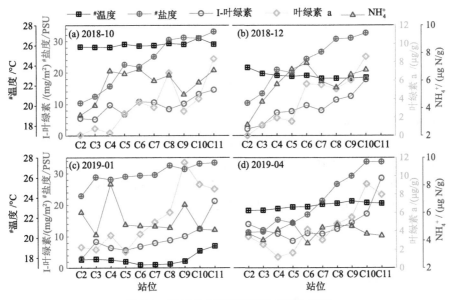

图 4-2　珠江口水体和沉积物参数分布图

沉积物含水率空间异质性较高，10 月、12 月、1 月和 4 月范围分别为 25.55%～57.01%、18.52%～59.91%、35.87%～63.36%和 38.82%～53.34%。沉积物密度与含水率和中值粒径呈显著相关（$R^2 = 0.295, p < 0.01$；$R^2 = 0.328, p < 0.05$）除了 10 月和 12 月的 C2 站砂质沉积物含有最低含水率，分别为 25.55%和 18.52%，其他站位沉积物均为粉砂或黏土。沉积物 Fe^{2+} 范围为 0.61～11.18 mg Fe/g[平均（5.90±2.05）mg Fe/g]，Fe^{3+} 范围为 0.35～6.42 mg Fe/g[平均（2.33±1.52）mg Fe/g]。1 月和 4 月的 Fe^{2+}/Fe^{3+} 分别为（9.53±7.60）和（6.93±4.28），显著高于 10 月和 12 月的（1.21±0.40）和（1.96±1.18）。沉积物 pH 在 1 月为显著高值[平均（8.68±0.12）]，10 月为显著低值[平均（7.98±0.11）]。沉积物可交换的 NH_4^+、NO_2^-、NO_3^- 平均值分别为（5.39±1.13）μg N/g、（0.02±0.01）μg N/g、（1.19±0.22）μg N/g，NH_4^+ 是最主要的无机氮形式，占到（81.46±2.84）%。沉积物 TN、TOC、叶绿素 a、叶绿素 b、类胡萝卜素月份间的差异不显著，平均值分别为（0.64±0.17）mg N/g、（7.35±1.78）mg C/g、（4.22±2.85）μg/g、（2.56±1.39）μg/g、（3.16±2.26）μg/g。空间分布上，沉积物叶绿素 a 向外海逐渐增加（图 4-2），相反的是，水体浊度在河口上游较高。沉积物 TOC/TN、$\delta^{13}C_{org}$、$\delta^{15}N$、陆源 TOC、陆源 TOC 的月份差异不显著，平均值分别为（11.73±1.43）、（−24.09±0.62）‰、（3.43±0.47）‰、（2.30±0.85）mg C/g、（5.05±1.66）mg C/g，4 个月份的空间分布趋势一致，TOC/TN 和陆源 TOC 向外海逐渐降低，分别从 15.56 降至 9.16 和从 4.52 降至 0.74 mg C/g。$\delta^{13}C_{org}$ 和海源 TOC 向外海逐渐增加，分别从−25.38‰ 升至−22.98‰和从 1.20 mg C/g 升至 7.52 mg C/g。$\delta^{15}N$ 则在整个河口中小幅度振荡。

4.3.2 微生物介导的氮转化过程

GNM、GAI、NNM 的时空分布呈现在图 4-3 和表 4-1。10 月、12 月、1 月、4 月的 GNM 范围分别为 0.15～1.88μg N/（g·d）、0.37～1.72μg N/（g·d）、0.44～1.99μg N/（g·d）、0.68～1.62 μg N/（g·d），无显著月份变化（$p > 0.05$）。总体而言，GNM 向外海逐渐增加，与水深深度、底层水盐度和 DO，水柱叶绿素 a、沉积物含水率、NH_4^+、TN、海源 TOC、叶绿素 a、叶绿素 b、类胡萝卜素、Bacterial 16S rRNA 基因丰度均显著正相关（$p < 0.05$）。与水体浑浊度、沉积物 TOC/TN 显著负相关（$p < 0.05$），此外，GNM 与 GAI 无显著相关（$p > 0.05$）（图 4-4）。

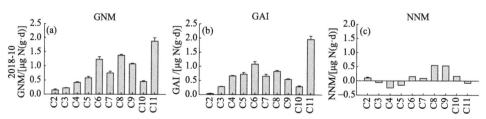

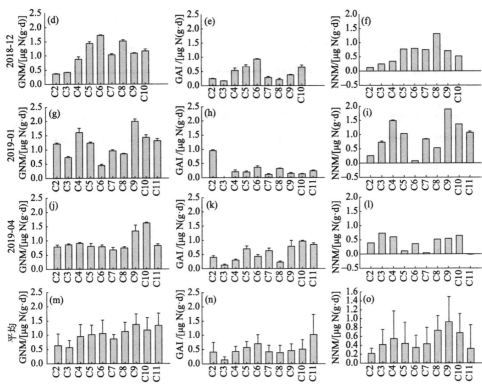

图 4-3　珠江口表层沉积物 GNM、GAI、NNM 速率分布

（m）、（n）、（o）中的值为每个站位四个月份平均值

表 4-1　珠江口表层沉积物氮转化速率（平均值±SD）

项目	10 月	12 月	1 月	4 月	平均值
GNM/[μg N/（g·d）]	0.81±0.53[a]	1.07±0.44[a]	1.18±0.43[a]	0.94±0.29[a]	1.00±0.45
GAI/[μg N/（g·d）]	0.71±0.51[a]	0.45±0.24[ab]	0.27±0.25[b]	0.54±0.27[ab]	0.49±0.37
NNM/[μg N/（g·d）]	0.11±0.25[a]	0.62±0.34[bc]	0.91±0.51[b]	0.4±0.25[ac]	0.51±0.46
GNM/[mmol N/（m²·d）]	2.13±1.24[a]	2.6±0.8[a]	3.08±0.83[a]	2.57±0.72[a]	2.6±0.98
GAI/[mmol N/（m²·d）]	1.8±1.11[a]	1.09±0.42[ab]	0.71±0.64[b]	1.47±0.71[ab]	1.27±0.87
NNM/[mmol N/（m²·d）]	0.34±0.72[a]	1.52±0.82[bc]	2.37±1.15[b]	1.1±0.72[ac]	1.33±1.15
PAM/%	0.13±0.07[a]	0.17±0.05[a]	0.2±0.09[a]	0.14±0.04[a]	0.16±0.07
RAI	0.89±0.38[a]	0.45±0.16[bc]	0.28±0.28[b]	0.58±0.27[ac]	0.55±0.37
Bac16S/（×10⁸ copies/g）	5.34±6.5[a]	9.83±9.89[a]	7.71±7.16[a]	6.21±5.95[a]	7.21±7.64

注：不同字母上标表示该参数在 4 个月间有显著差异，不同小写字母表示有显著差异，有相同小写字母表示无显著差异（Tukey's multiple comparison test，$p < 0.05$），PAM%=氨矿化日通量占 TN 百分比、RAI=GAI/GNM、Bac16S = bacterial 16S rRNA。

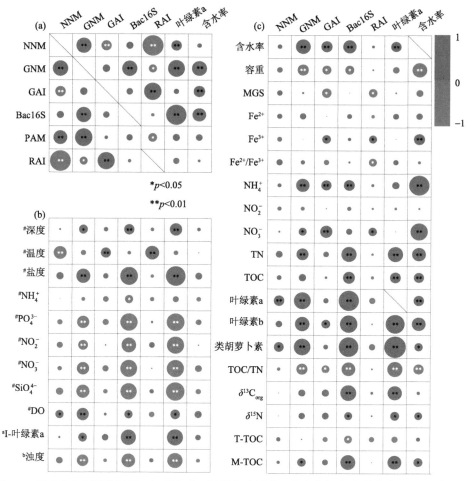

图4-4　氮矿化与氨同化过程、细菌丰度、沉积物叶绿素、含水率与（a）其自身；（b）水柱环境参数；（c）沉积物环境参数的 Pearson 相关性分析

RAI=GAI/GNM；PAM=GNM/TN%；#代表底层水参数；DO=溶解氧；a 代表水柱积分叶绿素 a；b 代表水柱 0～4 m 水柱浊度平均值；MGS=中值粒径

　　10 月、12 月、1 月、4 月的 GAI 范围分别为 0.04～1.96μg N/（g·d）、0.17～0.93μg N/（g·d）、0～0.95μg N/（g·d）、0.12～0.97 μg N/（g·d），月份间差异显著（$p < 0.05$）。空间上，上下游的 GAI 没有显著性差异（$p > 0.05$）。GAI 与底层水温度、沉积物含水率、Fe^{3+}、NH_4^+、NO_3^-、叶绿素 b 显著正相关，与沉积物中值粒径和 TOC/TN 显著负相关，但与 Bacterial 16S rRNA 基因丰度无显著关系（图 4-4），此外，GAI 与盐度关系不显著但与温度显著正相关，说明温度比盐度对 GAI 的影响更大。

　　10 月、12 月、1 月和 4 月的 NNM 范围分别为−0.24～0.55μg N/（g·d）、0.12～

1.31μg N/（g·d）、0.08～1.84μg N/（g·d）、–0.02～0.74 μg N/（g·d），月份间差异显著（$p < 0.05$），1 月平均值最高[（0.91±0.51）μg N/（g·d）]，10 月最低[（0.11±0.25）μg N/（g·d）]。空间上，仅 10 月的 C3、C4、C5、C11 站位，4 月的 C11 站位有轻微的负 NNM，其他站位均呈现正 NNM，说明珠江口表层沉积物是重要的 NH_4^+ 源。NNM 与底层温度显著负相关，与底层水 DO 和沉积物叶绿素 a，类胡萝卜素显著正相关（图 4-4）。此外，NNM 与 GNM 和 GAI 显著相关，但与沉积物 NH_4^+ 的关系不显著。

日氮矿化百分比（PAM%）范围为 0.03%～0.43%，平均值为（0.16±0.07）%（表 4-1，图 4-5），说明每日 GNM 通量仅消耗很小部分的 TN，PAM% 与底层水盐度和 DO，沉积物 NH_4^+ 和类胡萝卜素显著正相关，与水柱浊度显著负相关。RAI 范围为 0～1.59，平均值为（0.55±0.37）（表 4-1，图 4-5），10 月平均值显著高于 1 月平均值（$p < 0.05$），RAI 与底层水温度、沉积物 Fe^{3+} 和 NO_3^- 显著正相关，与沉积物中值粒径和 Fe^{2+}/Fe^{3+} 显著负相关。

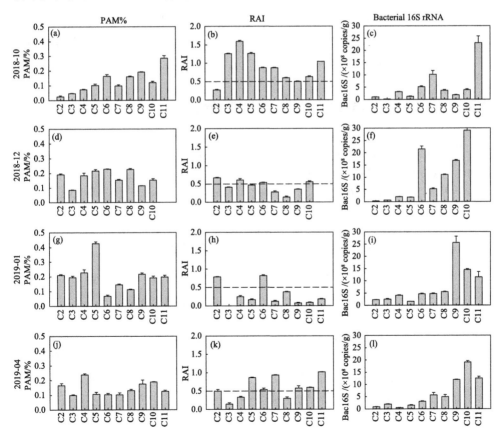

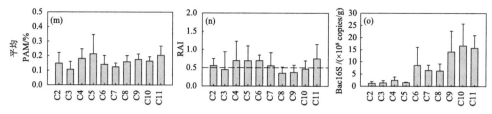

图 4-5　珠江口表层沉积物 PAM%、RAI、Bacterial 16S rRNA 丰度分布图

PAM% = 氮矿化日通量占 TN 百分比，RAI = GAI/GNM，（m）、（n）、（o）中的值为每个站位四个月份平均值

10 月、12 月、1 月、4 月的 Bacterial 16S rRNA 基因丰度范围分别为 $0.21 \times 10^8 \sim 23.08 \times 10^8$ copies/g、$0.31 \times 10^8 \sim 29.14 \times 10^8$ copies/g、$1.58 \times 10^8 \sim 25.65 \times 10^8$ copies/g 和 $0.47 \times 10^8 \sim 19.07 \times 10^8$ copies/g，月份间差异不显著（表 4-1）。空间上，基因丰度由陆及海逐渐增加，下游丰度明显高于上游（图 4-5），基因丰度与水深深度、底层水盐度、水柱叶绿素 a、沉积物含水率、NH_4^+、TN、TOC、$\delta^{13}C_{org}$、$\delta^{15}N$、海源 TOC 显著正相关，与水体浑浊度、沉积物 TOC/TN 和陆源 TOC 显著负相关（图 4-4），这些结果显示沉积物 Bacterial 16S rRNA 基因丰度受上层水柱的浮游植物生物量和沉积物理化性质共同调控。

4.3.3　氮转化过程的多重线性回归分析

为了探究多重环境因素对氮转化过程的共同影响，采用多重线性回归分析的 Enter 方法对 GNM、GAI、NNM 速率与环境因素做拟合分析。拟合结果符合以下条件：统计显著（$p < 0.001$）、残差独立（Durbin-Watson ≈ 2）、无多重共线性（tolerance>0.2，VIF<10）。基于表 4-2 的回归参数，得出以下公式：

$$GNM = -0.249 + 0.092 \times 叶绿素 a + 0.159 \times NH_4^+ \quad\quad (4\text{-}3)$$

$$GAI = -1.392 + 0.051 \times 温度 + 0.137 \times NH_4^+ \quad\quad (4\text{-}4)$$

$$NNM = 2.064 + 0.058 \times 叶绿素 a - 0.08 \times 温度 \quad\quad (4\text{-}5)$$

拟合结果显示沉积物叶绿素 a 和 NH_4^+ 可以解释 61.0%的 GNM 变化，标准化系数显示沉积物 NH_4^+ 是最主要影响因素。底层水温度和沉积物 NH_4^+ 可以解释 34.5%的 GAI 变化，并起到相同的调控作用。沉积物叶绿素 a 和底层水温度可以解释 48.5%的 NNM 变化，其中沉积物叶绿素 a 的影响最大。

表 4-2　多元逐步回归分析中 GNM、GAI 和 NNM 的各参数列表

因变量	模型中的因素	非标准化系数 β	B 的 95.0%置信区间		标准化系数 β	R^2	F	显著性水平	杜宾-沃森检验	共线性统计	
			下限	上限						偏差	VIF
GNM	常数	-0.249	-0.716	0.218							
	叶绿素 a/（μg/g）	0.092	0.057	0.126	0.580	0.610	28.150	<0.001	2.045	0.937	1.067
	NH_4^+/（μg N/g）	0.159	0.072	0.247	0.397					0.937	1.067
GAI	常数	-1.392	-2.296	-0.487							
	#温度/℃	0.051	0.017	0.085	0.412	0.345	9.491	<0.001	1.899	1	1
	NH_4^+/（μg N/g）	0.137	0.046	0.227	0.412					1	1
NNM	常数	2.064	1.139	2.988							
	叶绿素 a/（μg/g）	0.058	0.017	0.098	0.356	0.485	16.918	<0.001	1.576	0.947	1.056
	#温度/℃	-0.08	-0.118	-0.042	-0.521					0.947	1.056

代表底层水参数。

4.4 讨　论

4.4.1 藻类来源有机物对河口表层沉积物氮矿化和同化过程影响

沉积物有机物对生物介导的氮循环过程具有重要的调节作用, 有研究显示有机物质量比数量对氮转化速率的影响更大 (Plummer et al., 2015)。浮游植物是新鲜且易降解有机物, 具有更快的降解速率, 控制着河口和近岸生态系统的微生物氮循环过程 (Li et al., 2015c; Chi et al., 2021)。本章研究结果表明 GNM、GAI、NNM 都与沉积物色素显著正相关 ($p < 0.05$) [图 4-4, 图 4-6 (b) 和 (j)], 进一步暗示藻类来源有机物对表层沉积物氮转化过程具有重要的调节作用。沉积物叶绿素 a 和水体叶绿素 a 存在显著正相关 ($p < 0.05$) [图 4-6 (a)], 证明了水体-底层叶绿素的耦合作用。此外, 沉积物 TN 和 TOC 均与沉积物叶绿素 a 呈显著正相关 ($p < 0.05$) [图 4-6 (c) 和 (d)], 说明浮游植物生物量是沉积物有机物的重要来源。这与之前报道的有机物是河口和近岸沉积物中氮矿化的重要驱动因素结论一致 (Rysgaard et al., 1998; Lin et al., 2016b)。另外, GNM 与海源 TOC 和叶绿素呈显著正相关, 但与 TOC 关系不显著, 进一步证明了从上层水体沉降而来的藻类易降解有机物而非 TOC 是氮矿化的重要影响因素。

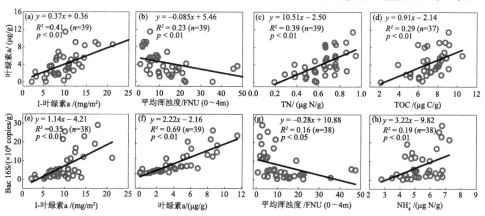

图 4-6　水体浑浊度、叶绿素 a 与沉积物有机物、细菌丰度间的关系

氮矿化是微生物介导的氮转化过程, 受到微生物生物量和活性的共同影响, 故氮矿化过程与微生物呼吸速率和 ATP 含量相关 (Bengtsson et al., 2003; Silva et al., 2005)。微生物生物量对 GNM 的影响已在森林、草地、农田、湿地、河流和海洋等生态系统中被证实 (表 4-3), 细菌多样性和丰度通常被视作沉积物氮矿化

表 4-3　前人研究与本研究中 GNM, GAI 和 NNM 速率及其影响因素的对比情况

编号	生态系统	地理位置	深度/cm	GNM/[μg N/(g·d)]	GNM 影响因素	GAI/[μg N/(g·d)]	GAI 影响因素	NNM/[μg N/(g·d)]	NNM 影响因素	参考文献
1	沙质平原	丹麦日德兰半岛西部	2~4	1.19~1.67	生物可用性 N	0.56~4.31	微生物群落	-2.92~0.87	生物可用性 N	Kristensen and McCarty, 1999
2	森林	美国纽约	0~10	3.35~36.00	NH₄⁺的微生物消耗量	1.70~41.50	—	0.89~8.60	土壤湿度	Verchot et al., 2001
3	森林	瑞典西南部	0~5	2.7~22.5	呼吸速率、ATP含量	0~37.5	GNM速率、呼吸率、ATP含量	—	—	Bengtsson et al., 2003
4	草原	比利时，迪尔利克	0~20	0.45~3.30	TOC、TN	0.71~2.72	TOC、TN	0.06~0.58	TN、C/N	Accoe et al., 2004
5	森林	"古尔克普朗"，比利时	0~10	0.5~11.1	TOC、TN、C/N	0.2~3.8	TC、TN、C/N	0.3~6.8	TC、TN、C/N	Vervaet et al., 2004
6	黏性壤土	俄克拉荷马州，美国	0~10	0.5~2.7	微生物种群、土壤有机物	0.7~3.0	微生物种群、土壤有机物、GNM	-0.5~0	—	Silva et al., 2005
7	沿海湿地	江苏，中国	0~10	1.48~1.71	培养、磷脂脂肪酸生物量、TN	0.89~1.07	培养、GNM	0.41~0.82	—	Jin et al., 2012
8	盐沼	黄河三角洲，中国	0~10	—	—	—	—	-0.49~0.18	土壤水分、土壤盐度	Gao et al., 2012
9	农业土壤	黑龙江，中国	0~20	4.06~4.86	耕种、TOC	3.19~4.10	耕种、TOC	0.80~0.91	—	Li and Lang, 2014
10	酸性森林	福建，中国	0~20	2.30~9.20	土壤C/N	0~6.17	GNM	—	—	Zhu et al., 2013
11	亚热带森林	昆士兰州东南部，澳大利亚	0~10	0.91~4.02	土壤C/N、植物C输入和C转化	1.21~4.02	植物C输入和C转化	-0.62~1.32	—	Zhao et al., 2015
12	栽培土	江苏，中国	0~10	1.0~4.2	培养时间、电导率、TOC、TN、C/N、pH	0.9~2.0	电导率、TOC、TN、C/N、pH	—	—	Jin and Zhou, 2015

续表

编号	生态系统	地理位置	深度/cm	GNM/[μg N/(g·d)]	GNM 影响因素	GAI/[μg N/(g·d)]	GAI 影响因素	NNM/[μg N/(g·d)]	NNM 影响因素	参考文献
13	栽培土	巴尔卡斯，阿根廷	0~10	0.35~1.40	土壤 OM、微生物生物量、微生物活性	1.40~3.25	C/N	-2.00~-0.80	—	Regehr et al., 2015
14	森林	乞力马扎罗山，坦桑尼亚	0~4	0.90~3.90	样品准备和存储	—	—	—	—	Gütlein et al., 2016
15	海洋	东海，中国	0~5	0.04~6.10	沉积物晶粒尺寸、温度、pH、NH_4^+、TOC、TN	0~9.82	沉积物晶粒尺寸、温度、pH、NH_4^+、TOC、TN	—	—	Lin et al., 2016c
16	沿海盐沼	黄河三角洲，中国	0~10	—	—	—	—	-0.15~0.15	沉积物温度和水分、洪水	Jia et al., 2017
17	森林	广西，中国	0~10	2.56~4.29	TOC、TN	2.18~3.17	NH_4^+	-0.61~2.11	森林类型	Li et al., 2017
18	河流	上海，中国	0~5	0.25~25.83	沉积物温度、Eh、NO_3^-、NH_4^+、Fe^{3+}、TOC	0.24~26.27	沉积物温度、Eh、NO_3^-、NH_4^+、Fe^{3+}、TOC	—	—	Lin et al., 2017a
19	沙漠、草原、灌木丛、森林和湿地	美国加利福尼亚	0~10	18~75	土壤水分、土壤 C/N	23~90	—	—	—	Yang et al., 2017
20	盐沼	黄河三角洲，中国	0~20	—	—	—	—	-3.0~4.5	土壤盐分和水分	Jia et al., 2019
21	河口湿地	闽江口，中国	0~10	2.00~5.90	土壤湿度	1.10~5.10	盐度	-0.34~1.84	土壤水分和盐分	Li et al., 2020a
22	河口	珠江河口，中国	0~5	0.15~1.99	上覆水盐度、沉积物细菌丰度、水分、NH4 和叶绿素 a	0~1.96	上覆水温、泥沙水分、NH_4^+	-0.24~1.84	上覆水温、沉积物叶绿素 a	本研究

的重要表征因子。本章节研究结果也表明 GNM 和 NNM 与细菌丰度显著相关[图 4-9（a）和（i）]，并且细菌丰度与水体和沉积物中的叶绿素含量呈显著正相关[图 4-6（e）和（f）]，因此我们认为藻类来源有机物通过控制沉积物微生物丰度进而控制氮矿化速率。

　　河流动力过程引起的浑浊度是河口初级生产力的重要控制因素（Yin, 2002; Harrison et al., 2008; Domingues et al., 2011; Qiu et al., 2019）。本研究的上覆水体叶绿素 a、沉积物叶绿素 a、细菌丰度、GNM 均与水体浑浊度呈显著负相关（$p < 0.05$）[图 4-6（b）和（g）和图 4-4]。因为高浑浊度减少水体的光透性，进而抑制初级生产力，导致较少的浮游植物沉降至表层沉积物，不仅抑制了沉积物微生物的生长，进而减少了矿化所需的基质。河口浑浊度与盐水舌移动相关联，珠江口最大浑浊带的形成与盐度介导的絮凝、沉积物输运、再悬浮和沉降等有关（Tian, 1986; Wai et al., 2004; Liu et al., 2016b），这与我们的观测结果相一致（图 4-7）。河口水体盐度的时空分布是水体对流和混合的表征因子，受到淡水径流量、潮汐，以及垂直分层等因素影响。因此本文 GNM、NNM、细菌丰度、水柱叶绿素 a 随浊度增加而减少的同时随盐度增加而增加（图 4-8）。除了有机物输入来源的影响，河口及近岸的沉积物粒径及密度也是有机物含量和含水率的影响因素，并进一步影响氮矿化和同化的时空分布（Lin et al., 2016b; Lin et al., 2016b; Li et al., 2020c）。对陆地系统的研究显示沉积物含水率对 GAI 有重要影响（Greaver et al., 2016; Jia et al., 2017; Li et al., 2020c）。本研究还发现河口沉积物的含水率也是 GNM、GAI 和细菌丰度的重要表征参数。更柔软和小粒径的淤泥质沉积物往往含有较高含水率，比坚硬粗糙的砂质沉积物更利于微生物附着和生长，这解释了为什么沉积物 NH_4^+、NO_3^-、TN、TOC 和色素均与沉积物含水率显著正相关（图 4-4），进一步证明了河口循环导致的高浑浊度和沉积物类型分布对沉积物氮循环的影响。

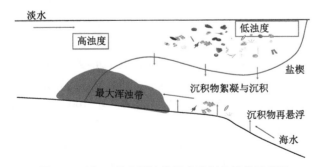

图 4-7　珠江口最大浑浊带形成机制的简易示意图

图片改编自（Tian, 1986; Harrison et al., 2008; Liu et al., 2016b）

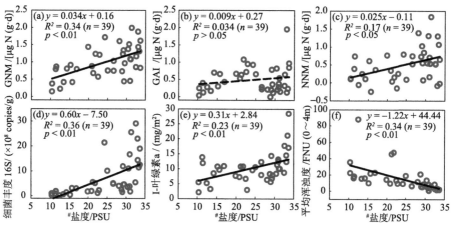

图 4-8　河口盐度与沉积物氮转化过程、细菌丰度、水体叶绿素和浊度间的关系

实线代表关系显著（$p < 0.05$），虚线代表关系不显著（$p > 0.05$）

4.4.2　环境因素对氮矿化与氨同化过程的调节作用

沉积物/土壤氮矿化受到生物和非生物的共同影响，如沉积物/土壤深度、质地、温度、含水率、有机物、盐度、pH 等的影响（表 4-3）。本研究结果表明除了藻类来源有机物，沉积物 NH_4^+ 也是影响细菌丰度、GNM、GAI 的重要因素[图 4-6（h），图 4-9（d）和（h）]，同时发现氨同化受到有机物和无机氮（特别是 NH_4^+）可利用性的共同影响（表 4-3）。本研究中，GAI 与 GNM 不同的是，GAI 受到沉积物 NH_4^+ 的影响大于有机物（图 4-4）。由于 NH_4^+ 是氮矿化的产物和 NH_4^+ 同化的底物，因此 GAI 依赖于 GNM 提供的 NH_4^+（Bengtsson et al., 2003; Silva et al., 2005; Bai et al., 2012; Zhu et al., 2013）。然而本研究中 GAI 和 GNM 没有显著关系，同以往其他研究结果较为不吻合（Lin et al., 2016b; Li et al., 2020c）。这可能有以下几个方面的原因：首先，GAI 仅占到（55.09±36.65）%的 GNM，显示为氮饱和环境；其次，之前的研究发现珠江口表层沉积物 DNRA 和固氮速率分别为（0.61±0.27）μg N/（g·d）和（0.19±0.11）μg N/（g·d）（Huang et al., 2021），占到 GAI 的 124.49%和 38.78%，预示着 DNRA 和固氮可为 GAI 提供较为丰富的 NH_4^+；最后，研究显示当异养微生物快速繁殖时，异养吸收的 NH_4^+ 大于自养硝化吸收的 NH_4^+（Hart et al., 1994; Silva et al., 2005），在有机物较多的情况下，珠江口沉积物异养生物大量繁殖，氨同化是主要的 NH_4^+ 吸收途径，竞争较弱。因此，本研究中 GAI 不受 NH_4^+ 供应的限制，与 GNM 关系不显著。

温度对生物活动具有重要的调控作用，本研究中 GAI 与温度显著正相关 [图 4-9（g）]，10 月（26.06 ℃）GAI 最高，为（0.74±0.49）μg N/（g·d），1 月（17.87 ℃）最低，为（0.24±0.25）μg N/（g·d）（表 4-1）。趋势与东海及上海河流沉积物一致

（Lin et al., 2016b; Lin et al., 2017b）。黄河口三角洲沉积物及草地土壤的氮转化速率也与温度及含水率密切相关（Parker and Schimel, 2011; Jia et al., 2017）。室内控制实验也显示温度增加 10 ℃后，NH_4^+转化速率明显高于原位温度下速率（Grenon et al., 2004），更高的温度能够提高酶的活性，从而提高氮转化速率（Greaver et al., 2016）。本研究显示温度对 GAI 的影响程度要高于 GNM，这与室内温度操控实验发现 GAI 对温度的敏感性要高于 GNM 的结论一致（Lan et al., 2014）。

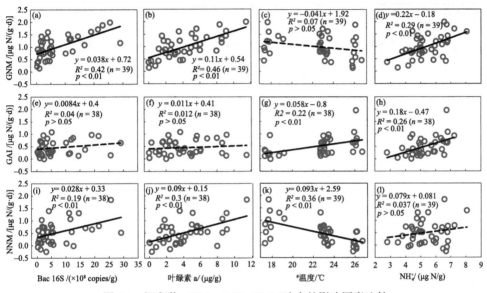

图 4-9　沉积物 GNM、GAI、NNM 速率的影响因素比较
实线代表关系显著（$p < 0.05$），虚线代表关系不显著（$p > 0.05$）

大量研究显示 NNM 与沉积物氮的可用性、TN、TOC、盐度、温度、沉积物粒径等有关。本研究发现 NNM 与沉积物 NH_4^+ 无显著关系，但与沉积物细菌丰度、叶绿素 a 和底层水温度显著相关[图 4-9（i）～（l）]。为了更好地体现叶绿素和温度对 NNM 分布的影响，每个月份的站位被分为高沉积物叶绿素 a 组和低沉积物叶绿素 a 组（图 4-10，表 4-4）。研究结果表明每个月份高叶绿素组的 GNM 均大于低叶绿素组，且温度影响不明显，GAI 则在两组间差异不大，但 GAI 随温度增加而增加。时间上，NNM 随温度升高而下降是因为 GAI 随温度升高而升高；空间上，NNM 随叶绿素升高而升高是因为 GNM 随叶绿素升高而升高。尽管研究认为有机物矿化也应该受到温度的影响（Gudasz et al., 2010），但由于有机物矿化的影响因素过多，可能会模糊了对于温度的敏感性，从而难以将温度的影响表现出来（Davidson and Janssens, 2006）。本研究中低叶绿素组由于缺乏易降解有机物，GNM 呈现出随温度升高而小幅度降低的趋势[图 4-10（a）]。NH_4^+是氨同化反应的底物，因此 NH_4^+ 较低环境下，温度对 GAI 的促进作用可能会减弱，这可能是低叶

绿素组 GAI 随温度升高幅度较小的原因[图 4-10（b）]。总体而言，珠江口沉积物 NNM 为正值，即有净 NH_4^+ 产生。研究显示 GAI/GNM ≤ 0.5 代表氮饱和环境，GAI/GNM > 0.9 代表氮限制环境（Aber，1992）。本研究中较低的 GAI/GNM（0.55±0.37）显示珠江口沉积物基本为氮饱和环境，有可能是上层水体的 NH_4^+ 源。有研究指出气候变化会影响氮转化过程（Davidson and Janssens, 2006; Greaver et al., 2016）。本研究显示，虽然 GNM 受温度影响不明显，但当考虑 GAI 后，NNM 随温度升高而降低。

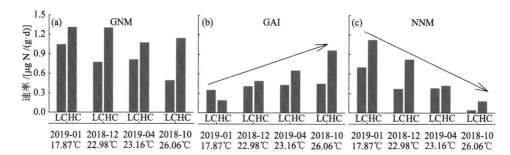

图 4-10　四个月份 GNM、GAI、NNM 速率在 LC 组和 HC 组的差异
LC=低沉积物叶绿素组，HC=高沉积物叶绿素组，每个月份的站位根据沉积物叶绿素浓度大小平均分配成两个组别

表 4-4　各个月份沉积物高叶绿素组与沉积物低叶绿素组的分配情况

时间	叶绿素 a 低值区（LC）	叶绿素 a 高值区（HC）
1 月	C2, C3, C4, C5, C6	C7, C8, C9, C10, C11
12 月	C2, C3, C4, C5	[a]C6, C7, C8, C9, C10
4 月	C2, C3, C4, C5, C7	C6, C8, C9, C10, C11
10 月	C2, C3, C4, C5, C9	C6, C7, C8, C10, C11

a 该站位沉积物叶绿素浓度高于月份平均值，因此归入高叶绿素组。

4.4.3　生态环境意义

为了显示沉积物氮矿化对水柱氮浓度的影响，我们计算了沉积物 GNM、GAI、NNM 日通量占上层对应水柱 NH_4^+ 和 DIN 积分浓度（$I-NH_4^+$ 和 I-DIN）的百分比（图 4-11）。研究结果显示 GNM 日通量分别占 $I-NH_4^+$ 和 I-DIN 的 1.05%～128.50% 和 0.08%～1.70%，中值分别为 6.98% 和 0.59%。GAI 日通量分别占 $I-NH_4^+$ 和 I-DIN 的 0%～28.72% 和 0%～1.77%，中值分别为 3.95% 和 0.28%。NNM 日通量分别占 $I-NH_4^+$ 和 I-DIN 的 -5.81%～110.74% 和 -0.09%～1.27%，中值分别为 2.70% 和 0.27%。时间上，10 月和 12 月 GNM、GAI、NNM 日通量占 $I-NH_4^+$ 的百分比高于 1 月和 4 月，因为 1 月和 4 月水柱 $I-NH_4^+$ 浓度较高。4 月 GNM、GAI、

NNM 日通量占 I–DIN 的百分比最低，因为 4 月水柱 I–DIN 最高，说明河流输入是 4 月 DIN 的主要来源，有机物矿化的贡献很小。尽管 1 月 I–DIN 浓度并不高，GAI 日通量的占比仍然很低，即 1 月沉积物氨同化吸收的 NH_4^+ 对水柱贡献微乎其微。空间上，GNM、GAI、NNM 日通量占 I–NH_4^+ 和 I–DIN 的百分比均从上游向下游增加，显示了沉积物氮转化过程对水柱营养盐的影响逐渐增大，上游 NNM 日通量占 I–NH_4^+ 的百分比的中值仅为 1.75%，下游增加至 4.02%（图 4-12）。沉积物矿

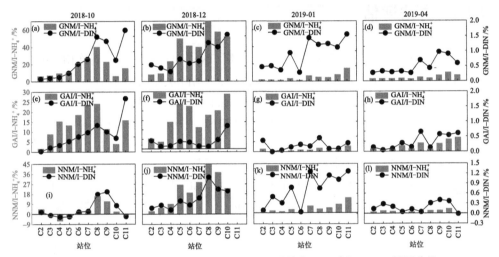

图 4-11　四个月份 GNM, GAI 和 NNM 日通量占 I–NH_4^+ 和 I–DIN 的百分比

I–NH_4^+ 和 I–DIN ＝水柱 NH_4^+ 和 DIN 积分浓度（mmol N/m²），柱状图对应左边 Y 轴，点线图对应右边 Y 轴

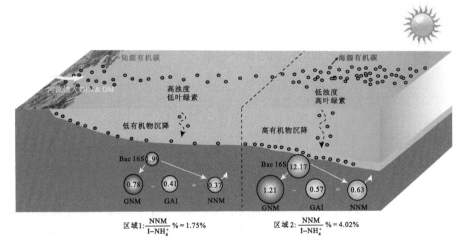

图 4-12　珠江口沉积物氮矿化和同化分布概念图

圆圈大小代表细菌丰度和各速率大小，区域 1 数据来源于低沉积物叶绿素组，区域 2 数据来源于高沉积物叶绿素组（表 4-4）。底层比值代表 NNM 日通量占上层水柱 NH_4^+ 积分浓度的百分比。速率单位为 μg N/（g·d），基因丰度单位为×10⁸ copies/g

化对水体的影响具有两面性，在河口上游，沉积物矿化不利于甚至加重富营养化治理，太强的矿化反而容易引起缺氧等现象（Yu et al., 2020），但在河口下游，随着水体 NH_4^+ 浓度逐渐降低，沉积物矿化产生的 NH_4^+ 有可能成为水体浮游植物生长所需无机氮的主要来源，较强的矿化作用可能促进下游河口及近岸海域渔业的发展。

4.4.4 方法评估

基于 $^{15}NH_4^+$ 稳定同位素稀释技术同时测定 GNM 和 GAI 的方法首次由 Kirkham 和 Bartholomew（1954）创建并基于三点假设：①培养过程中不存在同位素分馏现象；②培养时间内已被同化成有机物的氮不会再被矿化为无机氮；③培养时间内氮转化速率是恒定的。因此，培养时间不应太长，$^{15}NH_4^+$ 应该被混合均匀，不均匀的 $^{15}NH_4^+$ 分布会对速率测量产生较大影响（Blackburn, 1979）。相比于柱状沉积物培养，泥浆实验将沉积物混合均匀并减少采样差异，这对于获得可靠的实验结果至关重要。同时，泥浆实验对沉积物样品和示踪剂的需求量较少，操作更加简洁，费用更加合理，有效降低交叉污染（Regehr et al., 2015），因此，泥浆实验被广泛运用于测定氮转化速率，尽管泥浆实验仅仅反映沉积物潜在速率而非真实速率。然而，物理混合会破坏沉积物结构减少沉积物内部空间分布异质性，导致被保护的有机物释放到泥浆中，同时，泥浆实验中的厌氧环境可能会导致需氧细胞的死亡从而增加有机物适用性，导致 GNM 速率被高估（Gütlein et al., 2016）。此外，实验中额外添加的 $^{15}NH_4^+$ 基质理论上会促进 GAI 速率（Hart et al., 1994）。本章研究我们的目标是探究富营养化河口中 GNM 和 GAI 的时空分布差异及其影响因素，因此，泥浆实验的缺点对我们结论的影响有限。

4.5 本 章 小 结

本章节探究了富营养化河口表层沉积物氮矿化和同化速率的时空分布特征及影响因素。研究结果显示 GNM、GAI、NNM 速率分别为（1.00±0.45）μg N/（g·d）、（0.49±0.37）μg N/（g·d）、和（0.51±0.46）μg N/（g·d），基于氮矿化和同化两个过程发现珠江口沉积物是上层水体重要的 NH_4^+ 源。富营养化河口中浑浊度控制的浮游植物生物量是沉积物氮矿化的重要驱动因素，河口上游的高浑浊度降低了水体叶绿素，导致沉降至沉积物表层的有机物降低，从而抑制细菌丰度和 GNM 过程。然而，相比于有机物，温度对 GAI 的影响更大，较低的温度抑制 GAI 过程。

沉积物叶绿素 a 和 NH_4^+ 可以解释 61.0% 的 GNM 变化,温度和沉积物 NH_4^+ 可以解释 34.5% 的 GAI 变化, 而沉积物叶绿素 a 和温度可以解释 48.5% 的 NNM 变化。总体而言, NNM 日通量占对应上层水柱 NH_4^+ 积分浓度百分比从上游的 1.75% 增加至下游的 4.02%, 显示沉积物矿化过程对水体的影响逐渐增大。由于温度对 GAI 影响大于对 GNM 的影响, 目前为氮饱和状态的珠江口沉积物随着气候变暖可能转变为氮限制状态, 这对河口有机物埋藏和氮污染治理具有重要意义, 但气候变暖与 NNM 的具体关系及不确定因素的影响仍需要更多的温度控制实验加以求证。

第5章 海湾沉积物硝酸盐还原过程研究

5.1 引 言

海岸带位于海陆交互地带，是世界上人口、经济和城市最集中的地区。海岸带生态系统对生物多样性维持、环境健康和区域社会经济可持续发展具有关键作用，是沿海经济带最重要的生态安全屏障，能有效地去除陆源污染物。其中沉积物在硝酸盐异化还原过程中扮演着重要角色，能够减轻河口及近岸海域发生水体富营养化的风险（Loken et al., 2016）。硝酸盐的异化还原过程，包括反硝化、厌氧氨氧化和硝酸盐异化还原成铵（DNRA）三个过程。反硝化是指在厌氧条件下，微生物利用有机碳（TOC）作为电子供体，硝酸盐作为电子受体，将其转化为氮气（N_2）或一氧化二氮（N_2O）的过程。厌氧氨氧化则是指在厌氧环境下，厌氧氨氧化细菌利用铵态氮（NH_4^+）作为电子供体，氧化亚氮（NO_2^-）作为电子受体，产生 N_2 的微生物化能自养过程（Devol, 2015）。两者均将环境中的活性氮转化为气体产物，最终扩散进入大气中，从而使生物利用性氮从生态中永久去除，有效地缓解了河口和海岸生态系统的氮污染压力。而 DNRA 是由还原无机化合物如硫化物驱动的自养过程或者异养过程，是指厌氧状态下一些严格厌氧菌将 NO_3^- 直接还原成 NH_4^+，即生产铵的硝酸还原过程，将活性氮保留在生态系统中，没有从环境中去除活性氮。上述三个过程是河口近岸沉积物中氮循环和影响水环境中活性氮去向的关键过程，各过程速率决定了生态系统的活性氮的归宿。

盐度作为河口近岸不同于其他水体环境的最显著的特征，在该区域不仅存在空间上的差异，还存在时间上的差异，如干湿季、潮周期和日变化等，对微生物的生理代谢和生态位分化起着重要的调节作用，从而影响沉积物氮循环的几个关键过程。目前已有大量的研究探讨盐度对河口及近岸关键氮过程的影响：有研究发现，沉积物对 NH_4^+ 的吸附能力随盐度的增高而降低，低盐度区的 NH_4^+ 浓度较高，硝化及耦合的反硝化速率也较高（Herrmann et al., 2008），而盐度的增加还会导致

nirS 型反硝化菌丰度减少，群落结构明显变化，产生 N_2 减少；盐度的微小变化强烈地影响沉积物对 NH_4^+ 的吸附、解吸能力（Hou et al., 2003），底泥的盐度增加可能导致 NH_4^+ 和 DOC 的瞬时释放，从而增加从底泥到水体 NH_4^+ 的流出量，提高 NO_3^- 还原速率和 NO_2^- 产生速率继而影响 DNRA 过程（Laverman et al., 2007），而盐度的降低会抑制相关微生物的活性。但是河口地区长期受水动力影响显著，水动力驱动影响下的沉积物粒径往往覆盖盐度变化造成的影响（Lin et al., 2017b）。因此，本研究根据《中国海湾志》选取了受河流影响较小，盐度梯度差异明显的泥质海湾（镇海湾）作为研究对象，尽可能排除其他因素探讨盐度对沉积物硝酸盐异化还原过程的影响，以期能够更为准确地理清盐度对海湾沉积物硝酸盐异化还原过程的影响，并为控制海湾生态系统的氮循环平衡及近岸氮污染治理提供科学的基础数据支撑。

5.2　材料与方法

5.2.1　研究区概况及样品采集

本研究选取中国南部沿海亚热带海湾—镇海湾作为研究区（图 5-1）。该海湾隶属广东省管辖范围内，位于中国南海海岸，珠江三角洲以西，属于亚热带季风性湿润气候，年平均日照量 > 1700 h，年均温在 21.3～22.8 ℃，年平均降雨量高达 2183.3 mm，年均相对湿度为 86%（Liu et al., 2016a）。镇海湾是一个半封闭浅水（0～10 m）海湾，长约 27 km，总面积约为 156 km^2，从广阔的流域（约 2832 km^2）接收淡水、沉积物和溶质的输入，因此该生态系统从口湾内到湾外存在显著的盐度梯度差异（0.17～28.54 PSU），且沉积物大多数为由黏粒组成。该区的主要生境类型包括红树林潮间带沼泽（*Kandelia candel, Aegiceras corniculatum, Sonneratia apetala*, etc.）、水产养殖生态系统（*Crassostrea rivularis*）和无植被底（Liu et al., 2016a; Ren et al., 2017）。其流域位于粤港澳大湾区西南部，人口密度为 289.98 人/km^2，根据《广东省统计年鉴 2020 年》，2019 年人均国内生产总值（GDP）为 6415 美元。随着人口的快速增长和城市化进程的不断加速，大量人为活性氮输入该生态系统并诱发一系列生态环境问题（Ren et al., 2017）。

本文根据镇海湾的盐度特征设置了 12 个采样点，位于 21.785～22.053 °N，112.371～112.487 °E 经纬度范围内（图 5-1）。于四季（1 月、5 月、8 月和 11 月）开展了野外样品采集，利用自制手持柱状采泥装置（末端装有直径为 7.8 cm，长

60 cm 的有机玻璃管）采集沉积物。每个采样点采集 3 个表层平行样（0～5 cm），装于密封无菌自封袋中，并低温保存。采集各采样点的底层水样，存放于聚乙烯瓶中。所有的样品都用冰块运送到实验室。回到实验室后，在厌氧条件下将各采样点的沉积物充分混合均匀，然后分成 3 份：取大约 10 g 新鲜沉积物于聚乙烯无菌自封袋中密封储存，–80 ℃冰箱冷冻保存，用于微生物分子测试；取 100 g 新鲜沉积物–20 ℃冷冻保存，用于测定一些易变理化性质；剩余样品于 4℃下保存，用于测定氮转化速率和沉积物理化参数。水样过 0.2 µm （Millipore, Bedford, USA）滤膜，储存在–20 ℃条件下。

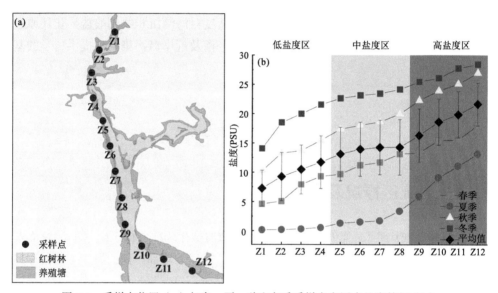

图 5-1　采样点位置（a）与春、夏、秋和冬季采样点底层水盐度特征（b）

5.2.2　沉积物理化性质测定

采用手持式水质分析仪（YSI Professional Plus）于采样点原位测定温度、盐度、DO、pH 和水深。其他理化性质测定方法详见 3.2.2。

5.2.3　氮转化速率测定

反硝化、厌氧氨氧化及 DNRA 潜在速率通过泥浆培养实验结合同位素示踪技术进行测定。详细方法步骤见 3.2.3。

5.2.4　统计与分析

使用 SPSS 19.0（SPSS Inc., USA）和 OriginPro 2016（OriginLab Corporation, Northampton, MA, USA）等软件进行数据统计分析；使用 OriginPro 2016、Corel Draw X6（Corel, Ottawa, ON, Canada）和 ArcGIS 10.2（ArcMap 10.2, ESRI, Redlands, CA）制图。不同盐度或不同季节间的沉积物硝酸盐异化还原速率、相对贡献比例和理化性质的显著性差异采用单因素方差分析（ANOVA），结果比较采用 LSD 检验（$p < 0.05$）；采用 Pearson 相关分析确定理化性质与硝酸盐异化还原速率及相对贡献比例的相关关系。

5.3　结果与分析

5.3.1　站点理化性质时空分布特征

本文于春、夏、秋和冬季对不同盐度梯度条件下的 12 个采样点的沉积物与上覆水体理化参数进行测定。结果如表 5-1 和图 5-2 所示，温度具有明显的季节性差异。春季、夏季、秋季和冬季平均值分别为（26.45 ± 0.99）℃、（26.99 ± 0.38）℃、（24.36 ± 0.97）℃和（19.05 ± 0.70）℃。春季高盐度区的上覆水体 DO 含量[（3.27 ± 0.11）mg/L]要显著高于低盐度区[（2.95 ± 0.09）mg/L]；同时秋季高盐度[（8.53 ± 1.29）mg/L]DO 要显著高于中盐度区域[（6.91 ± 0.27）mg/L]；除此之外，其他均无显著差异性。各区域的上覆水均存在明显的季节性差异，冬季盐度最高，夏季盐度最低；空间上，湿季（春季和夏季）表现为高盐度区显著高于中、低盐度，而中盐度与低盐度无显著性差异，而干季（秋季和冬季）则表现为高、中和低三个盐度区均存在显著差异性。上覆水体 pH 介于 7.08～8.38，pH 由陆及海逐渐升高，且均表现为夏季 pH 最低，而春季 pH 最高。如图 5-2（a）～（c）所示，上覆水体中主要以 NH_4^+、NO_3^-为主，且浓度较高，除冬季外，其他季节均明显高于 VI 类海水水质的标准（据《海水水质标准（GB 3097—1997）》，DIN 浓度> 35.71 μM，则为 VI 类水质），季节上大体体现为湿季营养盐浓度较高，而干季偏低。

表 5-1　镇海湾表层沉积物 N 还原速率（反硝化、厌氧氨氧化和 DNRA）的平均值和相对贡献（DEN%、ANA%和 DNRA%）以及站点主要理化参数

类型	低盐度				中盐度				高盐度			
	春季	夏季	秋季	冬季	春季	夏季	秋季	冬季	春季	夏季	秋季	冬季
DEN[nmol N/(g·h)]	16.29±5.17ᵃᴬ	21.13±14.81ᵃᴬ	17.50±4.94ᵃᴬ	15.97±5.51ᵃᴬ	8.86±6.89ᵃᴮ	20.02±6.91ᵃᴬ	13.48±4.34ᵃᴬᴮ	10.12±4.60ᵃᵇᴮ	8.12±2.19ᵃᴮ	22.33±9.76ᵃᴬ	18.62±7.15ᵃᴬ	7.54±1.91ᵃᴮ
ANA[nmol N/(g·h)]	1.62±0.24ᵃᴮ	1.26±0.30ᵇᴮ	1.31±0.60ᵇᴮ	2.68±0.63ᵃᴬ	0.94±0.41ᵃᴮ	3.64±1.73ᵃᴬ	2.32±0.86ᵃᴬ	1.42±0.46ᵃᴮ	1.78±0.79ᵃᴮ	5.74±2.28ᵃᴬ	4.31±1.59ᵃᴬ	1.62±0.88ᵃᵇᴮ
DNRA[nmol N/(g·h)]	0.31±0.22ᵃᴮ	0.66±0.54ᵃᴮ	2.63±2.41ᵃᴬ	0.30±0.24ᵃᴮ	0.07±0.09ᵃᴬ	0.61±0.72ᵃᴬ	1.51±1.92ᵃᴬ	0.06±0.07ᵃᴬ	0.82±0.86ᵃᴬ	1.03±0.75ᵃᴬ	1.46±0.83ᵃᴬ	0.77±0.79ᵃᴬ
DEN%/%	88.60±4.67ᵃᴬ	90.06±3.91ᵃᴬ	81.20±10.35ᵃᴬ	83.33±4.59ᵃᴬ	87.39±4.59ᵃᵇᴬ	82.03±5.49ᵇᴬᴮ	77.36±8.78ᵃᴬ	86.52±3.41ᵃᴬ	76.76±10.65ᵇᴬ	75.90±3.22ᵇᴬ	75.62±5.00ᵃᴬ	76.54±13.20ᵃᴬ
ANA%/%	9.60±3.62ᵃᵇᴮ	6.90±2.80ᵇᴮ	6.35±3.41ᵃᴬ	14.95±4.41ᵃᴬ	11.05±3.23ᵃᴬ	15.72±6.88ᵃᴬ	13.56±3.38ᵃᴬ	12.81±3.75ᵃᴬ	16.34±5.85ᵃᴬ	20.52±3.97ᵃᴬ	18.69±6.76ᵃᴬ	16.43±9.34ᵃᴬ
DNRA%/%	1.79±1.41ᵃᵇᶜ	3.04±2.22ᵃᴬᴮᶜ	12.44±13.22ᵃᴬ	1.72±1.57ᵃᵇᴮ	1.56±2.68ᵃᴬ	2.25±2.06ᵃᴬ	9.08±12.02ᵃᴬ	0.66±0.83ᵇᴬ	6.90±5.90ᵃᴬ	3.58±1.80ᵃᴬ	5.69±2.02ᵃᴬ	7.03±6.15ᵃᴬ
ra/%	9.81±3.81ᵃᴬᴮ	7.12±2.90ᵇᴮ	6.98±2.94ᵇᴮ	15.18±4.46ᵃᴬ	11.24±3.31ᵃᴬ	16.01±6.87ᵃᴬ	14.76±2.03ᵃᴬ	12.89±3.72ᵃᴬ	17.79±7.09ᵃᴬ	21.26±3.90ᵃᴬ	19.73±6.87ᵃᴬ	17.94±10.77ᵃᴬ
深度/m	1.21±0.16ᵃᴬ	1.06±0.17ᵃᴬ	1.15±0.19ᵃᴬ	1.08±0.13ᵃᴬ	1.13±0.29ᵃᴬ	1.17±0.38ᵃᴬ	1.06±0.14ᵃᴬ	1.00±0.24ᵃᴬ	1.33±0.33ᵃᴮ	1.80±0.20ᵇᴬ	1.18±0.26ᵃᴬ	1.08±0.15ᵃᴮ
#盐度/‰	6.79±2.26ᵇᶜ	0.38±0.17ᵃᴬ	13.26±2.18ᶜᴰ	18.61±3.23ᵇᶜ	10.59±2.34ᵇᶜ	2.07±0.95ᵃᴬ	18.6±1.12ᵇᴰ	23.44±0.64ᵇᴮ	15.27±2.62ᵃᶜ	9.85±3.09ᵇᴬ	24.66±1.98ᵃᴮ	27.04±1.40ᵃᴮ
#T/°C	27.15±0.19ᵃᴬ	26.85±0.44ᵃᴬ	23.9±0.18ᵇᶜ	18.60±0.16ᵃᴮ	26.9±0.58ᵃᴬ	27.05±0.45ᵃᴬ	23.7±0.36ᵇᶜ	18.73±0.53ᵇᶜ	25.3±0.73ᵇᶜ	27.08±0.28ᵃᴬ	25.48±0.87ᵃᶜ	19.83±0.52ᵇᴮ
#DO/(mg/L)	2.95±0.09ᵇᶜ	5.64±0.94ᵃᴬ	7.85±0.76ᵃᴮ	5.21±0.18ᵃᴬ	3.19±0.24ᵃᴰ	6.48±0.64ᵃᴬ	6.91±0.27ᵃᴮ	4.94±0.16ᵃᴮ	3.27±0.11ᵃᴰ	6.62±0.24ᵃᶜ	8.53±1.29ᵃᴬ	4.87±0.15ᵃᴮ
#pH	8.06±0.02ᵇᴮ	7.08±0.11ᵃᴬ	7.81±0.04ᵇᶜ	7.91±0.18ᵃᴮᶜ	8.19±0.09ᵃᴮ	7.43±0.12ᵃᴬ	7.84±0.15ᵇᶜ	8.12±0.04ᵇᶜ	8.38±0.17ᵃᴬ	7.94±0.12ᶜᶜ	8.15±0.11ᵃᶜ	8.25±0.09ᵇᴬᴮ
#NH₄⁺/μM	24.72±6.68ᵃᴬ	28.30±7.52ᵃᴬ	4.30±1.47ᵃᴮ	10.62±2.73ᵃᴬ	24.03±11.46ᵃᴬ	30.71±9.52ᵃᴬ	3.53±3.06ᵃᴬ	10.27±1.50ᵃᴮ	21.21±11.28ᵃᴬᴮ	28.73±21.08ᵃᴬ	2.60±1.43ᵃᴮ	7.58±4.03ᵃᴮ
#NO₃⁻/μM	42.64±5.24ᵃᴮ	33.59±11.22ᵃᴬᴮ	14.19±3.42ᵃᶜ	26.05±6.89ᵃᴬ	44.22±13.31ᵃᴬ	38.05±11.04ᵃᴬ	18.65±9.22ᵃᴮ	34.65±2.49ᵃᴬ	55.46±16.61ᵃᴮ	80.95±15.15ᵇᴬ	14.63±10.33ᵃᶜ	29.79±9.76ᵃᶜ

续表

类型	低盐度				中盐度				高盐度			
	春季	夏季	秋季	冬季	春季	夏季	秋季	冬季	春季	夏季	秋季	冬季
#NO$_2^-$/μM	0.58±0.25^{aB}	0.89±0.08^{aA}	0.29±0.08^{aC}	0.50±0.07^{aBC}	0.66±0.22^{aA}	0.85±0.22^{aA}	0.19±0.18^{aB}	0.65±0.02^{aBC}	0.84±0.18^{aA}	0.92±0.14^{aA}	0.30±0.13^{aB}	0.70±0.17^{bA}
#DOC/(mg/L)	2.31±0.27^{aBC}	4.19±0.55^{aA}	1.79±0.49^{aB}	2.59±0.27^{aC}	3.23±1.03^{aB}	4.82±1.06^{aA}	1.49±0.21^{aC}	2.25±0.09^{aBC}	2.54±0.18^{aB}	7.01±1.26^{aA}	1.44±0.21^{aC}	2.00±0.15^{bBC}
#TN/(mg/L)	0.85±0.15^{aB}	0.61±0.05^{aA}	0.18±0.12^{aC}	0.33±0.27^{aA}	0.85±0.24^{aA}	0.33±0.27^{aB}	0.09±0.05^{aB}	0.64±0.01^{aA}	0.83±0.18^{aA}	0.67±0.48^{aA}	0.06±0.02^{aB}	0.56±0.10^{aA}
WC	0.51±0.01^{aA}	0.54±0.01^{aA}	0.64±0.04^{aB}	0.49±0.04^{aC}	0.52±0.03^{bB}	0.55±0.02^{aAB}	0.61±0.07^{aA}	0.51±0.02^{aB}	0.57±0.03^{aA}	0.55±0.03^{aA}	0.58±0.05^{aA}	0.50±0.03^{aA}
密度/(g/mL)	0.69±0.03^{aAB}	0.61±0.02^{aB}	0.45±0.07^{aC}	0.71±0.09^{aA}	0.67±0.06^{aA}	0.59±0.03^{aAB}	0.50±0.11^{aB}	0.68±0.04^{aA}	0.56±0.06^{bB}	0.60±0.06^{aAB}	0.55±0.09^{aB}	0.69±0.06^{aA}
黏土/%	32.25±2.20^{aA}	33.13±1.47^{aA}	34.43±2.26^{aA}	33.43±2.01^{aA}	30.68±1.28^{aA}	32.40±1.43^{aA}	30.5±4.10^{aA}	32.15±2.40^{aA}	31.93±3.20^{aA}	29.35±4.63^{aAB}	25.95±3.46^{bB}	31.55±1.85^{aA}
盐/%	66.74±1.18^{aA}	65.18±2.52^{aA}	64.82±1.98^{aA}	64.30±1.25^{aA}	67.61±1.38^{aA}	66.47±1.51^{abA}	67.86±3.12^{aA}	66.55±2.15^{aA}	67.09±2.60^{aA}	69.46±3.30^{bA}	68.70±3.94^{aA}	66.73±0.90^{aA}
沙子/%	1.01±1.08^{aA}	1.70±1.19^{aA}	0.76±0.50^{aA}	2.28±2.50^{aA}	1.72±0.84^{aA}	1.14±0.40^{aA}	1.64±1.12^{aA}	1.30±0.35^{aA}	0.99±0.79^{aA}	1.20±1.46^{aA}	5.35±6.16^{aA}	1.73±1.06^{aA}
MΦ/μm	6.70±0.58^{aB}	6.42±0.28^{aAB}	5.91±0.39^{bA}	6.43±0.49^{aAB}	7.03±0.38^{aB}	6.56±0.28^{aA}	6.74±0.77^{aA}	6.49±0.33^{aA}	6.85±0.83^{aA}	7.82±2.07^{aA}	8.39±1.99^{aA}	6.70±0.39^{aA}
SSA/(cm^2/mL)	24.60±0.97^{aA}	23.64±0.54^{aA}	23.89±1.37^{aA}	22.37±4.41^{aA}	22.50±1.41^{aA}	23.3±0.76^{aA}	22.20±2.07^{aA}	25.05±2.84^{aA}	23.92±2.30^{aAB}	22.21±2.87^{aAB}	20.63±2.65^{aB}	25.72±1.68^{aA}
NH$_4^+$/(μg N/g)	9.64±2.26^{bA}	14.84±4.06^{aA}	16.16±6.01^{aA}	8.92±9.37^{aA}	16.38±3.78^{aA}	18.30±7.50^{aA}	14.11±3.84^{aA}	4.04±1.33^{aB}	21.15±5.25^{aA}	15.45±4.81^{aAB}	11.61±1.90^{aB}	11.01±9.50^{aB}
NO$_2^-$/(μg N/g)	0.02±0.01^{aB}	0.02±0.01^{aB}	0.02±0.02^{aAB}	0.06±0.05^{aA}	0.01±0.00^{aB}	0.01±0.01^{aB}	0.01±0.01^{aB}	0.05±0.04^{aA}	0.02±0.04^{aA}	0.01±0.01^{aA}	0.02±0.04^{aA}	0.04±0.03^{aA}
NO$_3^-$/(μg N/g)	1.35±1.64^{aABC}	1.19±0.65^{aB}	1.91±1.68^{aABC}	2.76±1.14^{aA}	0.93±0.20^{aB}	1.61±0.81^{aAB}	2.58±0.86^{aA}	2.42±0.82^{aA}	1.37±0.45^{aB}	1.28±0.36^{aB}	2.24±0.68^{aA}	1.46±0.36^{aB}

续表

类型	低盐度				中盐度				高盐度			
	春季	夏季	秋季	冬季	春季	夏季	秋季	冬季	春季	夏季	秋季	冬季
Fe^{2+}/(mg Fe/g)	1.54±0.46[bBC]	3.16±1.78[aAB]	3.83±1.27[aA]	0.91±0.59[aC]	2.17±0.76[bC]	3.31±0.69[aB]	3.31±0.56[aB]	1.83±0.67[bB]	3.94±0.77[aA]	2.66±1.14[aA]	4.01±0.09[aA]	1.28±0.41[abC]
Fe^{3+}/(mg Fe/g)	4.16±0.66[aA]	2.79±0.53[aB]	2.35±0.97[aB]	3.30±0.66[aAB]	3.86±0.71[aB]	2.15±0.55[aA]	2.17±0.66[aA]	3.21±0.60[aB]	2.89±0.04[bB]	2.07±0.56[aBC]	1.49±0.19[aC]	3.89±0.98[aA]
Fe^{2+} : Fe^{3+}	0.37±0.07[bB]	1.21±0.70[aAB]	2.11±1.61[aA]	0.28±0.16[aB]	0.60±0.28[bB]	1.69±0.81[aA]	1.73±0.91[aA]	0.61±0.29[aB]	1.36±0.26[aB]	1.44±0.86[aB]	2.73±0.40[aB]	0.35±0.16[aC]
TOC/(mg C/g)	10.90±1.93[aB]	13.95±2.68[aA]	10.54±0.19[aB]	9.53±1.18[aB]	8.75±0.44[bB]	9.33±0.47[aB]	9.65±0.25[abAB]	9.27±0.77[aAB]	8.53±0.37[bA]	8.92±1.26[aA]	8.96±0.91[bA]	8.66±0.94[aA]
TN/(mg N/g)	1.28±0.19[aAB]	1.38±0.06[aA]	1.40±0.06[aA]	1.13±0.12[aB]	1.16±0.08[aB]	1.20±0.08[aAB]	1.30±0.09[aA]	1.17±0.11[aA]	1.14±0.07[aA]	1.12±0.16[bA]	1.26±0.15[aA]	1.08±0.11[aA]
C : N	8.50±0.81[aAB]	10.10±1.67[aA]	7.55±0.43[aB]	8.48±0.91[aAB]	7.57±0.36[bAB]	7.79±0.19[bAB]	7.42±0.40[bB]	7.94±0.31[aA]	7.49±0.18[bB]	7.95±0.09[bA]	7.13±0.29[aC]	8.01±0.06[aA]
$\delta^{13}C_{org}$‰	−23.66±0.56[bAB]	−24.22±0.30[aB]	−23.55±0.24[bA]	−24.02±0.47[bAB]	−22.67±0.23[aA]	−23.01±0.46[aAB]	−23.12±0.35[aAB]	−23.43±0.35[bB]	−22.67±0.28[aA]	−22.53±0.68[aAB]	−22.43±0.34[aB]	−20.37±0.51[aA]
$\delta^{15}N$/‰	6.53±1.06[aA]	4.59±0.22[aB]	4.21±0.09[aB]	4.29±0.22[aB]	5.95±0.78[aA]	4.21±0.41[aB]	4.20±0.31[aB]	4.27±0.37[aB]	6.73±1.14[aA]	4.30±0.23[aB]	3.96±0.09[aB]	4.13±0.20[aB]
Ca/(μg/g)	5.50±1.20[aB]	4.80±3.54[aB]	12.18±9.94[aAB]	15.04±3.76[aA]	4.99±2.74[aAB]	2.68±2.38[aB]	8.36±8.35[aAB]	11.75±5.65[abA]	4.07±1.13[aA]	3.95±0.73[aAB]	3.62±2.06[aAB]	6.07±1.36[bA]
Cb/(μg/g)	3.05±0.62[aB]	18.59±11.11[aAB]	23.47±18.62[aA]	20.26±7.06[aAB]	3.63±3.32[aB]	21.60±4.18[aA]	12.71±14.94[aAB]	15.01±12.89[abAB]	2.32±0.41[aA]	2.50±1.86[bA]	6.95±10.36[aA]	4.13±3.63[bA]
Ch/(μg/g)	2.73±0.71[aA]	1.60±2.29[aA]	2.96±2.11[aA]	2.07±1.81[aA]	2.47±0.87[aA]	1.26±2.02[aA]	2.95±1.95[aA]	5.19±3.39[aA]	2.25±0.75[aA]	4.74±2.39[aA]	2.63±2.18[aA]	4.41±0.76[aA]
Total pigments/(μg/g)	11.28±2.29[aB]	24.99±9.58[aAB]	38.62±24.93[aA]	37.37±9.62[aAB]	11.09±6.83[aB]	25.54±5.54[aAB]	24.02±21.22[aAB]	31.95±10.74[aA]	8.64±2.09[aA]	11.19±3.60[bA]	13.20±8.11[aA]	14.61±3.29[bA]

注：不同大写字母表示显著的季节差异（根据 t 检验/统计计量 p<0.05）。不同小写字母表示显著性差异（用 Tukey's 多重比较检验 p<0.05）。#表示底层水体的理化性质。MΦ 和 SSA 分别表示沉积物中值粒径和沉积物比表面积。Ca、Cb、Ch 分别表示叶绿素 a、叶绿素 b、类胡萝卜素。

而如图 5-2 所示，沉积物中 NH_4^+ 浓度最高、占比最大，并且沉积物 Fe^{2+} 浓度大部分比 Fe^{3+} 浓度高，暗示表层沉积物处于厌氧环境，大部分元素处于低价态。如表 1-1 所示，春季沉积物 NH_4^+ 含量平均值为高盐度[（21.15 ± 5.25）μg N/g]>中盐度[（16.38 ± 3.78）μg N/g]>低盐度[（9.64 ± 2.26）μg N/g]，且低盐度显著低于中、高盐度（$p < 0.05$）。沉积物 NO_3^- 含量、NO_2^- 含量在高、中和低盐度区无显著差异性（$p > 0.05$）。沉积物 NO_2^- 含量冬季均高于其他季节，且除高盐度外均存在显著季节差异性（$p < 0.05$）。各季节 TOC 与 TN 含量及 TOC/TN 比值均随盐度的增加呈逐渐降低趋势，高盐度的 TOC 与 TN 含量均无明显的季节性差异（$p > 0.05$）。春秋季 C/N 比值均表现为低盐度>中盐度>高盐度，夏冬季 C/N 比值均表现为低盐度>高盐度>中盐度。此外，各季节沉积物 $\delta^{13}C_{org}$ 值随盐度的增加呈逐渐上升趋势。该海湾沉积物绝大部分由黏粒组成，粒径范围介于 5.59 μm 与 11.21 μm 之间，平均值为（6.84 ± 1.05）μm。

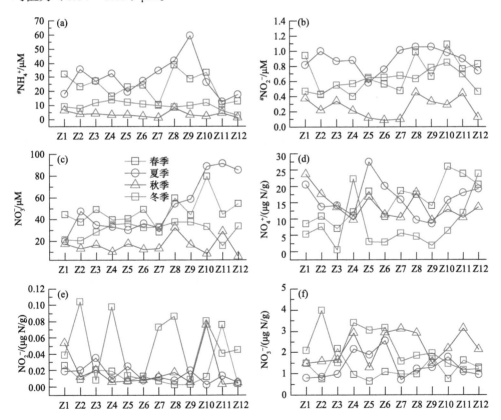

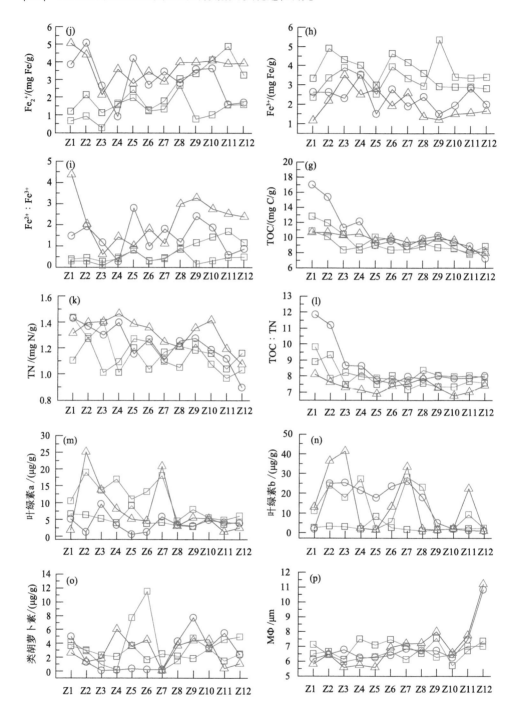

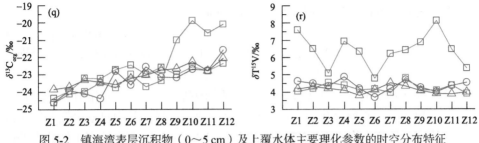

图 5-2　镇海湾表层沉积物（0～5 cm）及上覆水体主要理化参数的时空分布特征

5.3.2　硝酸盐还原速率及比例时空分布特征

如表 5-2 和图 5-3 所示，镇海湾表层沉积物反硝化速率存在明显的时空分异特征。春季该速率变化范围和平均值分别为 8.12～16.29 nmol N/（g·h）和（11.09 ± 4.75）nmol N/（g·h），夏季分别为 20.02～22.33 nmol N/（g·h）和（21.16 ± 10.49）nmol N/（g·h），秋季分别为 13.48～18.62 nmol N/（g·h）和（16.53 ± 5.48）nmol N/（g·h），冬季分别为 7.54～15.97 nmol N/（g·h）和（11.21 ± 4.01）nmol N/（g·h）。空间上，该速率四季呈现出较为一致的空间分布模式，即由陆向海逐渐减弱，随盐度升高而降低。除冬季的反硝化速率高盐度区显著高于高盐度区域外（$p <$ 0.05），其他均无显著差异。季节上，中盐度区、高盐度区的夏、秋两季速率均高于春、冬两季，且存在显著的季节性差异（$p < 0.05$）。

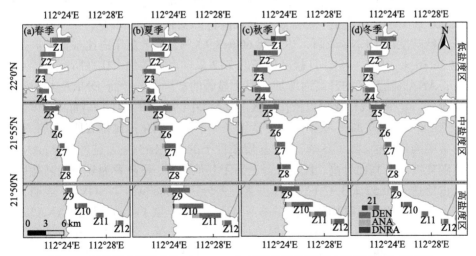

图 5-3　镇海湾表层沉积物（0～5 cm）硝酸盐异化还原速率的时空分布特征

厌氧氨氧化速率也存在明显时空分布特征，且数值要明显小于反硝化速率。春季该速率变化范围和平均值分别为 0.94~1.78 nmol N/（g·h）和（1.45 ± 0.48）nmol N/（g·h），夏季分别为 1.26~5.74 nmol N/（g·h）和（3.55 ± 1.44）nmol N/（g·h），秋季分别为 1.31~4.31 nmol N/（g·h）和（2.65 ± 1.02）nmol N/（g·h），冬季分别为 1.42~2.68 nmol N/（g·h）和（1.91 ± 0.66）nmol N/（g·h）。空间上，该速率与反硝化速率存在相反的空间分布模式，即呈现出随盐度升高速率逐渐升高的变化趋势。夏、秋两季厌氧氨氧化速率均存在明显的盐度差异，其中夏季厌氧氨氧化速率在高盐度区最高，均值为（5.74 ± 2.28）nmol N/（g·h），要显著高于低盐度条件[（1.26 ± 0.30）nmol N/（g·h）]（$p < 0.05$）；秋季厌氧氨氧化速率高盐度条件下最高，均值为（4.31 ± 1.59）nmol N/（g·h），显著高于低盐度条件[（1.31 ± 0.60）nmol N/（g·h）]和中盐度条件[（2.32 ± 0.86）nmol N/（g·h）]（$p < 0.05$）。季节上，夏、秋两季速率要略高于春、冬两季，除低盐度区域外其他区域的站点速率均存在显著的季节性差异（$p < 0.05$）。

就 DNRA 速率而言，总体秋季速率最高，低盐度条件下春、夏、秋和冬四季的平均速率分别为（0.31 ± 0.22）nmol N/（g·h）、（0.66 ± 0.54）nmol N/（g·h）和（2.63 ± 2.41）nmol N/（g·h）、（0.30 ± 0.24）nmol N/（g·h），秋季速率显著高于其他季节（$p < 0.05$）；而各季节三个盐度条件下的 DNRA 速率则无显著性差异（$p > 0.05$）。

如图 5-4 所示，总体而言，该区 DEN%、ANA%、DNRA%空间性差异显著（$p < 0.05$），但季节性差异不显著（$p > 0.05$）。硝酸盐异化还原过程均以反硝化[（81.78 ± 8.19）%]为主，厌氧氨氧化[（13.58 ± 6.22）%]次之，DNRA[（4.65 ± 6.25）%]最低，并且反硝化占比呈现随盐度升高而降低的变化趋势。春季，在三种盐度条件下，低盐度区 DEN%最高，达（88.60 ± 3.9）%，显著高于占比最低的高盐度区[（76.76 ± 10.65）%]，且盐度最高的 Z12 采样点反硝化占比在所有采样点中最低；ANA%随盐度的升高而增加，但无显著的盐度差异；而 DNRA 相对贡献普遍较低。夏季，反硝化仍以低盐度区占比最高[（90.06 ± 3.91）%]而高盐度区最低[（75.90 ± 3.22）%]。秋季，三个盐度条件下的反硝化占比都有所降低，在四个季节中为最低值；除了冬季，三种盐度条件下的 DNRA%并无显著差异；ANA%普遍随盐度的升高而升高，且夏季普遍高于其他季节，最高者为夏季的高盐度条件，占比达（20.52 ± 3.97）%。单因素方差分析（one-way ANOVA）表明，虽然三个过程的相对贡献均值在四个季节有所浮动，但除了低盐度区的 ANA%（冬季显著高于夏、秋两季）、DNRA%（秋季显著高于春、冬两季）和中盐度区的 DEN%（春、冬两季显著高于秋季）外，三个过程占比均无季节间的统计学差异（$p > 0.05$）。

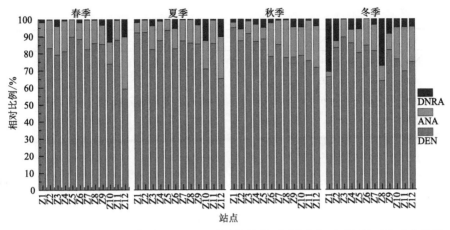

图 5-4　镇海湾表层沉积物（0～5 cm）硝酸盐异化还原速率相对贡献的时空分布特征

5.3.3　关键控制因素

本研究选取盐度梯度下的一系列站点，经 Pearson 相关分析表明（表 5-2），沉积物反硝化速率与沉积物 TOC、TN 呈极显著正相关（$p < 0.01$），与上覆水盐度、pH、沉积物 Fe^{3+} 呈极显著负相关（$p < 0.01$）；厌氧氨氧化速率与上覆水温度、DO、DOC 呈极显著正相关（$p < 0.01$），而与沉积物 Fe^{3+} 呈极显著负相关（$p < 0.01$）；DNRA 速率与上覆水 DO、沉积物 Fe^{2+} 呈极显著正相关（$p < 0.01$），而与沉积物 Fe^{3+} 浓度呈极显著负相关（$p < 0.01$）。DEN%与沉积物 TOC 含量呈极显著正相关（$p < 0.01$），与沉积物深度、上覆水盐度呈极显著负相关（$p < 0.01$）；ANA%与上覆水 pH、沉积物中值粒径、深度呈极显著正相关（$p < 0.01$），与沉积物 TOC、TN、TOC/TN 呈极显著负相关（$p < 0.01$）；DNRA%与沉积物 Fe^{2+} 浓度呈极显著正相关（$p < 0.01$），而与沉积物 Fe^{3+} 浓度呈极显著负相关（$p < 0.01$）。综上结果表明，上覆水温度、盐度、pH、DO 和沉积物 TOC、TN 可能是影响硝酸盐异化还原速率的关键因子。

表 5-2　三种盐度生境 N 还原速率和理化参数的 Pearson 相关分析

	DEN	ANA	DNRA	DEN%	ANA%	DNRA%	ra
深度	0.03	0.48**	0.03	−0.38**	0.47**	0.03	0.46**
#盐度	−0.41**	0.01	0.03	−0.37**	0.36*	0.13	0.38**
#T	0.29*	0.21	0.09	0.02	−0.04	0.01	−0.04
#DO	0.28	0.42**	0.47**	−0.36*	0.15	0.32*	0.16
#pH	−0.54**	−0.03	−0.05	−0.37*	0.38**	0.10	0.40**

续表

	DEN	ANA	DNRA	DEN%	ANA%	DNRA%	ra
#NH_4^+	0.14	0.12	−0.16	0.18	−0.06	−0.17	−0.07
#NO_3^-	−0.03	0.34*	−0.13	−0.20	0.33*	−0.07	0.33*
#NO_2^-	0.06	0.13	−0.18	0.05	0.07	−0.14	0.07
#DOC	0.26	0.44**	−0.12	−0.03	0.22	−0.18	0.19
#TN	−0.23	−0.19	−0.30*	0.17	−0.04	−0.18	−0.05
WC	0.22	0.26	0.27	−0.19	0.09	0.15	0.10
密度	−0.23	−0.29*	−0.30*	0.23	−0.11	−0.19	−0.13
MΦ	−0.20	0.11	−0.11	−0.24	0.37**	−0.05	0.37*
SSA	−0.04	−0.11	−0.05	0.13	−0.13	−0.04	−0.13
NH_4^+	0.11	0.05	0.32*	−0.31*	0.08	0.32*	0.12
NO_2^-	−0.08	−0.03	−0.00	−0.05	0.04	0.02	0.03
NO_3^-	−0.07	0.10	0.01	−0.09	0.11	0.00	0.10
Fe^{2+}	0.32*	0.13	0.55**	−0.20	−0.14	0.40**	−0.10
Fe^{3+}	−0.43**	−0.40**	−0.55**	0.34*	−0.07	−0.38**	−0.09
$Fe^{2+} : Fe^{3+}$	0.34*	0.21	0.74**	−0.35*	−0.13	0.58**	−0.08
TOC	0.57**	−0.15	0.12	0.43**	−0.56**	−0.00	−0.56**
TN	0.49**	0.03	0.25	0.27	−0.44**	0.08	−0.43**
TOC/TN	0.37*	−0.23	−0.06	0.36*	−0.40**	−0.07	−0.40**
$\delta^{13}C_{org}$	−0.39**	0.08	0.03	−0.47**	0.43**	0.18	0.47**
$\delta T^{15}N$	−0.18	−0.31*	−0.19	0.23	−0.19	−0.11	−0.19
叶绿素 a	−0.01	−0.17	−0.09	0.21	−0.12	−0.15	−0.14
叶绿素 b	0.01	−0.07	−0.07	0.15	−0.06	−0.14	−0.09
类胡萝卜素	0.23	0.18	0.05	0.04	−0.07	0.02	−0.05

*表示显著相关（$p < 0.05$）；**表示极显著相关（$p < 0.01$）；#表示底层水体的理化性质。MΦ 和 SSA 分别表示沉积物中值粒径和比表面积。

5.4 讨 论

5.4.1 盐度梯度下硝酸盐还原过程关键控制因素探讨

近岸生态系统处于陆地和海洋之间，兼具水生和陆生生态系统特征（杨雪琴等，2018）。河口作为发生硝酸盐异化还原的重要场所，泥沙输运、淡水输入、海水入侵、潮汐作用和人为活动产生的物质输入更使其具有独特性与复杂性。温度、NO_x^-、DO、有机质含量和底栖生物群落组成等因素均为脱氮速率的关键控制因素（Christensen and Sørensen, 1986）。沉积物硝酸盐异化还原是近岸水环境中重要的氮循环过程，其包含的三个反应过程（反硝化、厌氧氨氧化、DNRA）对硝酸盐的去除发挥不同的作用。反硝化和厌氧氨氧化都将硝酸盐转化为气态氮（N_2、N_2O）扩散进入大气层，从生态系统中永久去除；而 DNRA 则将硝酸盐转化为生物更易利用的 NH_4^+，保留在环境中，为后续其他过程所用。本文分析和探讨了盐度梯度下表层沉积物硝酸盐异化还原三个过程的速率及相对贡献比例时空分布特征，研究结果为盐度梯度下生态系统中沉积物的硝酸盐异化还原过程提供了更全面的认识。

反硝化在调节陆地—淡水—海洋连续体的氮负荷中扮演至关重要的角色，了解其过程的关键控制因素有重要的意义（Hou et al., 2003）。反硝化速率与盐度呈极显著负相关（$p < 0.01$）（表 5-2），这可能是由于沉积物对 NH_4^+ 的吸附能力随盐度的降低而增加，故在低盐沉积物中，由于较高的 NH_4^+ 浓度，硝化及耦合的反硝化速率也较高（Herrmann et al., 2008）。季节上，反硝化速率表现为夏季>秋季>春季>冬季，其中冬夏季之间存在显著季节性差异（$p < 0.05$）（表 5-1）。这一研究结果与前人在河口、近岸等生态系统的结果均吻合（Brin et al., 2014; Guo et al., 2019b）。不同季节温度不同，而相关分析结果表明温度与反硝化速率存在显著正相关关系（$p < 0.05$）（表 5-2），说明温度是导致季节性差异的关键因素。已有研究表明，反硝化基因的表达对温度敏感，低温度对反硝化活性有负面影响（Saleh et al., 2009）；温度作为影响微生物体新陈代谢的关键因素之一（Gilooly et al., 2001），还影响着反硝化酶的活性（Boulêtreau et al., 2012）和细胞膜的流动性（Canion et al., 2014a），温度升高有利于提高酶活性及膜转运蛋白效率，并在一定程度上促进沉积物中的 DO 消耗，为反硝化过程提供更为理想的厌氧条件（Gao et al., 2019b）。除温度外，反硝化速率还与 pH 呈极显著负相关（$p < 0.01$）（表 5-2）。由于反硝化的最佳 pH 介于 7.0～8.5，pH 过高或过低均会影响硝化菌与反硝化菌的活动，且硝化过程产生酸，通过硝化—反硝化耦合作用，影响反硝化速率。反硝化速率还与 TN 含量呈极显著正相关（$p < 0.01$）（表 5-2），这可能是由于随营养盐输入的增加，浮游植物生产率增加，促进了有机质向沉积物中的沉降和底部的新陈代谢作用。此外，反硝化速率与 Fe^{2+} 浓度呈显著正相关而与 Fe^{3+} 浓度呈极显著负相关（表 5-2），厌氧环境是反硝化过程发生的必要条件，这在一定程度上解释了本研究中反硝化与 Fe^{3+} 之间存在的显著负相关关系。虽然本研究中并未发现反硝化速率与 NO_3^- 含量之间存在共变关系，但是在过去的研究中 NO_3^- 含量与反硝化速率普遍具有显著的正相关关系（Guo et al., 2020），可能是由于沉积物中的 NO_3^- 的来源主要为上覆水体和沉积物表层 NH_4^+ 的氨氧化过程等（彭晓彤和周怀阳, 2002），且本研究研究对象为海湾生态系统，环境条件较复杂，受人类活动影响较大，周围农

业生态系统输入大量的 DIN，且以 NO_3^- 为主，使得反硝化过程发生所需的 NO_3^- 底物不受限。

厌氧氨氧化是厌氧条件下以 NH_4^+ 作为电子供体，以 NO_2^- 作为电子受体，直接反应生成 N_2 的微生物过程（Mulder et al., 1995）。已有研究表明，反硝化过程产生的 NO_2^- 可为厌氧氨氧化过程提供底物（Meyer et al., 2005），故 NO_2^- 浓度一直被认为是厌氧氨氧化速率的关键控制因素之一。本研究中厌氧氨氧化速率与虽然与反应底物 NO_2^-、NH_4^+ 浓度均无明显相关关系，但厌氧氨氧化与反硝化之间存在耦合关系（Deng et al., 2015），海湾沉积物反硝化过程将 NO_3^- 转化为 NO_2^-，能够为厌氧氨氧化过程的发生提供重要的反应底物（龚骏和张晓黎，2013），而矿化和 DNRA 过程均可生成 NH_4^+，不会使厌氧氨氧化过程受到限制。有学者研究发现海湾和河口沉积物的厌氧氨氧化占比不同，这也在一定程度上证明了厌氧氨氧化与沉积物中 NH_4^+ 浓度无关，而与盐度和 NO_3^- 有关（Rich et al., 2008）。厌氧氨氧化还与上覆水体 DOC 呈极显著正相关关系（$p < 0.01$）（表 5-2），此结果与前人的研究结果相吻合（Trimmer and Nicholls, 2009）。即虽然厌氧氨氧化为自养过程，不需要有机物提供电子供体，但有机物通过矿化作用产生的 NH_4^+ 可为厌氧氨氧化过程的发生提供反应底物，从而间接促进了该过程的发生，故有机物含量也是厌氧氨氧化速率的关键控制因素之一。DNRA 与厌氧氨氧化同 DO 均呈极显著正相关关系（$p < 0.01$）而反硝化与 DO 无显著差异性（$p < 0.01$），这暗示 DNRA 与厌氧氨氧化对厌氧条件的要求要高于反硝化过程。与反硝化一致，夏季的 DNRA 速率普遍高于冬季。这与前人的研究结果一致，即在许多生态系统中，DNRA 大多与温度呈正相关关系（An et al., 2002; Dong et al., 2011; Bernard et al., 2015）。DNRA 速率与 Fe^{2+} 浓度、DO 含量呈极显著正相关关系（$p < 0.01$），与 Fe^{3+} 浓度呈极显著负相关关系（$p < 0.01$），这与 DNRA 发生的必要条件即厌氧环境相符，同时 DO 含量又通过影响矿化作用等过程影响 DNRA 的反应底物 NH_4^+，从而控制 DNRA 速率。DNRA 与沉积物 NH_4^+ 呈显著正相关关系（$p < 0.05$）（表 5-2），也在一定程度上佐证了这一点。

经 Pearson 相关分析表明（表 5-2），DEN%和 ANA%均与水深深度极显著相关，且 Ra（ANA%/DEN%）与水深深度呈极显著正相关（$p < 0.01$），此结果与之前其他相关研究结果较为一致（Dalsgaard et al., 2005; Engström et al., 2009）。由图 5-5，随着盐度的增加，DEN%呈下降趋势而 ANA%与 ra 呈上升趋势，且 DEN%与水体盐度呈极显著负相关（$p < 0.01$）（表 5-2）而 ANA%与水体盐度呈显著正相关（$p < 0.05$）（表 5-2），此变化趋势及相关关系出现的原因可能是盐度影响了反硝化和厌氧氨氧化过程中相关微生物的活动及群落结构，从而影响了两者的脱氮相对贡献比例。然而，由于采样站点由陆及海沿盐度梯度分布，离岸较近的站点能够接受更多陆源有机物和营养盐，有机质含量便由陆及海逐渐减少，而异养反

硝化菌在有机碳（TOC）较缺乏的环境中活性较低（Smyth et al., 2013），故 DEN% 的降低可能更主要是受有机质驱动影响，盐度与反硝化和厌氧氨氧化脱氮相对贡献比例可能是一种假性相关，需结合室内控制实验探究真正的关键控制因素。

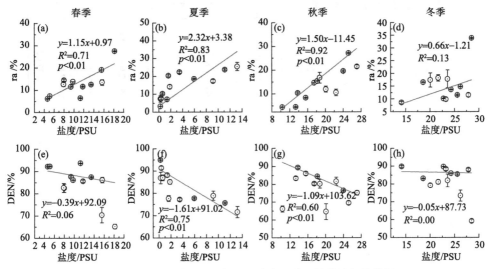

图 5-5 盐度与硝酸盐异化还原速率百分比的线性相关分析

5.4.2 国内外对比及生态环境意义探讨

与国内外其他近海生态系统相比较，本研究潜在速率变化范围幅度较小，主要由于研究在较小的空间尺度下开展，样品均为泥质沉积物，且研究区地处低纬地区（21.785 °N～22.053 °N），温度变化幅度较小（18.60～27.15 ℃）。由表 5-3 可知，该研究的反硝化速率偏高，可能有以下几个方面原因：首先，镇海湾是一个泥质浅水海湾，沉积物主要由细颗粒物质组成，吸附能力较强，故沉积物有机质含量较高，利于异养反硝化的发生（Vance and Ingall, 2005）；其次，研究区位于亚热带，年均温度较高，在一定程度上促进了反硝化过程；最后，研究区有较多红树林，红树林本身作为"蓝碳"系统具有很强的固碳能力，能够为沉积物提供重要的碳源（周晨昊等，2016），同时红树林生态系统具有重要的促淤作用（江锐捷等，2020），不仅能够为反硝化微生物提供重要物质组成来源，还能为反硝化过程提供重要电子供体，促进反硝化过程的发生。本研究的厌氧氨氧化速率也偏高（表 5-3），可能有以下几个方面的原因：首先，研究区的沉积物为泥质，通透性不强，从而为厌氧氨氧化过程提供了较为理想的厌氧环境，有利于厌氧氨氧化过程的发生；其次，研究区常年较高的温度在一定程度上也促进了厌氧氨氧化过程；

表 5-3　本研究与其他生态系统反硝化、厌氧氨氧化和厌氧氨氧化脱氮贡献比例的对比研究

研究区	沉积物类型/（取样深度/cm）	深度/m	TOC/(mg C/g)	NO_3^-/μM	DEN/[nmol N/(g·h)]	ANA/[nmol N/(g·h)]	ra/%	参考文献
奥胡斯湾，丹麦	海洋（0~2）	380~695	—	—	—	3.5	2	Thamdrup and Dalsgaard, 2002
斯卡格拉克，丹麦	近岸海域（0~2）	16	—	—	—	1.3~4.1	24~67	Thamdrup and Dalsgaard, 2002
东格陵兰岛和西格陵兰岛，丹麦	北极海域（0~4）	36~100	2.6~32.2	0.3~15.3	0.97~50.45	0.15~15.1	1.3~34.9	Risgaard-Petersen et al., 2004
胡德运河和托菲诺入口，美国/加拿大	近岸海域（0~5）	38~147	—	—	1.5~12	5.9~16	28	Engström et al., 2009
中国东海大陆架	近岸海域（0~8）	19~86（55）	3.2~7.2	4.86~27.16	0.6~20	0.3~4.6（2）	13~50	Song et al., 2013
布洛克和罗德岛峡湾	近岸海域（1~6）	5~76	—	—	2.5~53.5	1.1~8.7	8~42（15.8）	Brin et al., 2014
中国东海	近岸海域（0~5）	4.9~75	0.44~10.43	0~116.4	0~36.1	0~6.46	0~73.3	Lin et al., 2017a
泰晤士河口，英国	河口（0~2）	—	2.6~35.9	~550	33.88~153.53	0.21~9.87	0.6~7.8（3）	Trimmer et al., 2003
兰德斯&诺斯明德峡湾，丹麦	河口（0~0.5）	—	—	15~120	31~137	3.8~11	5~26	Risgaard-Petersen et al., 2004
卡瓦多河口，葡萄牙	河口（0~5）	—	2.9~12.8	21.7~206	1.1~10.8	0~3.3	0~72	Teixeira et al., 2012
珠江口，中国	河口（0~5）	0.86~3.36	—	—	8.6~35（24.14）	0.075~2.65（0.84）	0.5~7.03（2.9）	Wang et al., 2012
普罗维登斯河河口和纳拉甘西特湾，英国	河口（0~6）	5~7	—	—	8.1~112	0~3.6	0~4（1.3）	Brin et al., 2014
长江口，中国	河口（0~5）	5.6~22.6	0.13~8.81	7.6~150[a]	0.14~10.82	0.02~1.25	0.4~44.8（17.3）	Deng et al., 2015
镇海湾，中国	近岸海域（0~5）	1~1.8	8.53~13.95	14.19~80.95	7.54~22.33（15.00）	0.94~5.74（2.39）	3.27~27（0.85）	本研究

注：表中反硝化与厌氧氨氧化速率均采用同位素示踪技术结合泥浆培养实验；a：表示底层水体 NO_3^- 含量数据源于 Gao et al.（2015）。

最后，研究区受人类活动影响较大，NH_4^+、NO_2^-含量高，为厌氧氨氧化过程提供了充足的反应底物。而由表 5-1 可知，ANA%在夏冬季相差较大，说明其可能受温度调控。研究区的地理位置在很大程度上决定了硝酸盐异化还原速率，当然，速率也与测定季节、测定方法等有关。例如在一些河口生态系统中，反硝化速率常呈现春高夏低的变化规律（Wang et al., 2012），这是由于反硝化最终将硝化过程产生的 NO_3^-还原为 N_2，硝化-反硝化过程紧密耦合，而夏季温度较高，表层沉积物较低的 DO 含量导致硝化速率降低，尽管夏季反硝化的潜力与春季相当，但反硝化实际速率大大降低（Tuominen et al., 1998），影响了测定结果。此外，本研究采用泥浆实验开展，且添加了 100 μM $^{15}NO_3^-$，故计算出的反硝化速率可能被高估，各氮转化速率虽不能代表原位环境中真实速率，但仍然能够很好地反映镇海湾沉积物的潜在氮转化速率，与其他研究得到的潜在速率进行比较。通过以下公式可算得反硝化与厌氧氨氧化对研究区中的脱氮通量：

$$F = m \cdot s \cdot h \cdot d \cdot t \qquad (5-1)$$

式中，F（t N/a）表示表层沉积物的年平均脱氮量；m [g N/（g·d）]表示采样位点的年平均脱氮速率；s（m^2）表示研究区域面积；h（cm）表示采样深度；d（g/mL）表示采样位点的平均容重；t（d）表示时间（365 d）。

根据本研究测得的硝酸盐异化还原速率及公式可估算镇海湾表层沉积物的年平均脱氮通量：研究区（156 km^2）通过表层沉积物（0~5 cm）反硝化和厌氧氨氧化的脱氮通量为 1.01×10^4 t N/a；其中反硝化对脱氮贡献达 86%，而厌氧氨氧化仅占 14%。DNRA 通量为 4.94×10^2 t N/a。

河口海湾地区常常伴随最大浑浊的出现，本研究发现最大浑浊带出现的区域沉积物氮转化速率均偏低（图 5-6）。因此浑浊带的存在在一定程度上削弱了河口海湾沉积物的活性氮去除能力。氮循环是一个由微生物介导的复杂反应网络，它控制着海洋环境中氮的库存、分布和形态，而其中一些氮化合物，如 N_2O 和 NO_x^-，是危害生物多样性、人类健康、全球气候的环境污染物（Denk et al., 2017）。活性氮是陆地和水生系统的中心营养物，是全球环境变化的关键组成部分，人类活动对氮的生物地球化学影响导致了氮循环的重大变化（Howarth, 1988; Galloway, 2004），人口的不断增长和农业集约化增加了河流氮负荷、沿海地区缺氧范围、藻华发生率（Chen et al., 2020）。沉积物中由微生物驱动的硝酸盐还原过程作为海岸带氮循环的关键过程（龚骏和张晓黎，2013），能够有效缓解河口近岸海域生态系统中过量输入人为活性氮的压力，一直是水环境中的氮循环研究的热点话题。目前国内外对其研究已较为深入，研究内容包括河流、湖泊、农业用地、河口和海洋等生态系统的硝酸盐异化还原速率的时空分布特征、关键控制影响因素，以及主导硝酸盐异化还原关键过程的微生物作用机制等。其中研究区涉及陆地生态系统（祝贵兵，2020）、淡水湿地生态系统（陈宏等，2020）、滨海湿地生态系统（杨雪琴等，2018）、河口生态系统和湖泊生态系统等；同时涵盖如气候、人类活动等关键因子造成的环境因子的改变和差异，包括 DO、含水率、有机质、NH_4^+、pH、温度和盐度等（胡晓婷等，2016）。然而，对环境因子盐度的研究大多通过人为设置盐度梯度并在实验室培养，无法完全还原沉积物硝酸盐还原的环境条件，在环境自然盐度梯度中进行的相关研究目前仍较为鲜少；此外，干湿季节带来的盐度差异是否严重影响测定结果及这种差异是否需要纳入目前已有的模型中以更好地拟合各种速率方程，尚未可知。因此，估算盐度梯度下海湾生态系统沉积物的硝酸盐还原通量、各脱氮速率及其比例，并探讨其时空分布特征、关键控制因素与生态环境意义，对河口近岸海域生态环境的保护与管理具有重要指导意义，可为近岸生态系统氮污染控制提供基础数据。

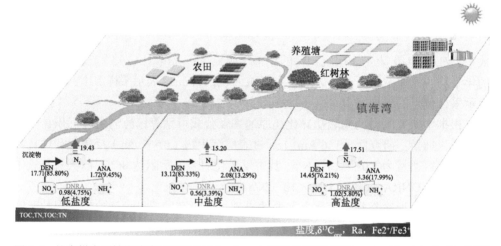

图 5-6　盐度梯度下镇海湾表层沉积物（0～5 cm）硝酸盐还原速率[nmol N/（g·h）]和相对贡献

5.5　本　章　小　结

本章节系统性地探讨了镇海湾生态系统表层沉积物中硝酸盐还原过程及其对脱氮的贡献。研究结果表明：春季反硝化、厌氧氨氧化和 DNRA 的速率[分别为（11.09 ± 6.03）nmol N/（g·h），（1.45 ± 0.61）nmol N/（g·h），（0.40 ± 0.57）nmol N/（g·h）]、夏季反硝化、厌氧氨氧化和 DNRA 的速率[分别为（21.16 ± 9.99）nmol N/（g·h），（3.55 ± 2.43）nmol N/（g·h），（0.76 ± 0.64）nmol N/（g·h）]、秋季反硝化、厌氧氨氧化和 DNRA 的速率[分别为（16.53 ± 5.57）nmol N/（g·h），（2.65 ±

1.64）nmol N/（g·h），（1.87 ± 1.76）nmol N/（g·h）]与冬季反硝化、厌氧氨氧化和 DNRA 的速率[（11.21 ± 5.35）nmol N/（g·h），（1.91 ± 0.84）nmol N/（g·h），（0.38 ± 0.53）nmol N/（g·h）]具有显著的季节性差异；三个过程的相对贡献表现为 DEN% > ANA% > DNRA%。速率与温度、DO、pH、DOC、TN、NO_3^-、NH_4^+、Fe^{2+} 和 Fe^{3+} 具有显著相关性；DEN%在本研究区域中与 TOC 和 Fe^{3+} 存在正相关关系而与盐度、DO、pH 和 NH_4^+ 存在负相关关系，ANA%与盐度、pH、NO_3^- 和 MΦ 存在正相关关系而与 TOC 和 TN 存在负相关关系，DNRA%则与 DO、NH_4^+ 和 Fe^{2+} 呈正相关而与 Fe^{3+} 呈负相关。与其他生态系统相比，研究区反硝化和厌氧氨氧化速率具有明显优势；结合遥感图像获悉每年约有 $1.01 × 10^4$ t N 通过镇海湾生态系统表层沉积物的反硝化和厌氧氨氧化过程去除，$4.94 × 10^2$ t N 则通过 DNRA 继续保留在环境中为生物所利用。说明硝酸盐还原过程对海湾生态系统中活性氮的去向有重要调节作用，在一定程度上缓解了该生态系统的氮负载。

第6章 海洋牧场表层沉积物氮循环关键过程研究

6.1 引 言

在全球范围内，河口近岸生态系统水体缺氧越来越严重和普遍，并严重影响了区域渔业与生态功能（Breitburg et al., 2018; Foster and Fulweiler, 2019）。缺氧事件是通过分层隔离底层水体,然后通过异养呼吸作用消耗 DO 引发的(Diaz, 2001)。虽然缺氧是自然形成的，但过量营养盐输入引起的水体富营养化同样会导致缺氧事件的发生（Diaz, 2001; Diaz and Rosenberg, 2008; Wang et al., 2016 ）。造成河口和沿海生态系统缺氧事件发生的因素复杂多样，其中海水养殖的快速发展对其影响较大。在过去三十年中，海水养殖大大增加了海洋生态系统的粮食产量（FAO, 2020 ）。这种活动导致进入沿海生态系统的有机质和营养物质显著增加，从而加剧了缺氧事件发生的频率与强度（Valdemarsen et al., 2015; Zhang et al., 2018 ）。

底层水体的 DO 浓度是调节河口近岸沉积物硝酸盐还原过程（反硝化、厌氧氨氧化和 DNRA ）的关键控制因素（Rysgaard et al., 1994; Childs et al., 2002; Middelburg and Levin, 2009; Neubacher et al., 2011, 2013; Jäntti and Hietanen, 2012; Roberts et al., 2012; McCarthy et al., 2015; Caffrey et al., 2019; Song et al., 2020 ）。当水体厌氧事件发生时，反硝化和厌氧氨氧化过程通常会得到加强，即脱氮微生物将活性氮转化为 N_2。例如，北海南部（Neubacher et al., 2013 ）和墨西哥湾北部（McCarthy et al., 2015 ）的底层水体缺氧能够促进沉积物反硝化与厌氧氨氧化过程的发生。在这种情况下，河口近岸的缺氧事件通过加强沉积物和水体的脱氮能力来维持系统的氮平衡，通常被认为可以减轻水体的富营养化程度。然而，以前更多的研究表明，由于缺氧条件导致表层沉积物硝化-反硝化/厌氧氨氧化耦合过程受限，从而削弱反硝化或厌氧氨氧化过程的发生（Childs et al., 2002; Li et al., 2021c; Song et al., 2020 ）。之前也有研究表明，沉积物厌氧氨氧化不受底层水体缺氧的影响（Neubacher et al., 2011 ）。此外，以前的大多数研究发现，河口近岸生态系统的季节性缺氧可以明显提高其表层沉积物 DNRA 速率及其硝酸盐还原贡献比例（DNRA%）（Childs et al., 2002; Li et al., 2021c ）。这种情况意味着缺氧会增加系统中有效氮的通量，进而加剧水体富营养化，导致缺氧持续恶性循环。因此，底层水体缺氧是促进还是削弱表层沉积物硝酸盐还原过程目前仍存在争议，这将阻碍我们未来预测河口近岸水环境下表层沉积物氮循环对缺氧扩展的响应。

　　此外，缺氧可通过改变水底沉积物微生物群落的丰度、多样性和组成，进而影响氮循环过程（Lipswers et al., 2016; Wu et al., 2019）。一个完整的反硝化过程能够将 NO_3^- 最终还原成 N_2，其中 NO_2^- 的还原成 NO 是由 *nirS* 和 *nirK* 基因编码的两种结构不同的亚硝酸盐还原酶中的任何一种进行的，这将反硝化细菌与其他硝酸盐呼吸细菌区分开来（Zumft, 1997）。在反硝化过程中，生物体可能并不总是拥有全套酶，只有携带 *nosZ* 基因编码的生物体才能完成将 N_2O 还原为 N_2（Zumft, 1997）。最近，新发现的"非典型" *nosZ*II 群落（通常缺乏亚硝酸盐还原酶）（Jones et al., 2014; Sanford et al., 2012）被认为对河口近岸活性氮去除有重大贡献（Highton et al., 2016; Salgado et al., 2020）。DNRA 细菌的多样性和丰度通常通过靶向编码细胞色素 C 亚硝酸盐还原酶（将亚硝酸盐还原为氨）的 *nrfA* 基因来定量（Welsh et al., 2014）。厌氧氨氧化细菌与反硝化菌和 DNRA 细菌在系统发育上分布于不同谱系不同（Jones et al., 2008；Zumft, 1997），目前为止，只有五个属的厌氧氨氧化菌被鉴定为在海洋环境中占主导地位的是 *Candidatus Scalindua*（Dang et al., 2010）。关于海洋环境水体中的反硝化、厌氧氨氧化和 DNRA 细菌对 DO 变化的响应研究大多集中在低氧区。例如，Pajares 和 Ramos（2019）研究了墨西哥热带太平洋低氧区中氮循环基因丰度的水深深度的分布规律，发现反硝化 *nirS* 和 *nirK* 基因丰度在低氧核心区的上部达到最高值，而厌氧氨氧化的 *hzo* 基因和 DNRA 的 *nrfA* 基因在低氧区核心区更为丰富（Pajares and Ramos, 2019）。Dalsgaard 等（2014）证实在 200 nM O_2 以上，*nosZ* 和 *nirS* 基因的转录物相对丰度降低，而该 O_2 浓度并未抑制智利北部低氧区的 *nirK* 基因的转录。此外，具有相同功能基因的不同分类群对 DO 浓度存在各自的偏好（Dalsgaard et al., 2014）。关注底层水体缺氧对水底沉积物氮循环微生物的影响仍较为鲜少。Lipswers 等（2016）报道称尽管沉积物中的 O_2 可用性不同，但 *nirS* 型反硝化菌的丰度没有变化，而厌氧氨氧化细菌 16S rRNA 基因在 Grevelingen 湖夏季缺氧期间更为丰富。然而，目前尚不清楚在沿海生态系统发生底层水体缺氧期间，功能性微生物如何驱动水底沉积物关键氮循环过程。

　　本研究从 5～11 月在一个富营养化海洋牧场进行了采样观测，并结合地球化学和分子生态学方法分析探讨了表层沉积物环境参数、硝酸盐还原速率及其贡献比例与功能基因特征对水体 DO 动态变化的响应。本研究的主要目的是描述海洋牧场中水底沉积物反硝化、厌氧氨氧化和 DNRA 速率对季节性缺氧（从有氧到缺氧，然后再到有氧）发展过程的响应动态模式。同时，我们也探讨了生物和其他非生物参数对氮循环过程的影响，以探索河口近岸生态系统中氮循环的调节机制。

6.2 材料与方法

6.2.1 研究区概况与样品采集

研究区位于山东半岛北部黄海的一个沿海养殖场（图 6-1），该养殖场有着 60 多年的海洋养殖文化，是重要的扇贝、海藻和海参养殖基地（Yang et al., 2018a）。该地区年平均温度为 12.6 ℃、年降水量为 672.5 mm，属于温带大陆性季风气候。据估计，扇贝养殖贡献了该区 25% 以上的 DIN 和磷酸盐的输入量，并且养殖场内沉积物的有机物含量明显高于养殖外围区域（Yang and Gao, 2019）。通常，在春季浮游生物大量繁殖，产生大量的下沉活性有机物（Zhang et al., 2018）。过度的养分和有机物负载导致底层水体产生严重的季节性缺氧事件，通常发生在 7 月初，持续到 8 月底，然后 9 月后逐渐消失（Yang et al., 2021a）。

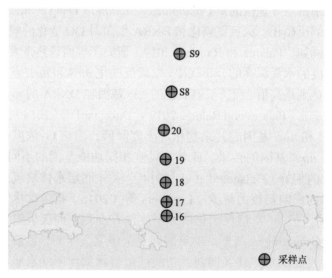

图 6-1　研究区概况及采样点分布图

这个海洋牧场总共组织了 6 次巡航（2017 年的 5 月、6 月、7 月、8 月、9 月和 11 月）。该牧场从 7 个位置收集表面沉积物（0～5 cm）和上覆水体（距沉积物约 1 m）。通过使用重力箱式去心器收集沉积物，上甲板后用树脂玻璃管（直径 7.8 cm，长 20 cm）从其中心二次获取一式三份的表层沉积物，将其收集到用酸清洗过的密封塑料袋中，对其进行彻底的均质处理。每个位置的沉积物被分为三份，取大约 10 g 新鲜沉积物于聚乙烯无菌自封袋中密封储存，–80 ℃冰箱冷冻保存，用于微生物分子测试；取 100 g 新鲜沉积物–20 ℃冷冻保存，用于测定一些易变理化性质；剩余样品于 4 ℃下保存，用于测定氮转化速率和沉积物理化参数。对用于培养的上覆水体使用装有尼斯金采样瓶的 SeaBird SBE 911plus CTD 温盐深传感器（美国）进行抽样。

6.2.2　环境参数测定

按照经典的 Winkler 程序（Carpenter，1965）测量底层水体 DO。其他水文数据，包括水深深度、温度、盐度、pH 和叶绿素 a 使用 CTD 和探头（Hydrolab MS5，HACH，USA）进行测定。沉积物可交换态 NH_4^+、NO_2^- 和 NO_3^- 使用 2M KCl 提取，并通过营养自动分析仪（德国 Seal）测定。使用 Marlvern Mastersizer 2000F 粒度仪（英国马尔文）测量沉积物粒度。使用 Vario Micro Cube 元素分析仪（德国 Elementar）分析 TOC 和 TN。

6.2.3　氮转化速率测定

反硝化、厌氧氨氧化及 DNRA 潜在速率通过泥浆培养实验结合同位素示踪技术进行测定。该章节的预培养时间为 36 h，详细方法步骤见 3.2.3。

6.2.4　微生物菌群特征测定

沉积物总 DNA 使用 FastDNA 自旋试剂盒（MP Biomedicals，USA）提取。通过 1%琼脂糖凝胶电泳和分光光度计（美国 NanoDrop-2000）检测提取 DNA 的质量和浓度。在 ABI 7500 快速实时 PCR 系统（美国应用生物系统公司）上，用 SYBR GreenER qPCR Super Mix（Thermo Fisher Scientific）对反硝化细菌 nirS、nirK、nosZ 和非典型 nosZII、厌氧氨氧化菌特殊 16S rRNA（AMX 16S）和 DNRA 细菌 nrfA 基因的标记基因进行一式三份的定量，特定引物和 PCR 条件见表 6-1。从沉积物中扩增的克隆靶基因制成模板标准品，并进行测序以确认目标身份。每次扩增均包括仅含无菌水对照组。扩增效率在 89%～108%，相关系数（R^2）超过 0.99。PCR 扩增的特异性通过熔融曲线分析和凝胶电泳确定。

表 6-1   功能基因定量分析的引物集和扩增条件

氮循环过程	功能基因	相关功能基因	引物	退火温度/℃	参考文献
反硝化	*nirS*	亚硝酸铁还原酶	Cd3aF/R3cd	57	Michotey et al., 2000
反硝化	*nirK*	亚硝酸库珀还原酶	F1aCu/R3Cu	51	Hallin and Lindgren, 1999
反硝化	*nosZ*	一氧化二氮还原酶	nosZ2F/nosZ2R	60	Henry et al., 2006
反硝化	*nosZII*	一氧化二氮还原酶	nosZ-II-F/nosZ-II-R	57	Sanford et al., 2012
厌氧氨氧化	AMX 16S	厌氧氨氧化细菌核糖体结构	AMX-808-F/AMX-1040-R	55	Zhang et al., 2018
DNRA	*nrfA*	细胞色素 c 亚硝酸还原酶	nrfAF2aw/nrfAR1	52	Welsh et al., 2014

6.2.5　Illumina 扩增子测序

运用 Illumina Miseq 测序技术（Illumina Miseq 2500 平台）测定了反硝化细菌 *nosZ* 基因和 DNRA 细菌 *nrfA* 基因的群落组成。指定特定引物组 nosZF/nosZ1622R（Throback et al., 2004）和 nrfAF1aw/nrfAR1（Cannon et al., 2019）扩增 *nosZ* 和 *nrfA* 基因，分别产生约 450 bp 和 250 bp 的片段。使用 QIIME 合并和过滤序列数据，包括原始数据和干净数据。这些序列以 97% 的相似性截止值聚集到 OTU 中，并根据 NCBI 参考序列（RefSeq）蛋白质数据库进行映射，最小蛋白质序列一致性截止值为 80%，e 值截止值为 10^{-20}。在进行以下分析之前，已删除未分类读数。α 多样性（Shannon 和 Simpson）是根据精简的 OTU 表计算的，每个样本的序列数最少。使用 edgeR 软件包（Robinson et al., 2010）根据标准化 OTU 表计算 β 多样性，无须稀疏序列数据。NCBI 可获得 *nosZ* 基因的生物项目登录号 PRJNA785370 和 *nrfA* 基因的 PRJNA785370 的序列。

6.2.6　统计与分析

所有数据均采用 Shapiro-Wilk 检验进行正态性检验，未通过检验的数据采用对数变换进行归一化。采用单因素方差分析（ANOVA）和最小显著性差异（LSD）检验对不同邮轮的氮循环率、基因丰度、α 多样性和主要微生物类群的相对丰度进行多重比较。通过 Spearman 秩相关或回归分析，检验了氮循环速率、微生物变量和环境因子之间的相关性。随后进行多元逐步回归分析，以进一步确定最能解释氮转化活动的微生物和环境变量子集。以上分析使用 IBM SPSS（版本 20.0）进行。使用 package PRIMER（v.6）（PRIMER-E，英国）进行多维标度（MDS），以评估功能微生物群落的分布。图形使用 ArcGIS 10.2（ArcMap 10.2，ESRI，Redlands，CA）和 OriginPro 2016（OriginLab Corporation，Northampton，MA，USA）软件。

6.3　结果与分析

6.3.1　站点理化性质

在整个航次采样期间，环境变量表现出明显的季节变化特征（图 6-2）。5 月所有站点的底层水体 DO 含量较高，平均为（6.29±0.12）mg/L。随着水温的升高，观察到底层水体 DO 浓度持续下降。直至 8 月，DO 浓度下降至（2.77±0.27）mg/L，随后在 11 月逐渐恢复至（7.42±0.05）mg/L。盐度基本保持不变，范围为 31.23～32.27 PSU，由于雨季雨水的稀释作用，8 月和 9 月的盐度值较低（～31.5 PSU）。底层水的 pH 呈现出类似的变化模式，变化范围为 7.71～8.12 不等，8 月的 pH 明显低于其他月份（7.76±0.43）。底层水叶绿素 a 浓度在 0.11～10.18μg/L 范围内，从 5 月[春季水华，（8.35±0.40）μg/L]到 6 月[（4.35±0.63）μg/L]急剧下降，然后在 6～8 月保持稳定和较高的水平（～4μg/L），最终在 11 月下降到非常低的水平[（0.55±0.08）μg/L]。

大多数沉积物样品（不包括 16 号站点）以细颗粒沉积物为主，中值粒径介于 33.44～51.46μm。沉积物可交换态 DIN 在缺氧期间呈增加趋势。沉积物 NH_4^+ 浓度最高值出现在 8 月[（25.44±2.72）mg N/kg]，分别比 5 月和 11 月高 2.81 倍和 1.56 倍。相比之下，沉积物 NO_3^- 最低值[（1.20±0.11）mg N/kg]出现在 8 月，5 月几乎翻了 3 倍。所有站点的沉积物 TOC 和 TN 在 5 月最高，而在其他月份之间变化不大。TOC/TN 在 3.68～14.49，最大值也出现在 5 月。

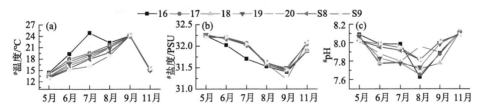

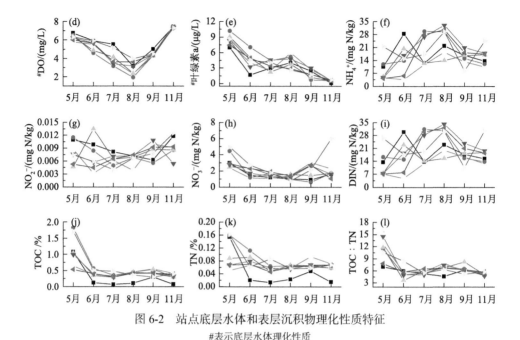

图 6-2　站点底层水体和表层沉积物理化性质特征
#表示底层水体理化性质

6.3.2　硝酸盐还原过程

在整个轻度缺氧形成过程中，表层沉积物的脱氮量（反硝化+厌氧氨氧化）范围为 0.62～10.68 nmol/（g·h），其中厌氧氨氧化速率为 0.21～1.73 nmol/（g·h），占总脱氮量的（23.41 ± 1.52）%。从有氧到轻度缺氧（7月和8月）过程中，反硝化速率显著增加，9月和11月恢复溶氧后，反硝化速率逐渐下降（ANOVA，$p < 0.05$）[图 6-3（a）]。厌氧氨氧化速率也存在类似的变化趋势，但无显著差异（$p > 0.05$）[图 6-3（a）和（b）]。然而，7月[（15.07 ± 0.72）%]和8月[（16.20 ± 0.69）%]厌氧氨氧化脱氮贡献比（ra）显著低于其他月份（$p < 0.05$）[图 6-3（c）]。相比之下，11 月，厌氧氨氧化几乎与反硝化相当，占总脱氮量的（42.64±2.59）%[图 6-3（c）]。DNRA 速率在 0～2.94 nmol/（g·h）范围内变化，DNRA 对总硝酸盐还原量的贡献（DNRA%）为 0%～31.90%，平均值为（14.27 ± 1.27）%。在轻度缺氧和有氧条件下，DNRA 速率和 DNRA%也存在显著差异（$p < 0.05$）[图 6-3（b）和（c）]。在轻度缺氧条件下（7月和8月），DNRA 速率达到（1.64 ± 0.13）nmol/（g·h），占总硝酸盐还原量的（22.65 ± 1.0）%。然而在有氧条件下（5月和11月），DNRA 速率非常低[～0.12 nmol/（g·h）]，仅总硝酸盐还原量 5%～7%[图 6-3（b）和（c）]。

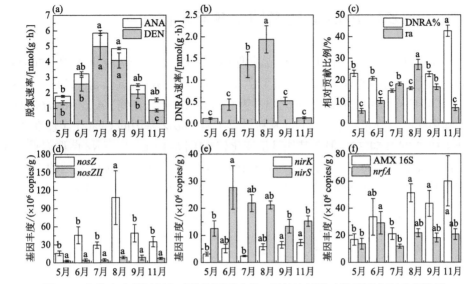

图 6-3　各航次表层沉积物硝酸盐还原速率、贡献比例及功能基因丰度动态特征

6.3.3　功能基因丰度

qPCR 结果表明，所有航次表层沉积物的功能基因丰度变化幅度为 1～2 个数量级[图 6-3（d）～（f）]。在四个定量的反硝化基因中，*nosZ* 基因丰度最高[（4.71 ± 0.91）×10^7 copies/g]，其含量分别是 *nosZII*、*nirK* 和 *nirS* 基因丰度的 7.90、9.27 和 2.53 倍。此外，*nirS* 的数量超过 *nirK* 型亚硝酸盐还原酶（$p = 0.00$）。这些功能基因的分布表现出明显的季节差异性。*nosZ* 基因丰度几乎没有明显的月变化，但当 8 月发生轻度缺氧时，其丰度显著高于其他月份[（1.07 ± 0.45）×10^8 copies/g]（ANOVA，$p < 0.05$）[图 6-3（d）]。与 *nosZ* 基因不同，*nosZII* 基因丰度在整个观测期保持相对温度[图 6-3（d）]，范围为 $2.3×10^5$～$2.0×10^7$ copies/g。*nirS* 基因的丰度在 6～8 月较高，而 *nirK* 基因的丰度在 9 月和 11 月较高（$p < 0.05$）[图 6-3（e）]。因此，与其他月份相比，8 月 *nos*（*nosZI* + *nosZII*）与 *nir*（*nirS* + *nirK*）拷贝数的比率最高（$p < 0.05$）。

Anammox 16S rRNA（AMX 16S）基因丰度范围为 $2.70×10^6$～$1.53×10^8$ copies /g，峰值出现在 11 月[（6.0±1.86）×10^7 copies/g][图 6-3（f）]。*nrfA* 基因的数量范围为 $1.66×10^6$～$6.87×10^7$ copies/g，最高值[（2.91±0.83）×10^7 copies/g]在 6 月测得[图 6-3（f）]。AMX 16S 基因的丰度与所有反硝化基因和 *nrfA* 基因之间存在显著相关性（$p<0.05$），支持这些氮循环过程之间的耦合。

6.3.4 *nosZ* 与 *nrfA* 功能基因组成与多样性

经质量过滤后，42 个沉积物样品共保留了 1621960 个 *nosZ* 读数和 1703430 个 *nrfA* 读数。在将 OTU 表细化至每个样本的最小序列数后，共获得 12423 个 *nosZ* OTU 和 4949 个 *nrfA* OTU，序列同源性为 97%。六次航行期间，*nosZ* 和 *nrfA* 基因丰度和多样性的分布相当不规则。从统计学上看，*nosZ* 基因的 Chao 1 丰度在 7 月最低（1867.88 ± 54.7），但在其他月份变化较小[图 6-4（a）]。*nosZ* 菌群似乎在 5 月多样性最丰富，而在 11 月多样性最低[图 6-4（b）]。然而，*nrfA* 基因的 Chao 1 丰度和 Shannon 多样性的无显著季节差异性（$p > 0.05$）[图 6-4（c）和（d）]。

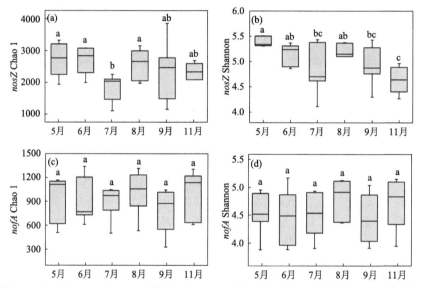

图 6-4 各航次 *nosZ* 和 *nrfA* 功能基因 Chao 1 丰度和 Shannon 多样性的时空分布特征
横线表示中值，点表示异常值，方框表示第 25 和 75 个百分位，条形表示 5 到 95 个百分位的范围。不同字母在 $p < 0.05$ 时有显著差异

经分类学分配[图 6-5（a）]表明 Rhodospirillaceae 是最丰富的 *nosZ* 基因型，占总 *nosZ* 序列丰度的（32.31 ± 1.35）%。Rhodospirillaceae 主要隶属于 Azospirillum（平均相对丰度为 31.62%）。丰度第二高的 *nosZ* 基因型为 Rhodobacteraceae（26.45%），其中 *Ruegeria* 占优（18.26%）。其他主要基因型包括 Bradyrhizobiaceae（13.27%，主要以 Bradyrhizobium 为代表）、Saccharospirillaceae（11.53%，主要为 *Reinekea*）、叶 Phyllobacteriaceae（4.08%）和 Vibrionaceae（2.07%）。其余谱系在群落中相对较少，所有样本中的平均比例小于 1%[图 6-5（a）]。总体而言，虽然观察到一些明显的月份波动变化，但在有氧和轻度缺氧条件下，优势 *nosZ* 谱系的比例没有显著差异[图 6-5（a）]。例如，在 6 月和 9 月分别发现了最高和最低的

Rhodospirillaceae 比例。5～9 月，Rhodobacteraceae 占相对恒定的比例（25%～30%），11 月明显抑制（19.86%，$p < 0.05$）。相反，Saccharospirillaceae 在 11 月显著富集（$p < 0.05$）[图 6-5（a）]。发生轻度缺氧时（7 月和 8 月），Bradyrhizobiaceae 的相对丰度适度增加，无统计学意义（$p < 0.05$）。相反，Vibrionaceae 和 Nitrospiraceae 的比例在 7 月和 8 月显著下降（$p < 0.05$）。

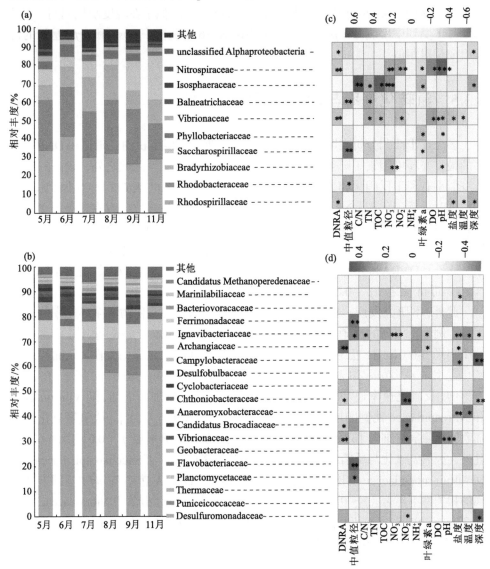

图 6-5 不同航次的沉积物反硝化细菌 *nosZ* 基因（a）和 DNRA 细菌 *nrfA* 基因（b）群落的分类差异；*nosZ*（c）和 *nrfA*（d）分类群的相对丰度与环境因素及潜在氮转化之间的斯皮尔曼相关性
*$p < 0.05$ and **$p < 0.01$。图中 DFN 表示反硝化；（c）、（d）的颜色图例表示沉积物理化性质与基因相对丰度的相关系数

近 60%的 *nrfA* 总读数与 Desulfuromonadaceae 有关,其中 *Pelobacter* 在数量上占优势[图 6-5(b)]。然而,在所有邮轮中,Desulfuromonadaceae 的比例几乎没有变化($p = 0.977$)。其他丰富的科(相对丰度>1%),即 Puniceicoccaceae、Thermaceae、Planctomycetaceae、Flavobacteriaceae、Geobacteraceae、Vibrionaceae、Candidatus Brocadiaceae、Anaeromyxobacteraceae 和 Chthoniobacteraceae 共同贡献了~30.15%的 *nrfA* 总读数。其中,*Flavobacteriaceae* 似乎在轻度缺氧期间(7 月和 8 月)受到中度刺激。β 多样性测量还显示,6 次航次中 *nosZ* 和 *nrfA* 基因的群落组成相对相似。

6.3.5 氮转化速率与功能基因特征关联

多元逐步回归分析表明,底层水体 DO 是驱动表层沉积物反硝化和 DNRA 速率的最重要环境因素($p < 0.01$)[图 6-6(b)和表 6-2]。除此之外,较高的 NH_4^+ 浓度似乎有利于反硝化和 DNRA 过程的发生($p < 0.01$)(表 6-2)。当不考虑 5 月的数据时,反硝化和 DNRA 速率与底层水体叶绿素 a 浓度之间存在显著的正相关关系($p < 0.01$)[图 6-6(d)和(e)]。此外,底层水体 DO 是 DNRA%和 ra 关键控制因素($p < 0.01$)[图 6-6(c)和表 6-2]:前者随着 DO 的增加而减少,后者反之。此外,DNRA%与底水温度和底层水体叶绿素 a 呈显著正相关[图 6-6(a)和(f)],而 ra 反之($p < 0.05$)[图 6-6(a)和(g)]。

此外,本研究发现一些微生物功能特性是影响表层沉积物氮循环速率的重要因素。例如,较高的反硝化速率通常对应着较高的 *nosZ* 和 *nirS* 基因拷贝数($p < 0.01$)[图 6-6(h)],但它们与 *nosZ*II 和 *nirK* 拷贝数无显著相关性,从而导致反硝化速率与 *nosZ/nosZ*II 和 *nirS/nirK* 的比率也呈正相关($p < 0.01$)。此外,在 *nosZ* 群落中,反硝化速率通常随 Rhodospirillaceae 比例的增加而增加,随 Vibrionaceae 和 Nitrospiraceae 比例的增加而降低($p < 0.05$)[图 6-5(c)]。厌氧氨氧化速率随着厌氧氨氧化细菌 16S rRNA 基因拷贝数的增加而显著增加($p < 0.01$)[图 6-6(i)]。此外,厌氧氨氧化与反硝化速率同 DNRA 基因拷贝数以及 Saccharospirillaceae 和 Desulfuromonadaceae 的比例密切相关(表 6-2)。DNRA 速率与 *nrfA* 基因丰度之间的相关性不显著($p < 0.05$),然而,DNRA 速率与 *nrfA* 群落中 Vibrionaceae($\rho = -0.339$, $p < 0.05$)、Candidatus brocadiaceae($\rho = 0.400$, $p < 0.01$)、Chthoniobacteraceae($\rho = -0.339$, $p < 0.05$)和 Archangiaceae($\rho = 0.400$, $p < 0.01$)的比例密切相关[图 6-5(d)]。

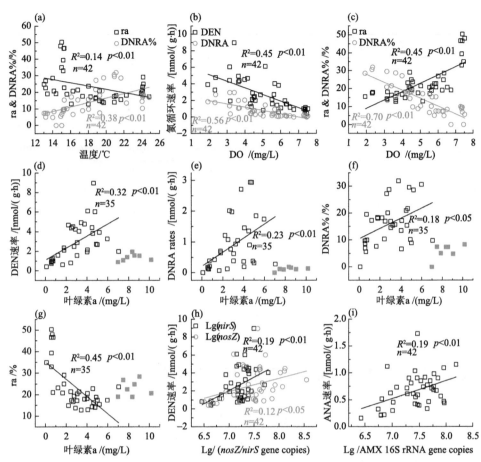

图 6-6　表层沉积物氮转化速率、相对贡献比例与环境因素和微生物基因特征之间的线性关系

橙色实心表示 5 月航次的数据，这些数据不纳入线性拟合当中

表 6-2　多元逐步回归模型分析表层沉积物潜在氮转化速率及相对贡献的关键控制因素

	模型校准后 R^2	模型 p 值	预测变量	预测校准后 R^2	B 系数	p
反硝化	0.655	<0.001	因变量	0.449	−0.494	0.002
			$nirS/nirK$	0.087	0.157	0.003
			NH_4^+	0.085	0.085	0.003
			lg($nosZ$II)	0.034	−0.755	0.041
厌氧氨氧化	0.513	<0.001	lg($nirS$)	0.252	0.7	<0.001
			DIN	0.083	0.015	0.002
			Saccharospirillaceae%	0.08	1.173	0.002
			lg($nirK$)	0.098	−0.407	0.008

续表

	模型校准后 R^2	模型 p 值	预测变量	预测校准后 R^2	B 系数	p
DNRA	0.621	<0.001	DO	0.551	−0.312	<0.001
			NH_4^+	0.07	0.034	0.008
ra	0.731	<0.001	DO	0.554	3.831	<0.001
			Saccharospirillaceae%	0.139	29.576	0.004
			叶绿素 a	0.038	−0.861	0.019
DNRA%	0.842	<0.001	DO	0.698	−2.877	<0.001
			Chthoniobacteraceae%	0.048	−263.009	<0.001
			盐度	0.061	−7.316	0.001
			NH_4^+	0.035	0.232	0.006

注：%代表给定细菌谱系在总群落中的相对丰度。

6.4 讨　论

6.4.1 轻度厌氧对硝酸盐还原过程的影响

在整个研究期间，该海洋牧场的底层水体经历了一个从有氧到轻度缺氧再恢复到有氧的过程。底层水体 DO 的范围为 1.93～7.53 mg/L，8 月观察到的最低值为[（2.94±0.28）mg/L]。DO 变化表明夏季出现轻度缺氧，而缺氧通常定义为氧浓度< 2 mg/L（Breitburg et al., 2018；Middelburg and Levin, 2009）。沉积物可交换态 NH_4^+ 浓度增加，NO_2^- 和 NO_3^- 缺氧时显著降低，在其他河口和海岸沉积物中也报告了这一类似的现象（Jäntti and Hietanen, 2012; Li et al., 2021c）。在轻度缺氧条件下，有几种可能的机制可以解释这一观察结果：首先是夏季高浮游植物来源的有机物（如叶绿素 a）和高温促进有机氮矿化；其次是轻度缺氧条件抑制微生物硝化过程的发生，但能够促进 DNRA 和反硝化过程的发生。

反硝化作为主要的脱氮途径，占硝酸盐还原量的 46.26%～80.9%。我们发现沉积物反硝化速率与 DO 之间存在显著的负相关关系[图 6-6（b）]。墨西哥湾北部和北海南部也报告了类似的结果（表 6-2）。实际上，低 DO 对 N_2 产生至关重要。以往的培养实验表明虽然 N_2O 还原酶蛋白（介导 N_2O 还原产生 N_2）能够从空气饱和到完全厌氧的所有 O_2 浓度下合成，但直到 O_2 浓度降至 0.72 mg/L 时，它们才具有活性（Coyne and Tiedje, 1990）。当 O_2 耗尽时，反硝化的主要产物是 N_2，在 N-还原酶中，Nos（N_2O 还原酶）受 O_2 的抑制比 Nar（硝酸盐还原酶）、Nir（亚硝酸盐还原酶）和 Nor（一氧化氮还原酶）更严重（Morley et al., 2008）。缺氧还通过影响反硝化底物（NO_x^-）来调节反硝化活性。由于 NO_x^-底物不足的限制，有不少研究发现缺氧减少了反硝化作用的发生这一相反的研究结果（Jäntti and Hietanen, 2012; Li et al., 2021c; Roberts et al., 2012）。这主要是由于在缺氧条件下硝化作用受到抑制，因此抑制了硝化反硝化耦合作用的发生。值得注意的是，这种反硝化作用的减少只发生在严重缺氧条件下、长时间缺氧或完全缺氧条件下（表 6-2）。事实上，尽管硝化作用是一个好氧过程，但它可以在极低（纳摩尔）DO 浓度下发生（Bristow et al., 2016; Zakem and Follows, 2017）。Song 等（2020）发现河口沉积物中的硝化速率只有当 DO 低于 117 μM 时才会随底层水体 DO 溶度下降而降低，并且在 9.7 μM 的阈值以下完全停止。在我们整个研究时间范围内，底层水体的平均 DO 浓度为 94 μM，这意味着沉积物硝化作用可能会减少，但不会完全停止。此外，表层沉积物反硝化速率与沉积物 NO_3^-浓度之间没有显著相关性，说明研究区反硝化过程受 NO_3^-浓度影响不显著。除 NO_3^-外，沉积物活性碳对反硝化作用影响至关重要（Huang et al., 2021; Lin et al., 2017b; Zhang et al., 2018）。反硝化速率与底层水体叶绿素 a 浓度呈显著正相关，而沉积物 TOC 与反硝化速率无显著相关性[图 6-6（d）]。这说明在缺氧期间，来自上覆水体活性有机物的输入能够有效的促进表层沉积物反硝化过程的发生（Neubacher et al., 2013）。这与之前的许多研究结论相一致，在这些研究中发现浮游植物产生的不稳定有机物被认为可以促进河口和沿海生态系统中的表层沉积物反硝化速率（Huang et al., 2021; Lin et al., 2017 b; Zhang et al., 2018）。然而，只有当叶绿素 a 浓度< 6 mg /L 时，反硝化速率才会随着上覆水体叶绿素 a 浓度的增加而增加[图 6-6（d）]，这表明在较低的叶绿素 a 浓度（<6 mg/L）下，活性有机物是沉积物异养反硝化的关键限制因素。事实上，叶绿素 a 浓度较高（>6 mg/L）的月份为 5 月。尽管该月发生了春季藻华，活性有机物充足，但其温度较低（13.6 ℃）且未形成轻度缺氧（6.29 mg/L），从而不利于反硝化过程的发生（Coyne and Tiedje, 1990; Holtan et al., 2002）。缺氧和酸化常常同时发生，因为微生物对有机物的分解会消耗 O_2 并释放二氧化碳。人们普遍认为，低 pH（酸性）会减少 N_2 的产生（Liu et al., 2010; Saggar et al., 2013），故酸性条件会对 Nos 活性产生强烈影响（Liu et al., 2010）。然而，在本研究中发现较低的 pH 似乎会促进反硝化过程的发生。这可能是由于以下几个方面的原因：首先是底层水体 pH 并没有下降到酸性状态，从好氧期的 8.1 下降到缺氧期的 7.7，在所有时期都保持在中性范围内；另一个原因可能是由于 DO 和 pH 协同关系造成的 pH 与反硝化速率之间产生假相关关系。当控制 DO 时，pH 与反硝化速率之间的弱相关性（偏相关，$p > 0.05$）支持了这一推测。

基于 qPCR 的量化结果表明，所有样本中的反硝化菌群落均以 NIR 而非 $nirK$ 型微生物为主，这与前人在河口近岸沉积物开展的几项基于 PCR 的相关调查结果相吻合，即河口近岸沉积物中的 NIR 丰度较高（Mosier and Francis, 2010; Smith et al., 2015; Wittorf et al., 2016）。携带 nosZ 的典型反硝化菌比 nosZII 反硝化菌高约 10 倍。此外，观察到 nosZ 和 nirS 基因丰度之间存在显著正相关。因此，我们认为具有完整反硝化途径（包含 nosZ 基因）的 nirS 型反硝化菌主要负责反硝化过程中 N_2 产生。反硝化速率与 nirS 和 nosZ 基因拷贝数之间的线性显著相关性进一步证实了这一假设[图 6-6（h）]。从瑞典 Gullmarsfjord 最深槽获取的表层沉积物（0～2 cm）也得出了类似的结论（Wittorf et al., 2016）。同与 nosZ 相比，以往研究通常发现 nosZII 基因在土壤生态系统中的表达量处于同一数量级甚至更高（Domeignoz et al., 2018; Graf et al., 2016; Jones et al., 2014）。然而，目前仍未有明确的答案来解释 nosZ 和 nosZII 反硝化菌在各种环境中的参与脱氮过程的具体贡献情况。也有研究表明 nosZ 对土壤水分含量的变化更为敏感，而 nosZII 对氮含量更敏感（Tsiknia et al., 2015; Xu et al., 2020）。本研究结果进一步证明，nosZ 丰度受沉积物粒度和底层水体 DO 浓度的强烈影响，nosZII 丰度受沉积物 NO_3^- 显著影响。

先前有研究已证实缺氧事件能够深刻地改变水或沉积物细菌群落组成（Broman et al., 2017; Wu et al., 2019）。出乎意料的是，在本研究的轻度缺氧发展过程中，没有观察到 nosZ 群落发生显著变化。可能是由于大多数反硝化细菌都是兼性厌氧菌，因此它们对 O_2 有广泛的耐受性，即在有氧和缺氧条件下均能生长。同样地，Palmer 等（2016）发现，短期地下水位波动（调节 O_2 水平）会影响反硝化细菌的活性而非中等酸性汾菌群结构（Palmer et al., 2016）。在所有样品中，红螺旋菌科（Azospirillum）和红杆菌科（Ruegeria）占 nosZ 群落的大多数（合计超过 50%）[图 6-5（a）]。此外，红螺旋菌科（Azospirillum）的比例与反硝化速率呈显著正相关[图 6-5（b）]。发现 Azospirillum 在富营养化河口（Hellemann et al., 2020）、沿海地区（Gomes et al., 2018）和湖泊（Wang et al., 2013）沉积物中的 nosZ 群落中占主导地位，该菌群也是一种著名的固氮细菌（Steenhoudtn and Vanderleyden, 2000）。氮转化过程经常涉及到多种功能性的 Azospirillum，说明该菌群在平衡富营养化环境中的氮循环中起着关键作用。先前的研究也表明反硝化与固氮过程能够同时在 Azospirillum 纯培养体系中发生，其中 O_2 和 NO_3^- 浓度对每个过程的诱导或抑制起到至关重要的作用（Nelson and Knowles, 1978）。Ruegeria 在缺氧或缺氧的水域和沉积物中均较为常见（Pajares and Ramos, 2019; Wittorf et al., 2016; Wyman et al., 2013），但 Ruegeria 似乎更喜欢振荡有氧的状态（Wittorf et al., 2016）。除了反硝化作用外，Ruegeria 还积极参与降解二甲基磺酰丙酸盐（DMSP）（Magalhães et al., 2012; Reisch et al., 2013）。Ruegeria 同样被证实 DMSP 可抑制 N_2O 还原酶的活性，这意味着微型和大型藻类水华产生大量的 DMSP 可能不利于 N_2 的产生（Magalhães et al., 2012）。这可以部分解释为什么 5 月虽然 NO_3^- 浓度和叶绿素 a 较高，但沉积物 N_2 生产量较低。有趣的是，当水-沉积物界面被氧化[DO =

（7.4±0.03）mg/L]和不稳定有机物不足时[叶绿素 a =（0.55±0.08）μg/L]时，Saccharospirillaceae 在 11 月具有显著的竞争优势（图 6-5（a））。Saccharospirillaceae 百分比与沉积物粒度和上覆水体叶绿素 a 浓度呈显著负相关[图 6-5（c）]，这意味着该类群碳源可能主要来自沉积物本身，而非上覆水体沉降下来的活性有机物。多项研究表明 Saccharospirillaceae 通过分泌碳水化合物活性酶，具有广泛的底物谱，尤其是大分子有机物，如甲壳素、木质素和纤维素（Avcı et al., 2017; Leadbeater et al., 2021）。此外，Saccharospirillaceae 的一些成员是需氧的。这些特征可能有助于 Saccharospirillaceae 在 11 月繁殖。

沉积物厌氧氨氧化速率介于 0.21～1.73 nmol/（g·h）之间，占总 N_2 产量的 12.76%～50.30%。总体而言，厌氧氨氧化对季节性缺氧的响应不明显[图 6-3（a）]，这与之前在北海南部的观察结果较为一致（表 6-2）。作为一种专性厌氧代谢，厌氧氨氧化更喜欢缺氧条件。事实上，厌氧氨氧化可发生在低氧沉积物中，这取决于沉积物的维度结构能够形成厌氧微环境（Engström et al., 2009）。更重要的是厌氧氨氧化细菌通常聚集在 NO_2^- 富集区（Engström et al., 2005），ra 和沉积物 NO_2^- 之间存在显著正相关进一步证实了这一观点。ra 与底层水体叶绿素 a 呈显著负相关[图 6-6（g）]，可能是由于活性有机物输入刺激了快速生长的异养反硝化细菌或 DNRA 细菌的生长，这些细菌同厌氧氨氧化菌竞争底物 NO_2^- 所致（Zhang et al., 2018）。

本研究中还观察到厌氧氨氧化速率和厌氧氨氧化细菌 16S rDNA 丰度之间的关系紧密[图 6-6（i）]，这与之前在各海洋环境中的研究结果相吻合（Dale et al., 2009; Jiang et al., 2017; Kuypers et al., 2005），表明厌氧氨氧化细菌生物量对其代谢活动至关重要，因为其生长速度极慢（倍增时间约为 10～14d）（Strous et al., 1998）。考虑到海洋环境中厌氧氨氧化细菌的多样性相对较低（Dang et al., 2010），本研究未监测厌氧氨氧化细菌群落的组成。此外，厌氧氨氧化速率也可以通过 nirS 型反硝化菌的丰度和 nosZ 群落中 Saccharospirillaceae 的比例得到很好的解释（表 6-1）。

表层沉积物 DNRA 速率范围为 0～2.94 nmol/（g·h），占总硝酸盐还原量的 0%～31.90%，与其他河口近岸生态系统沉积物的测定范围处于同一数量级（Burgin and Hamilton, 2007; Song et al., 2013; Yin et al., 2017）。因此，DNRA 是海洋牧场沉积物 NO_3^- 还原的重要途径之一。显然，轻度缺氧能够促进表层沉积物 DNRA 速率和贡献比例[图 6-3（b）和（c）]。该结论与之前关于上覆水体缺氧状态对 DNRA 过程影响的结论相吻合（表 6-2）。缺氧时游离态硫化物的增加可能是增强 DNRA 速率的一个重要原因，通过为 DNRA 提供替代电子供体和抑制反硝化作用（Giblin et al., 2013; Yin et al., 2017）。此外，底层水体缺氧导致表层沉积物的 NO_x^- 浓度较低，相比反硝化过程将有利于 DNRA 过程的发生。由于 DNRA 细菌的 NO_x^- 亲和力低于反硝化细菌，因此随着 NO_x^- 的浓度的不断降低，越有利于 DNRA 过程的发生（Bonaglia et al., 2016），并且相比反硝化细菌，DNRA 细菌每摩尔 NO_x 可产生更多的能量（Childs et al., 2002）。

另一方面，据推测过量的 NO_3^- 可抑制 DNRA 活性，例如在一些高度富营养化的河口和河流中，其中过量的 NO_3^- 含量往往对应着较低 DNRA 速率（Cheng et al., 2016; Deng et al., 2015; Li et al., 2021b）。一些研究表明，温度也可以控制两种硝酸盐异化还原过程的关键控制因素，较低温度有利于反硝化过程的发生，而高温有利于 DNRA 过程的发生（Ogilvie et al., 1997a），同时本研究中温度与 DNRA 速率和 DNRA% 之间的显著的正相关关系进一步支持了这一观点[图 6-6（a）]。相反，有证据表明与缺氧/厌氧条件相比，有氧或恢复有氧条件下的 DNRA 速率更高（Roberts et al., 2012; Roberts et al., 2014）。在这些情况下，NO_3^- 极低缺氧/缺氧期间也可能限制 DNRA 过程（Jäntti and Hietanen, 2012）。此外，在某些富铁环境中，DNRA 与 Fe^{2+} 氧化有关，在缺氧/厌氧条件下形成的游离硫化物将迅速与可用的 Fe^{2+} 结合，形成硫化铁沉淀，从削弱 DNRA 对 Fe^{2+} 利用（Roberts et al., 2012; Roberts et al., 2014）。

在本研究中，*nrfA* 基因丰度与 DNRA 活性和 DNRA% 关系不密切，这与某些河口和沿海环境中的研究结果相反（Smith et al., 2015; Song et al., 2014; Yin et al., 2017）。事实上，活性和基因丰度之间的这种脱钩在自然环境中也较为常见，因为这种对应关系需要在底物充足的前提下才能成立。此外，温度、盐度、pH 或 DO 等其他理化学因素可能会控制关键酶的活性和原位速率，而不一定会直接影响微生物基因特性。此外，DNRA 过程的发生微生物驱动者并不局限于携带 *nrfA* 基因的细菌。例如，没有 *nrfA* 基因的 *Nautilia profundicola* 可以通过一种假定的反向羟胺：泛素还原酶模块途径进行 DNRA（Hanson et al., 2013）；而一些化能自养细菌能够通过八血红素四硫代还原酶（Otr）或八血红素细胞色素 c 亚硝酸盐还原酶进行 DNRA（Giblin et al., 2013）。更有趣的是许多 DNRA 细菌拥有 *nosZ*II 基因（Sanford et al., 2012），这意味着这些 *nosZ*II 菌群可能在某些条件下（如低 NO_3^-）对氮损失产生负面影响（表 6-3）。

与之前在厦门湾（Li et al., 2021a）和黄河口（Bu et al., 2017）的研究结果一致，在研究所有航次中的沉积物 DNRA 细菌中，芽孢杆菌占绝对优势（约 60%）[图 6-5（b）]。*Pelobacter* 是一种典型的发酵性 DNRA 细菌，表明在我们的研究期间，TOC 是 DNRA 的主要电子供体，这反映在图 6-6（e）和（f）所示的 DNRA 速率和贡献与上覆水体叶绿素 a 浓度之间呈显著正相关。在缺氧沉积物中，*Pelobacter* 除了还原 NO_3^- 外，还参与将硫酸盐还原为硫化物（Li et al., 2021a）。生成的硫化物可以作为电子供体为化能自养 DNRA 提供燃料，进而提高 DNRA 速率（Giblin et al., 2013）。

表 6-3　国内外学者及本研究对表层沉积物氮转化速率对上覆水体缺氧的响应

研究区	DO/(mg/L)	DEN	ANA	DNRA	缺氧持续时间	参考文献
北海南部	2.69 和 8.13	++	++	nd	70 天	Neubacher et al., 2013
北海南部	2.69 和 5.61～8.05	++	未变	nd	14 个月	Neubacher et al., 2011
墨西哥湾北部	0.02～6.96	++	++	++	季节性	McCarthy et al., 2015
墨西哥湾	1～3	++	nd	nd	季节性	Childs et al., 2002
墨西哥湾	1～5.2	--	nd	nd	季节性	Childs et al., 2002
长江口	1.51～10.69	++	--	++	季节性	Li et al., 2021b
长江口及邻近海域	0.51 和 2.79～8.13	--	--	++	季节性	Song et al., 2020
波罗的海	0.99～7.71	--	nd	++	长期	Jäntti and Hietanen, 2012
亚拉河河口	0～饱和	--	nd	--	时常发生	Roberts et al., 2012

注：++表示促进；--表示抑制；nd 表示没有测定。

6.4.2　生态环境意义探讨

随着全球沿海生态系统低氧区的不断扩大（Breitburg et al., 2018），底层水体缺氧对表层沉积物氮循环的影响越来越受关注，但具体影响并不一致（Foster and Fulweiler, 2019; Jäntti and Hietanen, 2012; Li et al., 2021c; McCarthy et al., 2015; Song et al., 2020）。在这里，轻度的季节性缺氧不会导致降低 NO_3^- 从而限制表层沉积物反硝化作用、厌氧氨氧化和 DNRA 过程的发生。而低 DO、高有机质、高温及功能基因丰度的增加反而有利于提高了轻度缺氧月份的反硝化和 DNRA 速率。总体而言，轻度缺氧事件加速了生态系统中氮的去除（图 6-7）。我们的结论表明这些轻度缺氧区域可能是重要的氮汇，在缓解沿海生态系统富营养化方面发挥重要作用。这一现象应该是海岸带氮超载的负反馈机制，以维持氮平衡。如果缺氧变得严重或持续时间更长，NO_3^- 的削减过程将受到限制。因此，活性氮会在沉积物中积累，进一步加剧富营养化和缺氧的程度（Foster and Fulweiler, 2019; Song et al., 2020）。

此外，应注意的是尽管在常氧（5 月）和恢复有氧（11 月）条件下硝酸盐还原率差不多，但具体驱动因素不同。例如，在常氧条件下（图 6-7），春季藻华提供了足够的活性有机物，其中低反硝化速率可能归功于高 DO、低温、高 DMSP（Magalhães et al., 2012）和低基因丰度。在恢复有氧条件下，除了高 DO、低温和功能基因丰度降低外，电子供体的缺乏（低叶绿素 a）可能是反硝化和 DNRA 速率较低低的一个重要原因。此外，在这两种情况下，介导的微生物群落是不同的。

因此，底栖生物氮循环对缺氧的反映是复杂的，不仅取决于缺氧的强度和持续时间，还取决于其他非生物和生物因素。

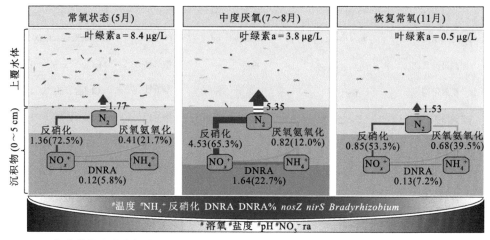

图 6-7　富营养化海洋牧场表层沉积物反硝化、厌氧氨氧化和 DNRA 速率对轻度季节性缺氧发展的响应示意图及其驱动因素

单位：nmol/（g·h），用于反硝化、厌氧氨氧化和 DNRA 速率，箭头的粗细表示速率的大小

6.5　本 章 小 结

本章节探讨了在富营养化的沿海牧场，底层水体从有氧转变为轻度缺氧，从 5 月到 11 月恢复有氧。反硝化主导了脱氮过程（49.70%～87.24%）和硝酸盐还原过程（46.26%～80.9%），轻度缺氧能够显著提高沉积物反硝化和 DNRA 速率，对厌氧氨氧化速率无显著影响。然而，轻度缺氧对功能群落的多样性和组成影响较小。轻度缺氧时，nosZ 基因丰度得到显著提高（p < 0.05），而 nosZII、厌氧氨氧化细菌 16S rRNA 和 nrfA 基因丰度无法通过含氧量预测。Azospirillum 和 Ruegeria 占据 nosZ 群落的大部分，并且 Pelobacter 在 DNRA 细菌中最为普遍，nosZ 和 nrfA 细菌群落组成几乎不受轻度缺氧的影响。含 nosZ 基因的 nirS 型反硝化菌主要负责将活性氮通过反硝化以 N₂ 的形式移除。海洋牧场表层沉积物硝酸盐还原过程的主要驱动因素为温度，叶绿素 a 和基因丰度。总之，研究结果表明轻度缺氧可以显著地增强表层沉积物硝酸盐的去除能力，这对于减轻水体富营养化和恢复生态系统服务至关重要。

第7章 互花米草入侵对红树林沉积物硝酸盐还原过程影响研究

7.1 引　言

沿海湿地生态系统是陆地与海洋的重要中间带，在氮的生物地球化学循环里起到重要作用（Hou et al., 2015b; Bianchi et al., 2013）。在氮转化过程中，硝酸盐异化还原是调节沿海生态系统中活性氮的关键过程（Herbert, 1999），备受国内外学者广泛关注。红树林生态系统是沿海湿地生产力最高的生态系统，有很强的固碳能力（Kristensen et al., 2008）；在被子植物中，红树林的氮利用效率和营养盐重吸收效率也是最高之一，可以缓解生态系统中的富营养化问题（Reef et al., 2010）。然而，红树林湿地的面积不仅受人为活动影响正慢慢转变为其他农业用地，而且还受外来入侵物种的入侵的影响正不断缩减。

1979 年，互花米草从原产地美国被引入中国滨海湿地（Liao et al., 2007）；由于它生长速度快，现已成为中国滨海湿地的优势盐沼植物之一。作为外来入侵物种，它威胁着沿海生态系统的可持续性（Lu and Zhang, 2013）。与大多数本土植物相比，互花米草具有更高的生物量、净初级生产力和更发达的根系（Gao et al., 2019c）。据研究报道，因为外来入侵物种具有更高的净初级生产力，能向根际输送更多的氧气，并更有效地利用养分，所以改变了土壤的物理化学性质，并对沉积物中的碳氮循环造成了影响（Zedler and Kercher, 2004）。关于互花米草入侵对土壤氮循环影响的研究，观察到沉积物中氮库、硝化-反硝化耦合作用和固氮的变化，表明米草入侵可以增加土壤的氮积累，提高固氮速率（Hamersley and Howes, 2005; Huang et al., 2016; Yang et al., 2016）。

目前，关于互花米草入侵盐沼湿地氮循环的相关研究主要为以下几个方面：①氮物质循环单一过程变化、微生物功能基因丰度等方面的研究（Hamersley and Howes, 2005; Huang et al., 2016; Yang et al., 2016; Gao et al., 2019b; Li et al., 2019b）；②沉积物氧化亚氮（N_2O）释放通量与影响因素方面的研究（Gao et al., 2019b; Gao et al., 2019c）；③互花米草入侵的硝酸盐异化还原过程的时序研究（Gao et al., 2017）。由于不同的入侵物种和不同的本土生态系统，沉积物的理化性质不同（Yu et al., 2015）；人们对滨海湿地互花米草入侵红树林沉积物的硝酸盐异化还原过程活性、相对贡献比例及其关键控制影响因素仍缺乏系统研究。基于此，本研究选取福建省漳江口红树林自然保护区，采用 ^{15}N 稳定同位素示踪技术结合泥浆培养试验探讨不同植物群落沉积物的硝酸盐异化还原过程。旨在：①探讨互花米草入侵红树林沉积物的硝酸盐异化还原过程的时空变化过程；②阐明控制沉积物反硝化、厌氧氨氧化和 DNRA 过程的主要环境因子；③评估互花米草入侵过程中，这 3 个特定过程对硝酸盐异化还原过程的相对贡献及其生态环境效应。

7.2 材料与方法

7.2.1 研究区域概况和样品采集

本研究在中国福建省云霄县漳江口红树林国家级自然保护区（23°56′N，117°25′E）进行样品采集（图 7-1），该地区属于亚热带海洋性季风气候，年平均气温为 21.5 ℃。保护区的总面积为 2360 hm^2，湿地中广泛分布着木榄、秋茄、桐花树和白骨壤等红树林植物种类（张和钰等，2013）。2005 年以来，互花米草在保护区中广泛蔓延，主要生长在裸露的光滩上，并向内入侵红树林的生存空间（Liu et al., 2017）。按照互花米草的入侵程度，分为未受互花米草入侵的红树林群落、红树林-互花米草共生群落和互花米草群落。

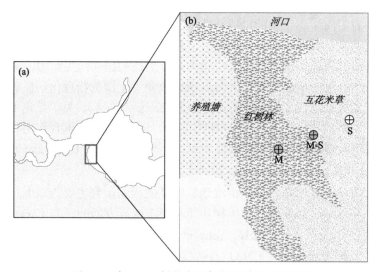

图 7-1　漳江口红树林自然保护区采样点示意图

研究于 2020 年 1 月、8 月开展了冬、夏两季野外样品采集,如图 7-1 所示,在上述三个植物群落中按 S 形选取 4 个采样点,每个采样点间距 5 m;采用自制手持柱状采泥装置(直径为 10 cm 的不锈钢管),每个采样点采集 3 个表层平行样(0~5 cm)。样品去除表层腐殖质后混匀,装入聚乙烯无菌自封袋中,野外低温保存,并在 1 天内内返回实验室。在实验室中将新鲜沉积物样品分为三部分:第一部分于 –20 ℃冰箱冷冻保存,用于测定总有机碳(TOC)、总氮(TN)等理化性质;第二部分于 4 ℃冰箱冷藏保存,用于测定硝酸盐异化还原过程速率;第三部分于 –80 ℃冰箱冷冻保存,用于后续分子生物实验。

7.2.2　沉积物理化性质测定

沉积物 DOC 测定方法为取 5 g 鲜土与 25 mL 去离子水混合,振荡、离心和过滤后,利用 TOC 分析仪(Shimadzu TOC-V CPN,岛津)测定上清液 TOC 含量(张甲珅等,2000)。沉积物 MBC、EOC 和 LFOC 分别采用氯仿熏蒸-浸提-非色散红外吸收法(Wu et al.,1990)、高锰酸钾氧化法测定(Blair et al.,1995)、密度分离法(倪进治和徐建民,2000)测定。其他理化指标具体方法详见 2.2.2。

7.2.3　氮转化速率测定

反硝化、厌氧氨氧化和 DNRA 速率通过泥浆培养试验结合 ^{15}N 同位素示踪技术进行测定。具体步骤详见 2.2.3。

7.2.4　微生物功能基因测定

nirS、anammox 16S rRNA 和 *nrfA* 功能基因的测定方法详见 2.2.4。

7.2.5　统计与分析

使用 SPSS 19.0(SPSS Inc., USA)和 OriginPro 2016(OriginLab Corporation, Northampton, MA, USA)等软件进行数据统计分析;使用 OriginPro 2016、Corel Draw X6(Corel, Ottawa, ON, Canada)和 ArcGIS 10.2(ArcMap 10.2, ESRI, Redlands, CA)制图。不同植物群落速率、相对贡献比例和理化性质的显著性差异采用单因素方差分析(ANOVA),多重比较采用 Turkey 检验($p < 0.05$,方差齐性)或 Dunnett's

T3 检验（$p < 0.05$，方差不齐）；两个季节间速率、相对贡献比例和理化性质的显著性差异采用独立样本 t 检验（$p < 0.05$）。采用 Pearson 相关分析确定理化性质与硝酸盐异化还原速率及相对贡献比例的相关关系。

7.3 结果与分析

7.3.1 沉积物理化性质

如表 7-1 所示，互花米草入侵对大部分冬夏两季的沉积物理化性质有显著影响。土壤容重和氧化还原电位（E_h）表现为红树林群落>共生群落>互花米草群落；夏季红树林和共生群落的容重显著大于冬季（$p < 0.05$），而互花米草群落差别不大（$p > 0.05$）；夏季各群落的土壤氧化还原电位显著小于冬季（$p < 0.05$）。沉积物含水率和 C/N 比表现为红树林群落<共生群落<互花米草群落；其中夏季互花米草群落含水率显著小于冬季（$p < 0.05$）；夏季共生群落 C/N 比显著小于冬季（$p < 0.05$）。夏季沉积物中值粒径表现为红树林群落显著大于其他群落（$p < 0.05$），冬季不显著（$p > 0.05$）；其中夏季各群落显著小于冬季（$p < 0.05$）。沉积物 NO_3^-、NH_4^+、Fe^{2+}、Fe^{3+}、TOC 和 TN 表现为红树林群落>共生群落>互花米草群落，大部分数据差异显著（$p < 0.05$）；其季节性差异均不显著（$p > 0.05$）；夏季的共生群落和互花米草群落的 Fe^{2+} 差异不显著（$p > 0.05$），冬季各群落差异都不显著（$p > 0.05$）；Fe^{3+} 冬季的共生群落和互花米草群落差异不显著（$p > 0.05$）；夏季的红树林和共生群落的 TOC 差异不显著。沉积物 NO_2^- 表现为红树林群落>互花米草群落>共生群落，与上述其他理化性质表现不同，其中共生群落和互花米草群落差异不显著；夏季红树林群落显著大于冬季（$p < 0.05$）。

表 7-1 红树林、互花米草-红树林共生、互花米草植物群落沉积物硝酸盐还原过程速率和理化性质比较（Mean ± SE）

项目	红树林		红树林-互花米草		互花米草	
	夏季	冬季	夏季	冬季	夏季	冬季
T/°C	30.15±0.03^{aA}	14.83±0.01^{cB}	29.69±0.17^{aA}	14.94±0.01^{bB}	28.64±0.15^{bA}	15.06±0.01^{aB}
E_h/mV	313.02±4.75^{aB}	367.34±7.48^{aA}	248.37±9.29^{bB}	305.80±5.98^{bA}	178.45±6.89^{cB}	202.89±4.64^{cA}
pH	6.50±0.04^{cA}	6.60±0.03^{cA}	6.69±0.02^{bB}	6.88±0.02^{bA}	6.87±0.04^{aB}	6.99±0.02^{aA}
含水率/%	35.45±0.35^{cA}	34.44±0.32^{cA}	37.20±0.34^{bA}	37.10±0.18^{bA}	40.94±0.20^{aB}	42.23±0.35^{aA}

项目	红树林		红树林-互花米草		互花米草	
	夏季	冬季	夏季	冬季	夏季	冬季
密度/(g/mL)	1.57 ± 0.01^{aA}	1.52 ± 0.00^{aB}	1.51 ± 0.00^{bA}	1.47 ± 0.01^{bB}	1.41 ± 0.01^{cA}	1.41 ± 0.02^{cA}
MGS/μm	36.58 ± 1.94^{aB}	48.17 ± 2.93^{aA}	11.77 ± 1.19^{bB}	42.99 ± 1.79^{aA}	14.43 ± 2.86^{bB}	45.58 ± 1.20^{aA}
NO_3^-/(μg N/g)	2.39 ± 0.20^{aA}	2.95 ± 0.18^{aA}	1.26 ± 0.04^{bA}	1.48 ± 0.12^{bA}	0.82 ± 0.08^{cA}	0.89 ± 0.09^{cA}
NO_2^-/(μg N/g)	0.18 ± 0.02^{aA}	0.11 ± 0.01^{aB}	0.05 ± 0.01^{bA}	0.03 ± 0.01^{bA}	0.05 ± 0.01^{bA}	0.06 ± 0.01^{bA}
NH_4^+/(μg N/g)	18.16 ± 1.14^{aA}	19.81 ± 0.91^{aA}	11.63 ± 0.39^{bA}	12.21 ± 0.54^{bA}	9.29 ± 0.29^{cA}	8.53 ± 0.64^{cA}
Fe^{2+}/(mg Fe/g)	4.73 ± 0.26^{aA}	4.88 ± 0.52^{aA}	3.94 ± 0.11^{bA}	4.28 ± 0.26^{aA}	3.42 ± 0.09^{bA}	3.52 ± 0.21^{aA}
Fe^{3+}/(mg Fe/g)	5.34 ± 0.21^{aA}	5.94 ± 0.40^{aA}	3.06 ± 0.18^{bA}	2.50 ± 0.15^{bA}	1.56 ± 0.11^{cA}	1.58 ± 0.08^{cA}
Fe^{2+}/Fe^{3+}	0.89 ± 0.06^{bA}	0.83 ± 0.08^{cA}	1.30 ± 0.09^{bB}	1.72 ± 0.07^{bA}	2.23 ± 0.15^{aA}	2.23 ± 0.09^{aA}
Sulfide/(μg S/g)	79.51 ± 11.27^{bA}	76.72 ± 9.40^{bA}	118.86 ± 6.09^{aA}	84.68 ± 2.71^{bB}	148.57 ± 6.81^{aA}	129.19 ± 9.56^{aA}
TOC/(mg C/g)	21.79 ± 1.93^{aA}	27.90 ± 2.68^{aA}	14.44 ± 0.36^{aA}	14.37 ± 0.36^{bA}	12.19 ± 0.27^{bA}	12.60 ± 0.38^{cA}
EOC/(mg C/g)	4.40 ± 0.20^{aA}	4.86 ± 0.30^{aA}	2.55 ± 0.11^{bA}	2.49 ± 0.20^{bA}	2.27 ± 0.09^{bA}	1.94 ± 0.10^{bB}
DOC/(mg C/g)	0.17 ± 0.01^{aA}	0.17 ± 0.01^{aA}	0.12 ± 0.00^{bA}	0.12 ± 0.00^{aA}	0.08 ± 0.00^{cA}	0.08 ± 0.00^{bA}
MBC/(mg C/g)	0.65 ± 0.04^{aA}	0.73 ± 0.09^{aA}	0.51 ± 0.02^{bA}	0.49 ± 0.04^{aA}	0.37 ± 0.02^{cA}	0.42 ± 0.01^{aA}
TN/(mg N/g)	2.31 ± 0.17^{aA}	2.86 ± 0.19^{aA}	1.34 ± 0.07^{bA}	1.20 ± 0.04^{bA}	0.87 ± 0.03^{cA}	0.86 ± 0.06^{cA}
TOC/TN	9.45 ± 0.45^{cA}	9.68 ± 0.30^{bA}	10.82 ± 0.28^{bB}	12.01 ± 0.34^{bA}	13.95 ± 0.16^{aA}	14.86 ± 1.25^{aA}
TOC/NO_3^- (×10³)	9.36 ± 1.18^{bA}	9.56 ± 0.99^{bA}	11.51 ± 0.64^{abA}	9.87 ± 0.70^{bA}	15.29 ± 1.55^{aA}	14.61 ± 1.51^{aA}
EOC/NO_3^- (×10³)	1.89 ± 0.21^{aA}	1.66 ± 0.11^{bA}	2.03 ± 0.12^{aA}	1.70 ± 0.14^{bA}	2.88 ± 0.40^{aA}	2.22 ± 0.13^{aA}
DOC/NO_3^-	73.24 ± 6.99^{aA}	58.15 ± 4.84^{bA}	95.05 ± 3.16^{aA}	84.32 ± 7.39^{abA}	95.33 ± 10.02^{aA}	91.63 ± 9.89^{aA}
MBC/NO_3^- (×10²)	2.75 ± 0.18^{bA}	2.49 ± 0.28^{bA}	4.04 ± 0.31^{abA}	3.42 ± 0.53^{abA}	4.61 ± 0.54^{aA}	4.85 ± 0.43^{aA}

注：同一季节三种植物群落之间的显著性差异（多重比较方差齐性采用 Turkey 检验，方差不齐采用 Dunnett's T3 检验，$p < 0.05$）用不同的小写字母标记；同一植物群落夏、冬两季节之间的显著性差异由不同的大写字母标记（独立样本 t 检验，$p < 0.05$）。其中 MGS 表示沉积物中值粒径。

7.3.2 硝酸盐还原过程速率及贡献比

互花米草入侵对沉积物反硝化和 DNRA 过程有显著影响。如图 7-2（a）所示，沉积物反硝化速率表现为红树林群落<共生群落<互花米草群落[夏季：从（7.00±0.56）μmol/（kg·h）到（11.30±0.78）μmol/（kg·h）到（18.24±1.41）μmol/（kg·h）；冬季：从（4.31±0.40）μmol/（kg·h）到（6.40±0.33）μmol/（kg·h）到（9.89±0.73）μmol/（kg·h）]，沿互花米草入侵方向逐渐减少，且不同区之间的差异性显著（$p < 0.05$）；其中夏季速率显著高于冬季（$p < 0.05$）。由图 7-2（c）知，沉积物 DNRA 速率表现为红树林群落>共生群落>互花米草群落[夏季：从（8.65±0.58）μmol/（kg·h）

到（1.98±0.04）μmol/（kg·h）到（0.81±0.05）μmol/（kg·h）；冬季：从（3.00±0.35）μmol/（kg·h）到（1.13±0.07）μmol/（kg·h）到（0.47±0.04）μmol/（kg·h）]，沿互花米草入侵方向逐渐增加，其中红树林群落显著高于其他群落（$p < 0.05$），而共生群落和互花米草群落之间差异不显著（$p > 0.05$）；其中夏季速率普遍高于冬季（$p < 0.05$）。三种植物群落沉积物的厌氧氨氧化速率差异不显著（$p > 0.05$）；季节上夏季高于冬季，其中仅互花米草群落季节性差异显著（$p < 0.05$）。

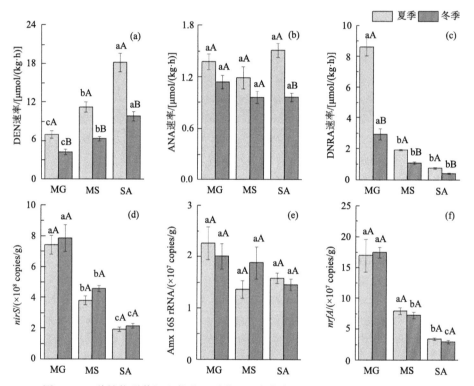

图 7-2　三种植物群落沉积物的反硝化、厌氧氨氧化和 DNRA 潜在速率比较

不同小写字母表示同一季节中三种植物群落速率的显著性差异，*表示同一植物群落两季节间的显著性差异；误差棒表示标准误；MG：红树林群落，MS：红树林-互花米草共生群落，SA：互花米草群落

如图 7-3 所示，互花米草入侵硝酸盐异化还原过程贡献比例有显著影响。三种植物群落沉积物的 ANA% 差异不显著（$p > 0.05$），特别的是冬季的互花米草群落与另外两者相比差异显著（$p < 0.05$）；由表 7-1 可知，红树林群落与共生群落中，季节性差异显著（$p < 0.05$）。DEN%表现为红树林群落[夏季（41.07±2.64）%、冬季（50.83±3.43）%]<共生群落[夏季（77.93±1.01）%、冬季（75.24±1.18）%]<互花米草群落[夏季（88.60±0.48）%、冬季（87.23±0.51）%]，沿互花米草入侵方

向逐渐减少，且不同区之间的差异性显著（$p < 0.05$）；DNRA%表现为红树林群落[夏季（50.83±3.02）%、冬季（35.57±3.77）%]>共生群落[夏季（13.81±0.70）%、冬季（13.43±1.18）%]>互花米草群落[夏季（3.99±0.31）%、冬季（4.15±0.34）%]，沿互花米草入侵方向逐渐增加，且不同区之间的差异性显著（$p < 0.05$）；根据表 7-1，DEN%和 DNRA%大部分无季节性差异（$p > 0.05$）；DNRA%中，红树林群落有季节性差异（$p < 0.05$）。综上，在互花米草植物群落中，反硝化是硝酸盐异化还原的主要贡献过程（87%～89%）；沿米草入侵方向，DEN%减少，而 DNRA%增多，ANA%基本不变。

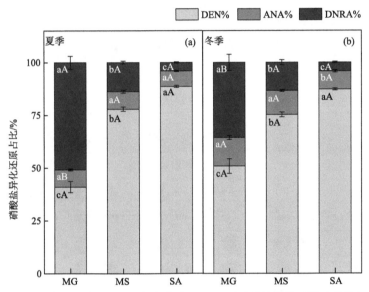

图 7-3　三种植物群落中反硝化、厌氧氨氧化和 DNRA 对硝酸盐异化还原过程的相对贡献比例
不同小写字母表示同一季节中三种植物群落速率的显著性差异，误差棒表示标准误；MG：红树林群落，MS：红树林-互花米草共生群落，SA：互花米草群落

7.3.3　沉积物理化性质对硝酸盐还原过程的影响

夏季反硝化和 DNRA 速率和贡献比例和图 7-4 中理化性质均显著相关（$p < 0.05$）；其中含水率和 C/N 比与反硝化速率和贡献比例呈正相关性，与 DNRA 速率和贡献比例呈负相关性（$p < 0.05$）；沉积物温度、E_h、容重、中值粒径、NO_3^-、NO_2^-、NH_4^+、Fe^{2+}、Fe^{3+}、TOC 和 TN 与反硝化速率和贡献比例呈显著负相关性，与 DNRA 速率和贡献比例呈显著正相关性（$p < 0.05$）；夏季厌氧氨氧化速率和贡献比例与理化性质无显著相关性（$p > 0.05$）。如图 7-4 所示，冬季反硝化速率和

贡献比例与沉积物 E_h、容重、NO_3^-、NH_4^+、Fe^{3+}、TOC 和 TN 呈显著负相关性，与沉积物温度、含水率、C/N 比呈显著正相关性；其中 DEN%与 NO_2^-呈显著负相关性；整体趋势除温度性质外与夏季一致（$p < 0.05$）。冬季厌氧氨氧化速率和贡献比例与沉积物 Fe^{3+} 呈显著正相关性，与 C/N 比呈显著负相关性（$p < 0.05$）。冬季 ANA%、DNRA 速率和贡献比例与沉积物 E_h、容重、NO_3^-、NH_4^+、Fe^{3+}、TOC、TN 呈显著正相关性，与沉积物温度、含水率、C/N 比呈显著负相关性（$p < 0.05$）。另外，冬季 DNRA 速率和贡献比例与 NO_2^-呈显著正相关性；ANA%与 Fe^{2+}呈显著正相关性（$p < 0.05$）。

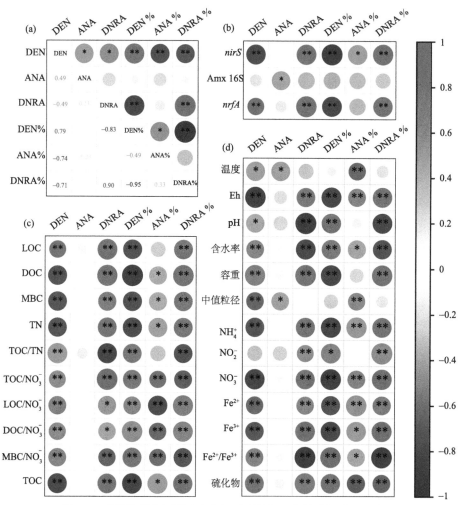

图 7-4　硝酸盐异化还原速率和相对贡献与理化性质相关分析热图

图例表示正负相关性及相关程度；*表示显著（$p \leqslant 0.05$），**为极显著相关（$p \leqslant 0.01$）；$n=12$

7.4 讨 论

河口湿地沉积物的硝酸盐异化还原过程是海洋与陆地之间重要的氮去除或保留机制（Herbert, 1999）；其中，反硝化与厌氧氨氧化过程将硝酸盐还原为气态氮，将其从沉积物中去除；而 DNRA 过程将硝酸盐还原为铵（NH_4^+），将其滞留在沉积物中。本研究中，沉积物反硝化过程速率沿互花米草入侵方向减小，DNRA 过程速率沿入侵方向增大；沉积物中有机物（TOC、TN）和无机物（NO_3^-、NO_2^-、NH_4^+、Fe^{2+}、Fe^{3+}）含量沿入侵方向增大。研究结果体现出了互花米草入侵后，不同生态系统中的时空差异；本研究对河口湿地植被差异造成的沉积物性质变化进行了分析和探讨，从而加深对外来植物入侵系统中硝酸盐动态变化的认识。

7.4.1 沉积物硝酸盐还原过程的影响因素

互花米草沉积物的含水率在三个群落沉积物中最高，互花米草群落位置更靠近河口，处于低潮区，受水淹时间长；因此，从表 7-1 可以观察到，含水率从高潮滩到低潮滩逐渐降低。互花米草具有高水平的细根生物量，可能导致沉积物容重较低（Gao et al., 2019c; Feng et al., 2017）；这解释了本研究植物群落间沉积物容重的差异。含水率高的沉积物中氧气含量低，而氧气可能是湿地沉积物反硝化过程发生的关键控制因素之一（Burgin et al., 2010）。反硝化过程和土壤的氧化还原电位（E_h）呈负相关性；与之前研究一致，土壤的氧化还原电位（E_h）处于湿地沉积物的正常范围内；反硝化速率随土壤的氧化还原电位（E_h）降低而增大（Firestone et al., 1980; Masscheleyn et al., 1993; Seo and DeLaune, 2010）。据 Gao 等（2019b）报道，漳江口红树林沉积物呈中性到微酸性，而互花米草沉积物则呈轻度碱性；沉积物的 pH 差异可能也和硝酸盐异化还原过程相联系。

互花米草群落的反硝化速率较高，而 DNRA 速率低；红树林群落的反硝化速率比互花米草低，同时 DNRA 过程速率较高（图 7-2）。互花米草入侵显著提高了沉积物的反硝化速率，这与 Gao 等（2019b）的研究结果是一致的。据研究报道，环境中 TOC/NO_3^-比值较低时，即电子受体相对充足时，反硝化过程更具竞争力，反之则以 DNRA 过程更受青睐（Tiedje, 1988）；另外，土壤中有机碳含量高，有利于异养 DNRA 过程（Fazzolari et al., 1998; Yin, 2002）。总有机碳（TOC）含量与反硝化过程呈负相关性，与 DNRA 过程呈相关性。另外，红树林群落沉积物 TOC 的含量也显著高于互花米草群落。我们注意到，在有机物含量高的红树林群落沉积物中，DNRA 和反硝化过程处于竞争关系；在沉积物硝酸盐含量有限的情况下，有机质含量较高的红树林沉积物中的 DNRA%大于 DEN%，将更多的硝酸盐还原为铵（NH_4^+），滞留在沉积物中。

在淡水沉积物的硝酸盐梯度添加实验中，反硝化与 DNRA 过程的比值随着硝酸盐（NO_3^-）浓度的增加而增大，硝酸盐异化还原过程向有利于反硝化过程的方向发展（Nogaro and Burgin, 2014）；类似结果在河口湿地、盐沼环境中还未知。本研究中，NO_3^-含量与反硝化过程呈负相关性，与 DNRA 过程呈正相关性；三个植物群落中，红树林群落沉积物的 NO_x^-含量最高，这可能是由于红树林处于离人为活动比较近的区域，受人为 NO_x^-输入影响显著，同时红树林处于相对高潮区，沉积物被水淹的时间相对较短，沉积物含水率较低，DO 较高，有利于硝化过程的发生。NO_3^-作为电子受体会将硫化物氧化成硫酸盐，高浓度的硫化物会抑制反硝化过程，但可能提供电子供体来增强 DNRA 过程（An and Gardner, 2002）；硫化物可能是沉积物中反硝化和 DNRA 产生竞争的因素之一。有研究指出，在沿海环境中，NO_3^-和 NO_2^-主要参与反硝化过程，而不参与其他硝酸盐异化还原过程（Wankel et al., 2017）。漳江口红树林自然保护区可能是一个氮营养盐限制的生态系统；尽管 NO_x^-含量在三个植物群落间存在显著差异（$p < 0.05$）（表 7-1），但与反硝化速率无显著关系。这可能是由于本研究实验均采用室内泥浆培养时间，通过添加 $^{15}NO_3^-$来示踪反硝化过程，因此，在这个培养过程中足量的底物培养已经无法反应底物 NO_x^-浓度对反硝化过程的控制作用。反硝化过程与 C/N、TOC/NO_3^-呈正相关性，DNRA 过程恰恰相反（图 7-4）。有研究提到了可提取有机碳（EOC）/NO_3^-与 DNRA 过程呈正相关性（Shan et al., 2016）。互花米草的高生物量也为硝化细菌和反硝化细菌提供了更多的不稳定有机碳，并向植物根际输送了更多的氧气，促进了硝化和反硝化作用的耦合（Zhang et al., 2013）。这提醒我们，进行可利用性TOC 含量的测定也许能更好地建立相关关系（图 7-5）。互花米草的入侵显著增加了参与反硝化过程细菌的丰度和多样性，同时增强了硝酸还原酶的活性（Gao et al., 2019b）。综上所述，以上因素都可以解释互花米草群落的高 DEN%。沉积物中 Fe^{2+}含量可能也是反硝化和 DNRA 过程竞争的控制因素之一，Fe^{2+}作为电子供体还原 NO_x^-。Fe^{2+}一般通过以下反应式与反硝化过程耦合（Wei et al., 2020）：

$$NO_3^- + 5Fe^{2+} + 12H_2O \rightarrow 1/2N_2 + 5Fe(OH)_3 + 9H^+ \qquad (7-1)$$

根据部分研究（Weber et al., 2006; Coby et al., 2011），Fe^{2+}也可以和 NO_3^-还原成 NH_4^+的反应耦合：

$$NO_3^- + 8Fe^{2+} + 21H_2O \rightarrow NH_4^+ + 8Fe(OH)_3 + 14H^+ \qquad (7-2)$$

根据湖泊沉积物中的研究（Cojean et al., 2020），较低的 Fe^{2+}浓度会加强反硝化过程，然而高的 Fe^{2+}浓度会抑制反硝化过程，并加强 DNRA 过程；河口沉积物中（Robertson et al., 2016），Fe^{2+} 浓度的增加，也会加强 DNRA 过程。本研究中，反硝化过程和 Fe^{2+} 呈负相关性，DNRA 过程和 Fe^{2+} 呈正相关性。红树林群落较高的 Fe^{2+} 含量可能也促使了 DNRA 和反硝化过程的竞争。本研究中反硝化与 Fe^{2+} 呈现负相关，可能主要的原因还是红树林区反硝化的速率明显低于其他区域，而 Fe^{2+} 含量在本研究中与有机质含量（TOC 和 TC）呈极显著正相关，所以 Fe^{2+} 与反硝化的负相关关系还是由于有机物与反硝化之间呈负相关造成的假相关。

在三个植物群落间，厌氧氨氧化过程的速率没有显著差异（$p > 0.05$）（图 7-2）；可能在研究区域，厌氧氨氧化受土壤基质影响很小。厌氧氨氧化在硝酸盐异化还原中的贡献比例很小，大概为 8%～10%；有趣的是，冬季 ANA% 与大部分沉积物理化性质显著相关，可能是厌氧氨氧化细菌在冬季活性更高。厌氧氨氧化是以 NO_3^- 为电子受体，以 NH_4^+ 为电子供体的反应过程，NO_3^- 和 NH_4^+ 是反应的基底，决定着厌氧氨氧化的反应速率；根据浓度的不同，NO_3^- 和 NH_4^+ 不仅会促进厌氧氨氧化过程，也会抑制该过程（Trimmer and Nicholls, 2009）；本研究中厌氧氨氧化类似结果并不显著。有研究报道，高浓度的硫化物会抑制厌氧氨氧化过程，这种抑制可能与硫化物对厌氧氨氧化细菌的毒性有关（Sears et al., 2004; Jenson et al., 2008）。因此，进行沉积物硫化物的测定也许能更好地描述厌氧氨氧化过程的影响因子。

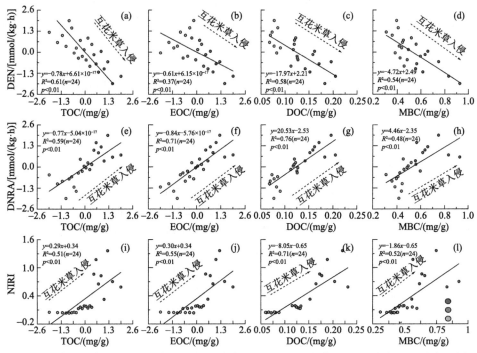

图 7-5　反硝化速率（a）～（d）、DNRA 速率（e）～（h）速率及 NIRI（i）～（l）与不同沉积物有机碳组分线性回归（i）～（l）

从图 7-2 看出，夏季的硝酸盐异化还原速率明显高于冬季；这一结果在三种植物群落的反硝化和 DNRA 过程中都很显著；厌氧氨氧化过程中，只有互花米草群落的结果显著。温度可能是速率季节性差异的重要控制因子之一；微生物的新陈代谢通常随温度的升高而增加（Bremner and Shaw, 1958; Gillooly et al., 2001）。据报道，厌氧氨氧化过程的最适温度为 12 ℃，低于反硝化（24 ℃）和 DNRA（>17 ℃）过程（Jetten et al., 2001; Kelly et al., 2001）。厌氧氨氧化过程与反硝化和 DNRA 过程是耦合的，部分反硝化和 DNRA 过程可以提供厌氧氨氧化反应所需的 NO_2^- 和 NH_4^+（Wei et al., 2020）。另外本研究中，厌氧氨氧化在硝酸盐异化还原过程中贡献比例很小。

7.4.2 关于互花米草入侵红树林硝酸盐异化还原过程的生态环境效应

本研究根据夏冬季硝酸盐异化还原速率和贡献比例的平均值来估算不同植物群落沉积物单位面积的氮转化通量（图 7-6）。在本研究中，反硝化是互花米草群落中硝酸盐异化还原的主要过程；共生群落中比例为 76.59%，互花米草群落中为 87.92%；而红树林中 DEN% 为 45.95%，和 DNRA 过程（43.20%）相竞争。ANA% 最小，且在三个植物群落间差异不大，分别为红树林群落（10.85%）、共生群落（9.79%）和互花米草群落（8.01%）。互花米草的入侵显著改变了沉积物中硝酸盐异化还原过程的贡献比例，与原生红树林群落形成差异。红树林群落中，DNRA 过程的高贡献比例可以将更多的活性氮滞留在生态系统中。有机物降解产生的 NH_4^+ 容易与黏土颗粒结合，从而无法被生物吸收；所以 DNRA 过程是沉积物中提供活性氮的重要机制（Krishnan and Bharathi, 2009）。在富碳和低氮营养盐的红树林系统中，DNRA 过程有着极高的贡献比例，可以有效地保存氮营养盐，克服限制，从而促进生态系统中的氮循环；而有着外来氮营养盐输入的红树林系统，DNRA 过程贡献比例相对较小（Fernandes et al., 2012a）。然而，中国亚热带地区氮营养盐丰富的红树林生态系统，DNRA 过程同样是硝酸盐异化还原过程的主要途径（75.7%～85.9%）（Cao et al., 2016）。从上述研究结果得到启发，高生产力的红树林系统加强了沉积物中的 DNRA 过程，维持土壤中氮营养盐的稳定；而互花米草的入侵加强了反硝化过程，能够去除更多的氮素改变了原生红树林群落的土壤基质，从而造成红树林群落的退化。

河口沉积物中，基于反硝化的最终产物是氮气（N_2）的假设（Dong et al., 2002; Hou et al., 2015a），可以比较三种植物群落的硝酸盐异化还原过程的脱氮速率大小。我们发现，互花米草的入侵增大了河口湿地沉积物的氮去除速率，互花米草

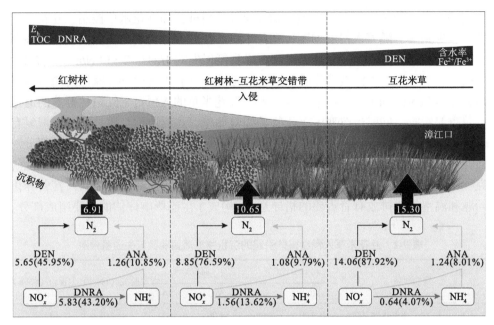

图 7-6　三种植物群落沉积物的硝酸盐异化还原速率[μmol/（kg·h）]和相对贡献比

数值皆为夏季和冬季的平均值

群落[15.30 μmol/（kg·h）]>共生群落[10.65 μmol/（kg·h）]>红树林群落[6.91 μmol/
（kg·h）]。互花米草群落中，反硝化过程是硝酸盐异化还原过程的优势途径，这
与之前的研究结果是一致的（Gao et al., 2017; Gao et al., 2019b）。根据遥感影像研
究（潘卫华等，2020），1999～2018 年福建省有 27.41 hm² 的红树林被侵占，转变
为互花米草。基于沉积物深度（0～5 cm），我们估算了福建省沿海互花米草入侵
红树林沉积物的年平均脱氮通量，入侵前红树林群落为 46.69 t N/a，入侵后互花
米草群落为 84.72 t N/a；互花米草入侵给福建省沿海增加了 38.03 t N/a 的脱氮通
量。相比红树林群落，互花米草入侵能有效地缓解河口富营养化问题。不容忽视
的是，部分反硝化过程的最终产物是氧化亚氮（N₂O），DNRA 过程中也会释放出
N₂O；这同样是影响沉积物脱氮速率的重要因素之一。根据之前的研究，互花米
草入侵通过增强沉积物中的硝化和反硝化过程，显著增加了沉积物中 N₂O 的排放
量（Gao et al., 2019a; Gao et al., 2019c）。

　　为了进一步评估互花米草入侵对红树林沉积物氮循环的重要性，构建了一个
情景假设来预测红树林保护区沉积物中的年度氮损失和滞留（表 7-2）。根据 2018
年的遥感图像，漳江口红树林保护区目前红树林和互花米草面积的百分比分别为
29.47%和 70.53%（Dong et al., 2020），并在上述情况下假设了两种未来情景。一
种情况是互花米草群落在没有任何人工干预的情况下进一步入侵，红树林群落减

少到 0。另一种是通过人工干预，如红树林重新种植和互花米草控制，互花米草群落减少到 0。随着入侵的加剧，互花米草面积的百分比增加，氮损失通量逐渐增加到306.78 t N/a，而氮保持通量仅下降到氮损失的 1/24（12.83 t N/a）（表 7-2）。然而，当互花米草入侵被消除时，氮损失通量降至 169.08 t N/a，氮保持通量与氮损失（142.65 t N/a）几乎持平（表 7-2）。互花米草的入侵对于红树林群落的退化有着重要影响，同时也改变了沉积物的碳氮储量，这对原生红树林群落的恢复有着重要意义。我们意识到，硝酸盐异化还原只是氮生物地球化学循环的一部分，互花米草入侵红树林中沉积物的氮循环过程、微生物等的影响还值得进一步地研究。综上所述，三种植物群落间的硝酸异化还原过程研究对于调控河口富营养化问题和温室气体排放有着重要的指导意义，构成了生态影响评估的重要组成部分。

表 7-2 互花米草入侵红树林引起的沉积物氮滞留和氮流失通量预测

情景预测		百分比/%		面积/km²		脱氮/（t N/a）	氮保/（t N/a）
		MG	SA	MG	SA		
未来：红树林修复与互花米草防治	SA 减少 100%	100.00	0.00	1.99	0.00	169.08	142.65
	SA 减少 75%	82.37	17.63	1.64	0.35	193.36	119.76
	SA 减少 50%	64.74	35.26	1.29	0.70	217.64	96.87
	SA 减少 25%	47.10	52.90	0.94	1.05	241.92	73.98
目前		29.47	70.53	0.59	1.40	266.20	51.09
未来：互花米草继续入侵	MG 减少 25%	22.10	77.90	0.44	1.55	276.34	41.53
	MG 减少 50%	14.74	85.26	0.29	1.69	286.49	31.96
	MG 减少 75%	7.37	92.63	0.15	1.84	296.63	22.40
	MG 减少 100%	0.00	100.00	0.00	1.99	306.78	12.83

7.5 本 章 小 结

本研究报道了漳江口红树林保护区中，互花米草入侵对红树林沉积物硝酸盐异化还原过程的影响及机理。互花米草的入侵使不同植物群落间反硝化和 DNRA 速率差异显著；互花米草群落和共生群落中，反硝化过程是硝酸盐异化还原过程的主要途径；而红树林群落中，反硝化和 DNRA 过程相互竞争。互花米草的入侵，强烈地改变了土壤基质；反硝化和 DNRA 过程的速率和贡献比例受到了土壤含水率、TOC/NO_3^-、Fe^{2+} 等理化因子的共同影响。互花米草群落通过反硝化过程可以除去沉积物中更多的氮素；而红树林群落将部分氮素通过 DNRA 过程保存在沉积物中；经估算近 40 年由于互花米草入侵我国红树林湿地导致其沉积物脱氮量增加了～831.09 t N/a，但氮保留量减少了～783.48 t N/a。

总之，该研究为探讨外来入侵植物对河口潮滩湿地沉积物硝酸盐异化还原过程的影响提供了有价值的观点，对河口和沿海湿地的植物入侵管理、红树林缓冲功能和湿地氮库保护具有重要的指导意义。

第8章 红树林保护与修复对湿地沉积物氮循环关键过程的影响

8.1 引　　言

红树林是一个高生物多样性和多产的生态系统,为当地及全球提供多种生态系统服务(Worthington and Spalding, 2018)。红树林生态系统是微生物驱动元素生物地球化学循环过程的热点区,也是地球的主要碳汇(Ku et al., 2021)。红树林也是全球氮的重要汇,其厌氧沉积环境可为活性氮去除提供理想的反应场所(Zhang et al., 2020; Zhou et al., 2007)。据报道,红树林可通过多种物理、生物和化学过程去除大约6%输入该生态系统的人为活性氮(Reis et al., 2017; Zhang et al., 2020),这些过程包括反硝化、厌氧氨氧化、生物同化吸收、物理传输迁移和氮埋藏等(Vitousek et al., 1997)。此外,红树林湿地生产力高,其沉积物富含有机质,常被认为是氮限制环境(Yang et al., 2022)。高 C/NO_3 比值的生态系统有利于 DNRA 过程的发生,因此红树林湿地可能是河口近岸生态系统 DNRA 过程发生的热点区。以往有关红树林生态系统 NO_x 还原过程的研究主要集中在一个或两个过程(例如,反硝化和厌氧氨氧化或 DNRA)(Cao et al., 2016; Fernandes et al., 2012a)。

近几十年来,红树林被大量转变为城市、农业、工业、水产养殖等用地,红树林正面临灭绝的威胁,约25%~35%的红树林面积已经消失(Reis et al., 2017; Valiela et al., 2001)。随着人们对红树林生态系统生态服务功能认识的不断加深,红树林生态系统已经被各国政府和国际组织所重视,并被认为是地球上最有价值的生态系统之一,约 40%的红树林已经纳入自然保护区范围内(Worthington and Spalding, 2018)。例如,中国在 20 世纪 90 年代初开始红树林保护和植树造林项目,近 20 年来红树林面积增加了 94.08 km^2(Jia et al., 2021)。在引入中国的红树林物种中,无瓣海桑(*Sonneratia aptala*)因其适应性强、生长速度快、易于建立而被广泛种植(Ren et al., 2009),它几乎占据了中国红树林恢复区 95%。近年来,不同修复年限红树林地上、地下生物量、沉积物碳储存、温室气体排放等问题受到越来越多的关注(Cameron et al., 2019; Lu et al., 2014; Yu et al., 2020; Ma et al.,

2021)。然而，人们对红树林保护和恢复后沉积物氮氧化物还原过程的驱动因素及生态环境意义仍知之甚少。本研究利用 ^{15}N 稳定同位素示踪技术和定量 PCR 方法研究了不同年限无瓣海桑以及成熟的本地秋茄（> 40 年）的硝酸盐还原过程及其相关基因丰度的动态变化，揭示了硝酸盐还原途径对河口近岸活性氮归趋的影响，以及红树林保护与恢复对滨海湿地氮平衡的控制作用。具体提出以下几个方面问题：①不同年限红树林生境沉积物氮流失与滞留的关键控制因素是什么？②红树林保护与恢复是否显著改变沉积物 DNRA 与氮流失之间的分布？③红树林的恢复和保护是否能显著提高沉积物氮的保留，是否能在这个氮限制的生态系统中为红树林和微生物生长提供更多的生物有效性氮？

8.2　材料与方法

8.2.1　研究区域及抽样

研究区域位于中国广东省淇澳岛（22.39°N～22.46°N, 113.61°E～113.65°E）（Yang et al., 2022; Yu et al., 2020）。该地区属于南亚热带海洋性季风，年平均气温 22.4℃，年平均降水量 1964.4 mm。该区潮间带的潮汐为不规则半日潮，平均潮汐范围为 0.14～0.17 m（Yu et al., 2020; Zhu et al., 2015）。该区优势本土红树林种类是白骨红树（*Avicennia marina*）、秋茄（*Kandelia obovata*）和桐花树（*Aegiceras corniculatum*），近几十年来由于高强度的人为活动而遭到严重破坏（Zhu et al., 2015）。自 1999 年起，无瓣海桑被引进该区，并进行大规模种植（Zhou et al., 2015）。

在夏季（2020 年 7 月 24 日）和冬季（2021 年 1 月 05 日）低潮期间，分别采集无瓣海桑（0 年、10 年和 20 年）和成熟的本地秋茄（> 40 年）的沉积物样品（图 8-1）。在每种生境中采用梅花布点法选择 5 个间隔 5 m 的采样点，采用直径为 10 cm 的不锈钢管自制柱状沉淀物提取装置采集三份沉积物岩心。在去除凋落物和腐殖质层后，用密封的、经过酸清洗的塑料袋收集 0.5 cm 厚的表层沉积物，在 4 h 内将所有样品冰运至实验室。沉积物样品立即与氦（He）混合，并分为三部分：一部分保存在–20℃，进行 TOC 和 TN 等理化性质测定；第二部分保存在 4℃，用于 NO$_x^-$还原速率测定和 MBC 含量测量；最后一部分保存在–80℃，用于后续的微生物分子实验。

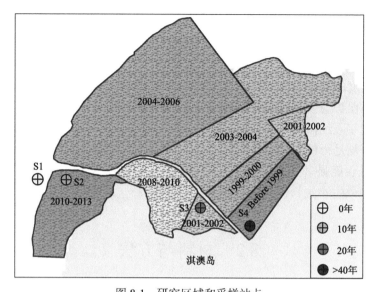

图 8-1　研究区域和采样站点

0 年、10 年、20 年和> 40 年分别表示不同年限的无瓣海桑（0 年、10 年、20 年）和
成熟的本地秋茄（*Kandelia obovata*）（>40 年）

8.2.2　环境参数测定

沉积物 DOC 测定方法为取 5 g 鲜土与 25 mL 去离子水混合，振荡、离心和过滤后，利用 TOC 分析仪（Shimadzu TOC-V CPN，岛津）测定上清液 TOC 含量（张甲珅等，2000）。沉积物 MBC、EOC 和 LFOC 分别采用氯仿熏蒸-浸提-非色散红外吸收法（Wu et al., 1990）、高锰酸钾氧化法测定（Blair et al., 1995）、密度分离法（倪进治等，2000）测定。其他沉积物理化性质测定方法详见 2.2.2。

8.2.3　氮转化速率测定

反硝化、厌氧氨氧化和 DNRA 速率通过泥浆培养试验结合 ^{15}N 同位素示踪技术进行测定。具体步骤详见 3.2.3。

8.2.4　微生物功能基因测定

nirS、anammox 16S rRNA 和 *nrfA* 功能基因的测定方法详见 3.2.4。

8.2.5 统计与分析

使用 SPSS 19.0（SPSS Inc., USA）和 OriginPro 2016（OriginLab Corporation, Northampton, MA, USA）等软件进行数据统计分析；使用 OriginPro 2016、Corel Draw X6（Corel, Ottawa, ON, Canada）和 ArcGIS 10.2（ArcMap 10.2, ESRI, Redlands, CA）制图。不同生境速率、相对贡献比例和理化性质的显著性差异采用单因素方差分析（ANOVA），多重比较采用 Turkey 检验（$p < 0.05$，方差齐性）或 Dunnett's T3 检验（$p < 0.05$，方差不齐）；两个季节间速率、相对贡献比例和理化性质的显著性差异采用独立样本 t 检验（$p < 0.05$）。采用 Pearson 相关分析确定理化性质与硝酸盐异化还原速率及相对贡献比例的相关关系。

8.3 结果与分析

8.3.1 环境参数

不同年限红树林的沉积物理化性质时空分布特征见图 8-2。夏季和冬季沉积物 E_h（167.85～324.98 mV），NO_3^-（0.76～3.14 μg N/g），和 TN（1.01～2.61 mg N/g）均随红树林种植年限增加而逐渐增加，且不同年限红树林之间存在显著空间差异性（$p < 0.05$）[图 8-2（a）、（e）、（i）、（j）]。

沉积物中值粒径（MΦ）在夏季（7.0 21.9 μm）和冬季（11.7 22.3 μm）变化较大，随树龄的增加而减小[图 8-2（c）]。夏季和冬季两季沉积物 NH_4^+ 浓度均随树龄的增加而降低[图 8-2（d）]，冬季无植被泥滩 NH_4^+ 浓度最大。类似地，沉积物 S^{2-} 浓度随树龄的增加呈现下降趋势[图 8-2（g）]。夏季和冬季沉积物 Fe^{2+}/Fe^{3+} 值的范围分别为 0.4～4.8 和 0.3～4.9，其中无植被泥滩显著高于其他生境（$p < 0.05$）[图 8-2（f）]。不同年限红树林 $\delta^{13}C_{org}$ 值差异显著，除 S3 外，时间差异不显著[图 8-2（h）]。随着红树林种植年限的增加沉积物中 TOC、EOC、DOC、MBC 值及其与 NO_3^- 比值也逐渐增加，且冬夏本地成熟的秋茄（> 40 年）的数值均显著高于其他生境（$p < 0.05$）[图 8-2（k）～（n）、（o）～（r）]。同时，红树林恢复生境（S2 和 S3）的 TOC 和 EOC 显著高于光滩（$p < 0.05$），暗示着无瓣海桑种植能够显著提高沉积物 TOC 的积累。

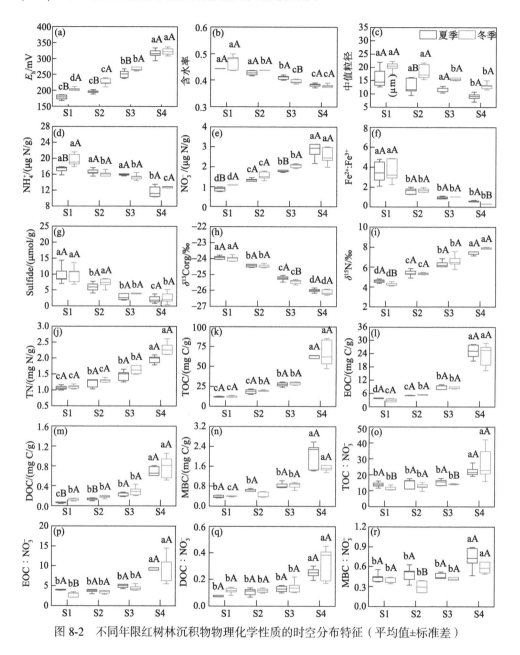

图 8-2　不同年限红树林沉积物物理化学性质的时空分布特征（平均值±标准差）

8.3.2　NO$_x^-$还原过程的时空变化特征及影响因素

反硝化速率存在明显的时空分异特征，夏季和冬季反硝化速率分别介于 3.20～11.30 nmol/（g·h）和 2.64～7.05 nmol/（g·h）之间[图 8-3（d）]。总体而言，反硝化速率均随红树林种植年限的增加而降低，其中秋茄（> 40 年）生境下沉积物反硝化速率显著低于其他生境（0 年、10 年和 20 年）（$p < 0.05$）。各生境沉积物反硝化速率平均值排序如下：S1[（7.59 ± 2.39）nmol/（g·h）]> S2[（6.25 ± 0.03）nmol /（g·h）]> S3[（5.84 ± 2.10）nmol/（g·h）]> S4[（4.24 ± 0.92）nmol/（g·h）]。各生境的反硝化速率存在显著的季节性差异，且夏季显著高于冬季[图 8-3（a）]（$p < 0.05$）。多元逐步回归分析表明反硝化速率均与 MΦ 呈显著正相关（表 8-1）。与反硝化速率相比，$nirS$ 基因丰度仅存在明显的空间差异性，夏季和冬季的丰度分别介于 $3.55 \times 10^8 \sim 5.78 \times 10^8$ copies/g 和 $1.56 \times 10^8 \sim 6.65 \times 10^8$ copies/g 之间[图 8-3（g）]。$nirS$ 基因丰度空间分布规律与反硝化速率相反。反硝化对总 NO_x^- 还原的贡献比例（DEN%）仅在空间上存在差异，且随红树林种植年限的增加而逐渐降低，S1、S2、S3、S4 分别为 77.28%～87.88%、61.01%～79.09%、52.88%～66.33% 和 22.94%～43.54%[图 8-3（a）]（$p < 0.05$）。冬夏两季 DEN% 与 Fe^{2+}/Fe^{3+} 呈显著正相关，与 $\delta^{15}N$ 和 MBC 呈显著负相关（表 8-1）。

厌氧氨氧化速率空间异质性强，范围介于 0.06～0.83 nmol/（g·h）之间，天然秋茄生境沉积物厌氧氨氧化速率显著低于其他生境[图 8-3（e）]（$p < 0.05$）。夏、冬两季厌氧氨氧化速率的格局与反硝化作用的空间分布高度一致，也随红树林种植年限的增加而逐渐降低[图 8-3（e）]。厌氧氨氧化速率与 S^{2-} 和 Fe^{2+}/Fe^{3+} 呈显著正相关（表 8-1）。相比之下，anammox 16S rRNA 基因丰度（$0.65 \sim 4.54 \times 10^7$ copies/g）与厌氧氨氧化速率呈相反的空间分布模式，夏季和冬季 S3 和 S4 的值均显著高于 S1 和 S2[图 8-3（h）]（$p < 0.05$）。厌氧氨氧化对 NO_x^- 还原贡献比例（ANA%）随季节和空间变化，夏季和冬季速率的范围分别为 0.32%～7.37% 和 1.04%～10.80%[图 8-3（b）]。各生境中，冬季 ANA% 值均显著高于夏季（$p < 0.05$）。

DNRA 速率也存在明显的时空分异规律，夏季和冬季速率范围分别为 0.67～16.32 nmol/（g·h）和 0.58～7.20 nmol/（g·h）。在本研究中，该速率随着树龄的增加而逐渐增加[图 8-3（f）]。这种空间分布模式与反硝化和厌氧氨氧化速率相反。除 S2 与 S3 之间无显著空间差异性外，其他生境的 DNRA 速率均存在显著的空间差异（$p < 0.05$）。除 S1 外，不同树龄的 DNRA 速率均存在显著季节性差异，夏季的 DNRA 速率显著高于冬季（$p < 0.05$）。多元逐步回归分析表明，沉积物 MBC 是夏季和冬季 DNRA 速率的最关键控制因素（表 8-1）。在空间上，$nrfA$ 基因丰度的分布模式（$0.34 \times 10^8 \sim 48.75 \times 10^8$ copies/g）与 DNRA 速率非常相似。S4 生境的值显著高于其他生境[图 8-3（i）]（$p < 0.05$）。季节上，除 S2 外，所有生境的 DNRA 速率均未发现显著的季节性差异。与 DEN% 相比，DNRA 的 NO_x^- 还原贡献比例（DNRA%）随树龄增加而增加，且均存在显著空间差异性（$p < 0.05$），S1、S2、S3 和 S4 的范围分别为 6.39%～12.55%、18.33%～34.90%、28.86%～45.71% 和 54.64%～76.48%[图 8-3（c）]（$p < 0.05$）。此外，多元逐步回归分析表明，本研究中的 DNRA%

与 TOC、DOC 和 MBC 呈显著正相关，与 Fe^{2+}/Fe^{3+} 呈显著负相关（表 8-1）。

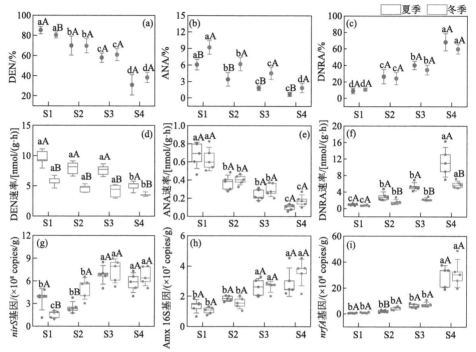

图 8-3　不同年龄红树林反硝化、厌氧氨氧化和 DNRA 速率及其对总 NO_x^- 还原率的贡献
（DEN%、ANA% 和 DNRA%）和相关基因丰度（$nirS$、anammox 16S rRNA 和 $nrfA$）的去除率

不同小写字母表示同一季节不同年龄红树林之间存在显著差异（$p < 0.05$），大写字母表示同一年龄红树林不同季节之间存在显著差异（$p < 0.05$）。Amx 16S 代表 anammox 16S rRNA

表 8-1　DEN、ANA、DNRA、DEN%、ANA%、DNRA% 和 NIRI 的多元逐步回归分析

季节	最佳模型	R^2	p	D-W
夏季	DEN=16.63 − 0.86×δ^{15}N	0.726	<0.001	2.728
	ANA=0.79+0.50×Fe^{2+}/Fe^{3+} − 0.50×δ^{15}N	0.867	<0.001	2.080
	DNRA=0.93×MBC	0.855	<0.001	2.521
	DEN%=87.35 − 0.53×MBC+0.39×Fe^{2+}/Fe^{3+} − 0.27×DOC/NO_3^- − 0.14×MΦ	0.979	<0.001	1.511
	ANA%=41.78+0.60×$\delta^{13}C_{org}$+0.38×S^{2-}	0.873	<0.001	1.909
	DNRA%=0.50×MBC − 0.42×Fe^{2+}/Fe^{3+}+0.25×DOC/NO_3^-+0.12×MΦ	0.978	<0.001	1.588
	NIRI=−1.03+0.76×MBC+0.25×MBC/NO_3^-	0.955	<0.001	2.017
冬季	DEN=26.17+0.70×$\delta^{13}C_{org}$	0.417	0.001	1.630
	ANA=5.22+0.87×$\delta^{13}C_{org}$	0.746	<0.001	1.583
	DNRA=27.47+0.81×MBC+0.20×DOC+0.25×NH_4^++0.45×$\delta^{13}C_{org}$+0.24×δ^{15}N	0.982	<0.001	2.326
	DEN%=52.56+0.31×NH_4^+ − 0.40×MBC	0.952	<0.001	2.346

续表

季节	最佳模型	R^2	p	D-W
	ANA%=2.53+0.82×Fe^{2+}/Fe^{3+}−0.19×DOC	0.943	<0.001	2.092
冬季	DNRA%=46.66+0.35×TOC−0.33×NH_4^++0.36×MBC	0.959	<0.001	2.234
	NIRI=0.85×MBC+0.27×DOC−0.16×MBC/NO_3^-	0.977	<0.001	2.491
	DEN=0.87×MΦ	0.885	<0.001	1.510
	ANA=0.50×S^{2-}+0.50×Fe^{2+}/Fe^{3+}	0.930	<0.001	1.775
	DNRA=−0.81+0.98×MBC	0.967	<0.001	1.907
全年	DEN%=89.91−0.52×δ^{15}N−0.28×MBC/NO_3^-+0.27×NH_4^+	0.976	<0.001	2.125
	ANA%=0.53×Fe^{2+}/Fe^{3+}−0.21×TOC	0.971	<0.001	2.279
	DNRA%=−0.34×Fe^{2+}/Fe^{3+}+0.42×DOC	0.974	<0.001	2.702
	NIRI=−0.52+0.63×MBC+0.38×DOC/NO_3^-	0.988	<0.001	2.147

注：p<0.001, D-W: Durbin-watson ≈ 2, Tolerance > 0.2, VIF < 10。

8.4　讨　　论

8.4.1　探讨不同生长年限红树林沉积物 NO_x^- 还原过程的关键影响因素

本研究探讨了不同种植年限的无瓣海桑（0 年、10 年和 20 年）和成熟的本地秋茄（> 40 年）表层沉积物（0～5 cm）中反硝化、厌氧氨氧化和 DNRA 潜在速率的季节和空间分布特征及关键环境影响因素。这些结果为理解不同年限红树林沉积物 NO_x^- 还原过程提供了新的认识。季节上，夏季反硝化和 DNRA 速率均显著高于冬季（冬季 S1 除外）[图 8-3（d）～（f）]（p<0.05），这两个速率的季节变化与温度变化密切相关，夏季温度较高[（28.9±0.2）℃]，冬季温度较低[（18.4±0.1）℃]。温度通常被认为是控制河口近岸沉积物中 NO_x^- 还原过程的关键因素之一（Brin et al., 2015, 2017; Canion et al., 2014a; Tan et al., 2020）。之前有学者研究表明沉积物/土壤中的反硝化作用和 DNRA 速率沿气候梯度显著增加，反映出反硝化作用和 DNRA 表现出类似的温度敏感性变化特征（Li et al., 2020d; Zhang et al., 2011）。这主要归因于低温可能会直接影响微生物膜对底物的特定亲和力，从而影响微生物的生长（Nedwell, 1999）。高温可以提高反硝化细菌对 NO_3^- 的亲和力（Ogilvie et al., 1997a），并刺激 DNRA 微生物的代谢（Ferron et al., 2009; Smyth et al., 2013; Yin et al., 2017）。同时，高温能够促进沉积物呼吸作用，消耗沉积物 DO，进而为厌氧微生物提供更理想的厌氧环境（Bonnett et al., 2013）。据报道，河口近

岸沉积物厌氧氨氧化的最适温度为 12 ℃，远低于反硝化（24 ℃）和 DNRA（> 17 ℃）的最适温度（Kelly et al., 2001）；之前有学者研究也证实由于厌氧氨氧化细菌的最适温度较低（9～18 ℃）或活化能较低，厌氧氨氧化细菌比反硝化细菌更适应低温（Brin et al., 2017）。这可以部分解释为什么在本研究中厌氧氨氧化速率受温度（18.4～28.9 ℃）影响不显著。因此，温度是控制红树林湿地沉积物 NO_x^- 还原过程季节变化的重要因素。

此外，随着红树林生长年限的增长，反硝化和 DNRA 速率的季节温度敏感性（夏季速率与冬季速率的比率）逐渐增加，而厌氧氨氧化的季节温度敏感性逐渐下降[图 8-4（a）]。此外，NIRI 的温度敏感性随着红树林种植年限的增长而增加[图 8-4（b）]。这些结果表明，红树林的保护和恢复可以改变 NO_x^- 还原过程的温度敏感性。在全球变暖的背景下，树龄大的红树林生态系统对温度更敏感，能够更好的增加红树林生态系统的氮保留。

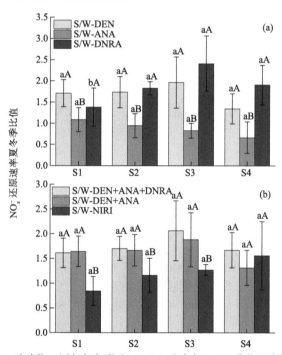

图 8-4　反硝化、厌氧氨氧化和 DNRA 速率与 NIRI 季节温度敏感性

不同小写字母表示不同生长年限的红树林之间的显著差异系，不同大写字母表示不同氮还原速率及比例之间的显著性差异

本研究发现随着树龄的增长，反硝化速率和 DEN%均显著降低[图 8-3（a）～（d）]，这说明红树林的保护与恢复能够深刻影响河口和沿海生态系统中沉积物的 NO_x^- 还原过程。以往的研究表明，TOC 不仅可作为电子供体，也可以作为反硝化

细菌的能量来源（Shan et al., 2016），因此它在调节河口近岸沉积物 NO$_x^-$还原过程中起着重要作用（Chang et al., 2021; Cheng et al., 2016; Dalsgaard et al., 2005）。然而，本研究通过多元逐步回归分析表明沉积物中值粒径（MΦ）而非 TOC 是控制反硝化速率的最重要因素（表 8-1）。出现以下结果的主要原因是沉积物 TOC 与粒径呈显著负相关关系，在一定程度上造成了粒径与氮循环速率之间形成假相关，即 TOC 随着红树林林树龄的增加而逐渐增加（Keil et al., 1994; Middleton and McKee, 2001），而沉积物粒径反之。而沉积物粒径的分布特征主要受潮汐动力的影响，树龄较大的红树林主要分布在高潮滩，受潮汐动力冲刷影响较小，导致细颗粒沉积物容易在该区沉降，同时该区沉积物也接收更多的植物凋落物、死根等。同时根据沉积物 δ^{13}C$_{org}$和 TOC：TN 共同判定不同生长年限红树林生境下沉积物本地或者外来有机质来源，我们发现沉积物的有机质随着树龄的增加，其来源逐渐由海源转向陆源 C3 植物（图 8-5）。这一显著变化也说明在这小尺度范围内，沉积物的有机质来源存在显著差异性，进而影响氮循环过程的时空分异规律。此外，本研究中 *nirS* 基因丰度随着树龄的增加而逐渐增加[图 8-3（g）]，主要是由于红树林生态系统能够为微生物的生长提供了食物来源和良好的生长场所（Thatoi et al., 2013）。

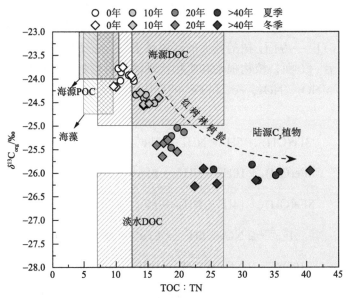

图 8-5　根据沉积物 δ^{13}C$_{org}$和 TOC：TN 共同判定不同生长年限红树林生境下沉积物本地或者外来有机质来源的情况

有机质差异的背景范围来源于 Lamb 等（2006）

厌氧氨氧化速率及其 NO$_x^-$还原贡献比例（ANA%）均随着树龄的增长而下降，

而 anammox 16S rRNA 基因丰度与 *nirS* 基因丰度反之。在 TOC 较高的沉积物/土壤中，观察到较低的厌氧氨氧化速率，这与之前的几项研究结果较为一致（Algar and Vallino, 2014; Pan et al., 2020; Robertson et al., 2016）。已有研究证实高有机质含量的环境会抑制厌氧氨氧化微生物的活性（Ni et al., 2012; Xie et al., 2017），因为厌氧氨氧化细菌是一种化能自养型细菌，可以利用铁、氢、甲烷和硫作为电子供体（Zhang et al., 2020）。在有机质含量较高的环境中，异养细菌会同自养细菌竞争限制性营养素（Beck and Hall, 2018），并比自养细菌生长更快，进而抑制厌氧氨氧化酶的活性（Jin et al., 2012）。同时，多元逐步回归分析表明，在本研究的沉积物厌氧氨氧化与 S^{2-} 和 Fe^{2+}/Fe^{3+} 呈显著正相关（表 8-1），但与之前其他河口沉积物的相关研究结论相反（Deng et al., 2015; Plummer et al., 2015）。据报道，S^{2-} 的形成和再氧化可能会受到潮汐引起的河口和沿海湿地氧化还原变化的共同影响（Pan et al., 2019）。在我们的研究中 S^{2-} 和 E_h 在红树林沉积物中的空间分布模式相反[图 8-2（a）和（g）]，间接表明厌氧氨氧化和 E_h 之间存在负相关关系（Li et al., 2020b）。这是由于厌氧氨氧化微生物是专性厌氧菌，可被 DO 抑制（Yan et al., 2020），而这些生境中的氧浓度可由 E_h 指示（Oshiki et al., 2016）。此外，Fe^{2+}/Fe^{3+} 与 NO_x^- 还原过程关系密切，因为 Fe^{2+} 氧化可能与反硝化和 DNRA 耦合，而 Fe^{3+} 还原可能与厌氧氨氧化耦合（Li et al., 2015b; Yang et al., 2018b）。同时，Fe^{2+}/Fe^{3+} 值随着树龄的增加而降低，在我们的研究中，Fe^{3+} 浓度的分布呈现相反的空间分布模式[图 8-2（f）]。一方面，树龄较大的红树林主要分布于较高潮滩，水淹时间短，Fe^{3+} 含量高。另一方面，植物根系和生物扰动活动可增加红树林生态系统中 Fe^{3+} 的含量。NH_4^+、NO_2^-、NO_3^-、Fe^{2+} 和 Fe^{3+} 的反应可用以下方程式表示（Yang et al., 2021b）：

$$3Fe(OH)_3 + 5H^+ + NH_4^+ \rightarrow 3Fe^{2+} + 9H_2O + 0.5N_2 \qquad （8-1）$$

$$6Fe(OH)_3 + 10H^+ + NH_4^+ \rightarrow 6Fe^{2+} + 16H_2O + NO_2^- \qquad （8-2）$$

$$8Fe(OH)_3 + 14H^+ + NH_4^+ \rightarrow 8Fe^{2+} + 21H_2O + NO_3^- \qquad （8-3）$$

$$4Fe^{2+} + 2NO_2^- + 8H^+ \rightarrow 4Fe^{3+} + N_2 + 4H_2O \qquad （8-4）$$

$$10Fe^{2+} + 2NO_3^- + 12H^+ \rightarrow 10Fe^{3+} + N_2 + 6H_2O \qquad （8-5）$$

红树林湿地的沉积物 DNRA 速率、DNRA%和相关 *nrfA* 基因丰度显著高于光滩[图 8-3（c）～（f）]，这一发现与之前对红树林生态系统的研究相一致（Bu et al., 2017; Cao et al., 2016; Luvizotto et al., 2018）。随着红树林生长年限的增加，DNRA%显著增加，且 DNRA 成为成熟秋茄生境沉积物 NO_x^- 还原过程的主要途径[（68.27±9.34）%]。本研究还发现不同红树林生境的 DNRA 速率与 MBC 呈正相关（表 8-1），表明 MBC 是调节 DNRA 速率的关键因素。先前也有研究表明 MBC 通过影响湿地土壤中 *nrfA* 功能基因丰度间接影响 DNRA 速率（Li et al., 2019b）。此外，还有研究表明微生物生物量和胞外酶活性在河口和潮间带湿地沉积物中的氮转化过程中都起着重要作用，尤其是 DNRA 过程（Jian et al., 2016）。

以往的研究表明，河口近岸沉积物中反硝化与 DNRA 速率均受到 TOC 和 NO_3^- 有效性的强烈影响，反硝化和 DNRA 在同一环境中竞争 TOC（电子供体）和 NO_3^-（电子受体）（Huang et al., 2021; Kraft et al., 2014）。这种竞争可能会影响不同生长年限红树林生境中脱氮和 DNRA 比例（Hellemann et al., 2020）。与反硝化相比，DNRA 作为发酵代谢途径需要更多的有机物提供能量（Aalto et al., 2021; Tomaszek and Rokosz, 2007）。同时，多项研究表明，DNRA 与 C/NO_3^- 呈正相关，当 C/NO_3^- 比大于 12 时，DNRA 速率强于反硝化速率（Chen et al., 2015; Schmidt et al., 2011）。当然我们还发现 NO_3^- 含量作为 NO_x^- 还原过程的底物随着树龄的增加而显著增加（排名如下：S4>S3>S2>S1）[图 8-2（e）]，这可能是由于位于高潮滩的采样点（S4 和 S3）相比靠近海洋的采样点（S2 和 S1）沉积物氧化还原电位更高，硝化过程更强烈（Risgaard et al., 2012）。此外，由于树龄较老的红树林位于高潮滩，更接近人为活动区，如养殖塘和排污口区，能够接受更多的人为活性氮。即便如此，红树林沉积物强大的碳储量导致本研究的沉积物 C/NO_3^- 随着红树林生长年限的增长而逐渐增加[图 8-3（k）]，这与 DNRA 空间分布规律较为一致。总而言之，红树林的保护与修复能够有效地增强 DNRA 过程，并为这种氮有限的生态系统中生物体的生长保留更多的 NH_4^+。

8.4.2　红树林保护与修复对脱氮和氮保留的影响及生态环境意义探讨

为了更好认识不同生长年限红树林沉积物的还原 NO_x^- 速率，本研究汇总了国内外关于河口近岸各生态系统（如红树林、互花米草、芦苇、蔗草、养殖塘、海草床、光滩等）沉积物 NO_x^- 还原速率（表 8-2）。从表中可以明显看出，由于河口近岸生态系统复杂多样，不同河口地区的反硝化速率、厌氧氨氧化速率和 DNRA 速率差异很大，但各速率在不同生态系统中处于统一数量级。除红树林外，其他生境都表现出反硝化过程在总的 NO_3^- 还原过程中占主导地位；由于较高的 TOC/NO_x^-，DNRA 成为了成年秋茄生境沉积物 NO_3^- 还原过程的主要途径，这一结果与 Cao 等（2016）研究结果一致。此外，不同种植年限无瓣海桑沉积物 DNRA 速率较高[10 年，20 年，1.10～6.90 nmol/（g·h）]，比其他潮滩草本植物要高，表明无瓣海桑的引种在一定程度上有利于沉积物的氮保留。

表8-2 潮滩湿地沉积物硝酸盐还原速率国内外对比

生态系统	反硝化	厌氧氨氧化	DNRA	参考文献
红树林	0.048～0.98	～0.72	2.46～3.48	Cao et al., 2016
	1.78～9.16	0.29～0.46	na	Xiao et al., 2018
	3.58～23.31	0～1.92	na	Zhao et al., 2019
互花米草	1.52～17.58	0.31～1.27	0.14～2.01	Gao et al., 2017
	1.94～12.91	na	1.01～2.11	Gao et al., 2019a
	6.85±0.06	0.02	na	Li et al., 2020b
芦苇	na	na	0.75～20.71	Liu et al., 2016c
	5.61±0.07	0.11±0.01		Li et al., 2020b
	3.34～32.33	0.21～0.73	0.01～0.08	Zhang et al., 2020
蔗草	5.17～7.80	0.61～0.66	0.84～1.69	Zheng et al., 2016
短叶茳芏	0.76～11.83	0.13～0.78	0.18～0.89	Gao et al., 2017
养殖塘	0.029～0.044	na	0.091	Murphy et al., 2016
	0.018±0.005	0.023±0.006	2.45±0.65	Erler et al., 2017
	8.9～14.3	1.1～2.1	2.9±0.9	Gao et al., 2019b
海草床	0.0023±0.001	0.009±0.007	0.014±0.013	Salk et al., 2017
	0.25	na	0.21	Aoki and McGlathery, 2017
	21.07±6.22	7.49±2.05	na	Garcias et al., 2018
光滩	1.78	0.29	na	Xiao et al., 2018
	4.56±0.19	0.37±0.01	na	Li et al., 2020b
	3.34～20.55	0.21～0.42	0.01～0.05	Zhang et al., 2020
光滩	4.18～11.3	0.45～0.82	0.66～1.25	本研究
无瓣海桑（10年生）	3.87～9.24	0.27～0.46	1.1～4.73	
无瓣海桑（20年生）	2.64～8.92	0.17～0.37	2.0～6.90	
秋茄（>40年生）	3.2～5.53	0.08～0.12	5.0～16.32	

注：单位已标准化为nmol/（g·h），单位转化计算中沉积物深度和容重统一选取5 cm和1.38 g dry soil/mL以干土计。

NIRI为DNRA与脱氮速率（反硝化+厌氧氨氧化）的比值，能够用于确定沉积物活性氮的保留情况，这一比值与沉积物TOC和NO_3浓度关系密切（Algar and Vallino, 2014）。在所有生境中（不包括光滩S1），夏季NIRI要高于冬季，NIRI的温度敏感性随着种植年龄的增加而增加[图8-4（b）]。红树林保护和恢复可大大增加沉积物有机质的含量（Macreadie et al., 2017）。同时，随着树龄的增长，沉积物积累了丰富的有机质，进一步反映出高温促进了有机质的分解，这是更有利的异养 DNRA 过程的发生（Liu et al., 2017; McTigue et al., 2016）。此外，在红树林恢复和保护下，DNRA 的温度敏感性高于反硝化和厌氧氨氧化[图 8-4（a）]。NIRI 与不同年龄红树林中的不同碳组分及其与 NO_3^- 的比率存在显著关系（图 8-6）。据报道，NIRI 随着 TOC 的增加而显著增加，因为 TOC 含量可以增强 DNRA 活性（Li et al., 2020b）。我们发现虽然 NIRI 与所有有机碳组分均存在显著相关性，但夏季的 NIRI 与活性有机碳组分如 EOC、DOC 和 MBC 的相关性要强于 TOC，其中与 MBC 的关系最为密切（图 8-6）。此外，经多元逐步回归分析遴选出影响 NIRI 的关键影响因子为 MBC 和 DOC/NO_3^-（表 8-1）。生物可利用性较强的 TOC 能够指示红树林生态系统沉积物的氮保留情况。因此，我们大胆推测红树林的保护和恢复能够塑造出氮限制更为突出且有机质丰度的生态系统，从而触发该生态系统通过保留更多的活性氮来维持系统内微生物与植物的生长氮需求。

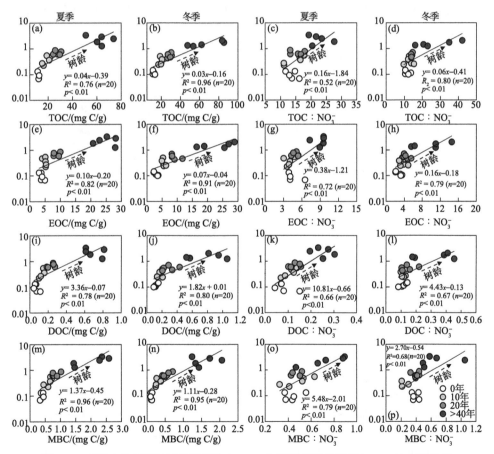

图 8-6　不同生长年限红树林沉积物中 NIRI 与不同碳组分及其与 NO_3^- 比率的关系

在光滩中，反硝化（82.7%）是 NO_x 还原过程的主要途径，而厌氧氨氧化和 DNRA 分别仅占总 NO_x 还原量的 7.6% 和 9.7%（图 8-7）。然而，随着红树林生长年限的增长，反硝化与厌氧氨氧化作用及其相对贡献比例均逐渐减少，而 DNRA 及其对贡献比例逐渐增加，反映出 DNRA 在树龄较大的红树林生态系统中发挥着更重要的作用。此外，秋茄（>40 年）的 DNRA 速率最高，无瓣海桑（10 年和 20 年）的次之，但均明显高于光滩滩。种植 20 年的 DNRA 要高于 10 年站点，表明 N 保留与种植年龄密切相关。氮作为限制红树林生长的关键元素，必不可少，但红树林生态系统已被不少研究证实它是一个氮限制比较严重的生态系统，生态系统如何调控系统内有限的活性氮，显得尤为重要（Reef et al., 2010）。活性氮的高效利用成为了缓解红树林生态系统氮限制的关键，因此沉积物的微生物可以通过开源（生物固氮、氮矿化）和截留两个方面来缓解氮限制局面。同时树龄较老的红树林沉积物碳储量更为丰度，能够为一些异养氮转化过程（如固氮和 DNRA）提供更多能量来源，并通过与反硝化竞争反应底物 NO_x 进而抑制反硝化和厌氧氨氧化过程的发生，最终将有限的活性有机氮保留在生态系统中供植物与微生物吸收利用。

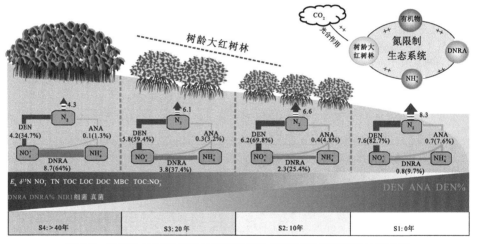

图 8-7　不同生长年限红树林沉积物 NO_x 还原过程控制因素的概念图

DEN、ANA 和 DNRA 的单位为 μg N/（g·d）

此外，红树林作为一种生产力高且生物多样性丰度的生态系统，具有重要的生态系统服务功能，如碳捕获、储存和滤除污染物等（Bryan et al., 2020; Chen et al., 2012）。考虑红树林的固氮能力，即将大气中的 CO_2 吸收转化为红树林生态系统的 TOC，因此红树林生态系统是大气 CO_2 的重要汇，对缓解全球气候变暖具有重要的生态环境意义（Worthington and Spalding, 2018）。然而，在过去 50 年中，红树林数量急剧下降，碳储量也随之逐渐下降，对海岸带生态平衡、气候变化造成了一系列负面影响（Worthington and Spalding, 2018）。红树林保护和修复是解决目前红树林面积急剧下降的重要措施，在我们的研究中发现成熟的原生红树林沉积物碳储量最高，然后外来引进种植的无瓣海桑次之，而光滩的碳储量最低（图 8-7）。同时 NIRI 过程也存在相同的空间分布模式，因此，我们可以看出红树林生态系统的保护和修复能够将大气中更多地吸收固定并封存到植物和沉积物中，有效的提高沉积物有机质含量，形成较高的 TOC/NO_x 比例。而较高的比例又进一步促进 DNRA 过程的发生，进而将有限的活性氮保留在生态系统中供红树林和微生物生长需要，最终形成一个良性循环。而这一良性循环对于维持河口近岸地区的氮平衡和减少全球温室气体排放都具有重要意义。

8.5　本 章 小 结

不同生长年限的红树林沉积物反硝化[2.64～11.30 nmol/（g·h）]、厌氧氨氧化[0.06～0.83 nmol/（g·h）]和 DNRA[0.58～16.34 nmol/（g·h）]速率存在明显的时空分异特征，但它们的贡献比例（DEN%、ANA% 和 DNRA%）、相关功能基因（$nirS$、anammox 16 S rRNA 和 $nrfA$）以及沉积物有机含量仅存在明显空间差异性。红树林保护和恢复可显著提高 DNRA 速率、NIRI[DNRA/（反硝化+厌氧氨氧化）]、有机质和微生物丰度（$p < 0.05$），但削弱了沉积物脱氮能力。多元逐步回归分析表明沉积物粒度是反硝化的关键控制因子，硫化物和 Fe^{2+}/Fe^{3+} 是控制厌氧氨氧化速率的关键因素，而 MBC 含量是 DNRA 速率的关键控制因子。总体而言，红树林恢复和保护能够显著促进沉积物生物量的积累进而影响氮保留，并为红树林和微生物的生长提供更多的生物可利用性氮。

第9章 围垦养殖对河口湿地沉积物氮循环关键过程影响研究

9.1 引 言

近岸沉积物是进行硝酸盐异化还原过程的重要场所（Herbert, 1999; Damashek and Francis, 2018），能够降低近岸海域发生富营养化的风险，但这一重要生态功能往往易被人们忽视。出于社会经济效益的考虑，大部分天然滨海湿地被人为改造成工业、农业或城市建筑用地（Barbier et al., 2011; Murray et al., 2019）。其中，围垦养殖是全球滨海湿地最常见到的土地利用方式转变类型之一。中国拥有全球最大的水产养殖业（Wu et al., 2014），而珠江口是中国重要的养殖区之一（Ren et al., 2019; 周昊昊等, 2019）。据统计，1980~2015 年间，伴随着滨海湿地（河口、红树林和盐沼等）的大规模减少，该区域养殖面积由 256.01 km^2 扩大至 826.72 km^2（周昊昊等, 2019）。这一土地利用方式的变更，对氮元素的生物地球化学循环过程具有重要影响。一方面，当滨海湿地被围垦改造为养殖塘后，水文条件和管理模式的不同使其原有的生态功能发生了巨大的改变（Murphy et al., 2016; Gao et al., 2019b）。另一方面，集约化养殖是依靠每日大量饲料投放以维持产量的养殖类型，但其饲料的平均利用率仅为 25%（Hargreaves, 1998）。当生态系统氮添加超出其同化容量时，将发生 NH$_4^+$和 NO$_3^-$等含氮化合物的聚集，继而引发水质恶化、大量温室气体排放、危害养殖生物健康等一系列生态环境问题（Yang et al., 2017a）；养殖废水的排放则可能成为邻近海域水体局部富营养化的诱因（Gao et al., 2019b）。

目前为止，关于滨海湿地围垦养殖生态系统氮循环的相关研究主要集中在以下几个方面：①氮物质循环单一过程的活性、微生物功能基因多样性与丰度等方面的研究（高利海和林炜铁, 2011; 张立通等, 2011; 蔡小龙等, 2012）；②沉积物或水体温室气体氧化亚氮释放通量方面的研究（Erler et al., 2017）；③不同养殖类型（多为双壳类）或者养殖活动对氮循环过程的影响（Gilbert et al., 1997; Nizzoli et al., 2006; Zhong et al., 2015; Murphy et al., 2016）。然而人们对滨海湿地不同围垦养殖生态系统沉积物的硝酸盐异化还原过程活性、相对贡献比例及其关键控制影响因素仍缺乏系统研究。基于此，本文选取珠江口西岸三种典型的潮滩围垦养殖类型（鲈鱼、南美白对虾和青蟹），采用 ^{15}N 稳定同位素示踪技术结合泥浆培养试验探讨不同养殖生态系统沉积物硝酸盐异化还原过程。旨在：①探讨不同围垦养殖生态系统硝酸盐还原过程的时空分异规律；②探讨驱动各养殖生态系统反硝化、厌氧氨氧化和 DNRA 活性及贡献比例的关键驱动因素；③结合遥感影像数据，估算粤港澳湾区养殖生态系统各硝酸盐还原通量，并探讨其生态环境意义。

9.2　材料与方法

9.2.1　研究区域概况及样品采集

本研究选取珠江口西岸典型咸淡水养殖区为研究区（图 9-1）。珠江为中国华南地区第一大水系，流域面积约为 8000 km^2（Li et al., 2000）；珠江口地处 102°14′～115°53′E，21°31′～26°49′N 经纬度范围内，属于亚热带季风气候（Cai et al., 2004）；年平均气温为 21.8 ℃，年平均湿度为 83%，年平均降雨量达 1747.4 mm，降水分布不均，汛期于 4～9 月（赵焕庭，1989）；珠江经八大口门入海，形成"三江汇流，八口入海"的特点（李婧贤等，2019）。珠江三角洲是我国最繁盛的经济区之一。改革开放以来，珠三角地区工业化、城镇化进程高速推进；密集的人口和人类活动给珠江口及其毗邻区域带来严重环境负担（周军芳等，2012）。同时，珠三角也是全国重要的水产养殖基之一（周昊昊等，2019）。大量滨海湿地（河口水域、红树林和盐水沼泽）被围垦用于农业生产，其中养殖生态系统是最主要的围垦类型之一。1980～2015 年间，珠三角地区的养殖面积由 256.01 km^2 增加至 826.72 km^2（周昊昊等，2019）；其中 1980～1995 年是该区围垦养殖面积急速增长的时期，而后增速放缓（李婧贤等，2019）。

本文选取珠江口西岸三种典型的养殖类型——鲈鱼、南美白对虾、青蟹养殖生态系统作为研究对象。根据每个类型养殖塘的面积和大小特征，分别设置 15、12 和 12 个采样点；于 2019 年 1 月、7 月开展了冬、夏两季野外样品采集。采用自制手持柱状采泥装置（末端装有直径为 7.8 cm，长 60 cm 的有机玻璃管），每个采样点采集 3 个表层平行样（0～5 cm），用有机玻璃采水器采集样点上方水柱。样品采集完毕后，储存于 9 号聚乙烯无菌自封袋（20 cm×28 cm）中，野外低温保存。回到实验室后，立即将土样机械混合均匀；取大约 5 g 新鲜沉积物于 1 号聚乙烯无菌自封袋中（5 cm×7 cm）密封储存，–80 ℃冰箱冷藏保存，用于 DNA 提取及后续分子生物实验；剩余样品于 4 ℃下保存，用于后续氮循环速率和相关理化性质测定。水样经 0.45 μm 核孔膜过滤后存放于聚乙烯瓶中，冷冻保存。

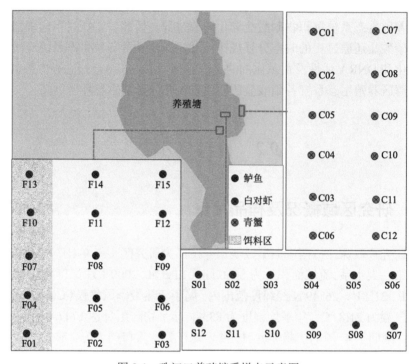

图 9-1　珠江口养殖塘采样点示意图

9.2.2　沉积物理化性质测定

采样点温度、盐度、DO 和 pH 采用手持式水质分析仪（YSI Professional Plus）进行原位测定。其他理化性质的测定详见 3.2.2。

9.2.3　氮转化速率测定

反硝化、厌氧氨氧化及 DNRA 测定速率详见 3.2.3。

9.2.4　统计与分析

使用 SPSS 19.0（SPSS Inc., USA）和 OriginPro 2016（OriginLab Corporation,

Northampton, MA, USA）等软件进行数据统计分析；使用 OriginPro 2016、Corel Draw X6（Corel, Ottawa, ON, Canada）和 ArcGIS 10.2（ArcMap 10.2, ESRI, Redlands, CA）制图。不同养殖塘或不同季节间速率、相对贡献比例和理化性质的显著性差异采用单因素方差分析（ANOVA），结果比较采用 LSD 检验（$p < 0.05$）；采用 Pearson 相关分析确定理化性质与硝酸盐异化还原速率及相对贡献比例的相关关系。

9.3　结果与分析

9.3.1　上覆水体理化性质

本研究对三种类型养殖塘的沉积物及上覆水体进行测定。如表 9-1 所示，温度具有明显的季节差异，夏季与冬季平均值分别为 31.78 ℃和 17.53 ℃。夏季三种养殖塘的平均 DO 具有显著性差异，表现为虾塘[（10.29 ± 0.85）mg/L]>蟹塘[（7.80 ± 0.42）mg/L]>鱼塘[（5.00 ± 0.23）mg/L]；且夏季鱼塘 DO 含量略高于冬季。由于养殖动物对盐度需求的差异，夏季虾塘盐度最高[（8.21 ± 0.08）‰]，蟹塘次之[（2.85 ± 0.00）‰]，鱼塘最低[（0.92 ± 0.03）‰]。该区上覆水体 pH 介于 8.19～9.12，且不同养殖塘的 pH 存在显著性差异（$p < 0.05$）。夏季鱼塘上覆水体中的 NH_4^+ 含量为（6.28 ± 0.71）μM，而其余两个养殖塘和冬季鱼塘 NH_4^+ 含量均处于较低水平。夏季上覆水 NO_3^- 含量较高，三者平均值分别为（37.92 ± 0.43）μM、（35.79 ± 0.36）μM 和（27.04 ± 0.35）μM；而冬季鱼塘 NO_3^- 含量显著低于夏季（$p < 0.05$）。相比之下，夏季 NO_2^- 含量较低，三种鱼塘间的含量大小呈现为：为鱼塘[（0.61 ± 0.03）μM]>虾塘[（0.07 ± 0.02）μM]>蟹塘[（0.03 ± 0.03）μM]，具有显著性差异（$p < 0.05$）。

9.3.2　沉积物理化性质

如表 9-1 所示，夏季沉积物 NH_4^+ 含量平均值为鱼塘[（12.42 ± 4.25）μg N/g]>虾塘[（12.11 ± 3.95）μg N/g]>蟹塘[（6.90 ± 1.41）μg N/（g·h）]，且鱼塘与虾塘显著高于蟹塘（$p < 0.05$）；冬季则以鱼塘为最低[（0.88 ± 0.40）μg N/g]。三种养殖塘的沉积物 NO_3^- 含量无明显差异性（$p > 0.05$），而季节上表现为夏季显著高于冬季（$p < 0.05$）。三种鱼塘中沉积物 NO_2^- 含量冬季均高于夏季，且除虾塘外均存在显著差异性（$p < 0.05$）。夏季 Fe^{2+} 与 Fe^{3+} 浓度均显著高于冬季（$p < 0.05$）。三种

养殖塘的 TOC 与 TN 含量均无明显的季节性差异（$p > 0.05$），夏季虾塘与蟹塘含量较高，冬季则以虾塘最高。冬夏季 C/N 比值均表现为鱼塘>蟹塘>虾塘。

表 9-1 鱼塘、虾塘、蟹塘沉积物与上覆水体理化性质及比较（平均值±标准差）

项目	鱼塘		虾塘		蟹塘	
	夏季	冬季	夏季	冬季	夏季	冬季
#T/°C	30.67±0.03^{aC}	17.53±0.01^{b}	32.59±0.05^{A}	Na	32.39±0.02^{B}	Na
#DO/（mg/L）	5.00±0.06^{aC}	4.84±0.06^{b}	10.29±0.25^{A}	Na	7.80±0.12^{B}	Na
#Salinity/‰	0.92±0.01^{bB}	2.56±0.01^{a}	8.21±0.02^{A}	Na	2.85±0.00^{B}	Na
#pH	8.19±0.01^{bC}	8.53±0.02^{a}	9.12±0.02^{A}	Na	8.89±0.00^{B}	Na
#NH$_4^+$/μM	6.28±0.18^{aA}	0.39±0.05^{b}	0.31±0.17^{B}	Na	0.94±0.35^{B}	Na
#NO$_3^-$/μM	37.92±0.43^{aA}	3.74±0.44^{b}	35.79±0.36^{B}	Na	27.04±0.35^{B}	Na
#NO$_2^-$/μM	0.61±0.01^{aA}	0.28±0.02^{b}	0.07±0.01^{B}	Na	0.03±0.01^{C}	Na
含水率	0.37±0.01^{aAB}	0.37±0.01^{bB}	0.43±0.02^{aA}	0.32±0.02^{bB}	0.35±0.01^{bB}	0.42±0.02^{aA}
容重/（g/mL）	1.61±0.02^{aAB}	1.64±0.02^{bB}	1.53±0.04^{bB}	1.79±0.04^{aA}	1.64±0.03^{aA}	1.50±0.02^{bC}
NH$_4^+$/（μg N/g）	12.42±1.10^{aA}	0.88±0.10^{bB}	12.11±1.14^{aA}	2.66±0.73^{bAB}	6.90±0.41^{aB}	2.61±0.28^{bA}
NO$_2^-$/（μg N/g）	0.04±0.00^{bB}	0.14±0.01^{aA}	0.07±0.01^{bA}	0.19±0.02^{aA}	0.03±0.00^{bB}	0.15±0.02^{aA}
NO$_3^-$/（μg N/g）	3.32±0.08^{aA}	1.53±0.05^{bA}	3.41±0.22^{aA}	2.15±0.39^{bA}	3.57±0.19^{aA}	1.22±0.13^{bA}
Fe^{2+}/（mg Fe/g）	8.12±0.73^{aAB}	2.64±0.22^{bAB}	8.95±1.15^{aA}	1.60±0.53^{bB}	6.02±0.74^{aB}	3.46±0.25^{bA}
Fe^{3+}/（mg Fe/g）	5.29±0.45^{aB}	1.87±0.19^{bA}	2.38±0.42^{aC}	1.59±0.24^{bA}	7.51±0.41^{aA}	1.42±0.13^{bA}
MΦ/μm	45.32±2.87^{aB}	25.32±3.17^{bA}	19.86±1.57^{aA}	10.27±0.61^{bB}	20.82±2.20^{aA}	13.74±2.48^{bB}
TOC/（mg C/g）	8.80±0.29^{aB}	8.64±0.18^{aC}	11.48±0.58^{aA}	11.33±0.43^{aA}	10.55±0.39^{aA}	10.42±0.20^{aB}
TN/（mg N/g）	0.88±0.03^{aB}	0.84±0.04^{aC}	1.41±0.10^{aA}	1.48±0.06^{aA}	1.19±0.05^{aA}	1.12±0.03^{aB}
C/N	10.01±0.15^{aA}	10.43±0.31^{aA}	8.14±0.23^{aC}	7.56±0.06^{aC}	8.92±0.16^{aB}	9.30±0.14^{aB}

注：同一季节鱼、虾、蟹塘之间的显著性差异（采用 LSD 多重比较检测，$p<0.05$）用不同的大写字母标记；同一养殖塘夏、冬两季节之间的显著性差异由不同的小写字母标记；冬季采样时，由于正处于虾塘和蟹塘结束一个养殖周期后进行晒塘清淤的时期，因而缺少上覆水体理化性质数据；其中 MΦ 表示沉积物中值粒径；#表示上覆水体理化性质。

9.3.3 硝酸盐异化还原速率及其百分比的时空分布特征

如图 9-2 所示，除虾塘与蟹塘的厌氧氨氧化速率外，三种养殖塘的硝酸盐异化还原过程速率均存在明显的季节性差异，即夏季明显高于冬季（$p < 0.05$）。如表 9-2 所示，夏季三种养殖类型反硝化速率无显著性差异（$p > 0.05$），鱼、虾和蟹塘的平均速率分别为（9.81 ± 4.53）μmol/（kg·h）、（9.50 ± 4.66）μmol/（kg·h）

和（11.70 ± 5.03）μmol/（kg·h）；而冬季虾塘反硝化速率显著低于其他两个类型（p < 0.05）。夏季厌氧氨氧化速率鱼塘最高，均值为（0.45 ± 0.17）μmol/（kg·h），显著高于蟹塘[（0.14 ± 0.08）μmol/（kg·h）]与虾塘[（0.08 ± 0.05）μmol/（kg·h）]（p < 0.05）；冬季三种养殖类型厌氧氨氧化速率则无显著性差异（p > 0.05）。就 DNRA 速率而言，夏季虾塘[（6.65 ± 2.92）μmol/（kg·h）]显著高于鱼塘和蟹塘[（3.77 ± 2.34）μmol/（kg·h），（2.44 ± 1.58）μmol/（kg·h）]（p < 0.05）；冬季则无显著性差异（p > 0.05）。

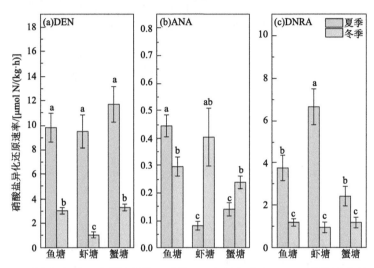

图 9-2　夏季与冬季三种养殖塘的反硝化、厌氧氨氧化和 DNRA 潜在速率的比较
不同小写字母表示同一季节中三种养殖塘速率的显著性差异；误差棒表示标准误

如图 9-3 所示，总体而言三种养殖类型冬夏季的硝酸盐异化还原过程均以反硝化为主，DNRA 次之，厌氧氨氧化最低。夏季，在三种类型养殖塘中，蟹塘 DEN%最高，达（78.7 ± 3.9）%，占比最低的虾塘为（54.8 ± 4.7）%；虾塘 DNRA%[（44.3 ± 4.8）%]显著高于鱼塘[（28.2 ± 4.1）%]和蟹塘[（20.1 ± 4.0）%]；而厌氧氨氧化相对贡献普遍极低，在 1%～4%范围内。冬季，反硝化仍以蟹塘占比最高[（72.9 ± 3.0）%]而虾塘最低[（48.1 ± 7.9）%]，均值与夏季相比有所下降；三种养殖塘的 DNRA%并无显著差异性，均值为虾塘[（35.8 ± 7.9）%] > 鱼塘[（26.1 ± 3.2）%] > 蟹塘[（21.7 ± 3.2）%]；厌氧氨氧化相对贡献普遍升高，最高者为虾塘，占比达（16.1 ± 4.3）%。尽管三个过程的相对贡献均值在冬夏两季有所浮动，但单因素方差分析（one-way ANOVA）表明，DEN%和 DNRA%均无季节间的统计学差异（p > 0.05），仅 ANA%表现为冬季显著高于夏季（p < 0.05）。

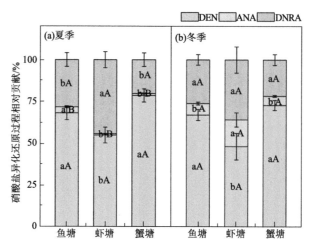

图 9-3　夏冬两季养殖塘三个过程对硝酸盐去向的相对贡献

不同小写字母表示同一季节三种养殖塘的各过程相对贡献的显著性差异；大写字母表示同一养殖塘在不同季节的
显著性差异；误差棒表示标准误

9.4　讨　　论

硝酸盐异化还原是水环境中重要的氮循环过程，主要包含的三个反应过程却对硝酸盐的去除发挥着不同的作用。反硝化和厌氧氨氧化反应将硝酸盐转化为气态氮（N_2 和 N_2O），使之从生态系统中永久去除；而 DNRA 则将硝酸盐转化为生物更易利用的氨氮而滞留在环境中。本研究对三个过程速率及相对贡献比例的时空分异特征进行了分析和探讨，从而加深对围垦养殖生态系统中硝酸盐的动态变化的认识。

9.4.1　养殖塘硝酸盐异化还原速率的关键影响因素探讨

季节上，反硝化速率表现出明显的冬夏季差异，且三种养殖塘中夏季速率均显著高于冬季，这一结果与前人在河口、近岸等生态系统中的研究发现相吻合（Brin et al., 2014；Guo et al., 2020）。相关分析结果表明温度与反硝化速率存在极显著的正相关关系（$p < 0.01$），说明温度是导致季节性差异的主控因素。温度作为影响微生物体新陈代谢的关键因素之一（Gillooly et al., 2001），在细胞层面上，温度升高有利于提高细胞膜的流动性（影响膜转运蛋白效率）及酶活性（Canion et al., 2014a）；除了对新陈代谢速率的影响外，温度升高还可促进沉积物中的氧气

（O_2）消耗，从而为硝酸盐异化还原过程创造更理想的厌氧环境（Gao et al., 2019b）。除温度外，反硝化还与沉积物 NO_3^-、Fe^{2+} 含量呈显著正相关（图 9-4）。反硝化是以有机物为电子供体而 NO_3^- 为终端电子受体的厌氧呼吸作用（Burgin and Hamilton, 2007）。在过去的研究中，NO_3^- 含量与反硝化速率普遍具有显著的正相关关系（Guo et al., 2020）。前人研究结果表明，除 TOC 外，部分反硝化细菌还能够利用 Fe^{2+} 氧化获得电子，这在一定程度上能够解释本研究中反硝化与 Fe^{2+} 之间存在的显著正相关关系（Klueglein et al., 2014）。此外，养殖生态系统中并未发现反硝化速率与 TOC 或 TN 含量之间存在共变关系，尽管在河口、近岸等生态系统中二者显著相关（Trimmer and Nicholls, 2009；Deng et al., 2015；Cheng et al., 2016；Guo et al., 2020）。这可能是由于养殖生态系统属于受人为活动影响较为显著的人工养殖系统，沉积物的有机物含量与饵料投放关系密切，且整个养殖生态系统属于小尺度生态系统，不同站点间的有机物差异不存在明显的差异性。

厌氧氨氧化速率同样具有明显的季节性差异；其中鱼塘表现为夏季显著高于冬季，而虾塘与蟹塘则表现为冬季速率显著高于夏季；相关分析亦显示温度与之呈显著负相关（$p < 0.01$）。有研究以北极峡湾沉积物为研究对象探讨其脱氮过程对温度的响应，研究表明泥浆实验中厌氧氨氧化的最适温度为 15 ℃，当温度设置为 37 ℃时反应停止，而反硝化的最适温度范围相对更广（15～32 ℃）（Canion et al., 2014b）；在上海城市河网沉积物的硝酸盐异化还原过程研究中发现，厌氧氨氧化在大多数位点均表现为冬季高于夏季（Cheng et al., 2016）。因此可以合理推测：在温度较低的冬季，养殖生态系统中的厌氧氨氧化群落活性更强。作为反应的电子受体，NO_2^- 一直被认为是厌氧氨氧化速率的主要控制因素（Dalsgaard et al., 2005）；本研究中，厌氧氨氧化也与 NO_2^- 浓度呈显著正相关。而反应的另一底物——电子供体 NH_4^+，却与厌氧氨氧化速率无明显相关关系，其原因可能是养殖生态系统沉积物处于厌氧条件，其中 NH_4^+ 可通过矿化和 DNRA 过程获取，含量较高且为沉积物 NO_3^- 含量的 2～3 倍。因此，充足的 NH_4^+ 未对厌氧氨氧化反应过程构成底物限制（Trimmer and Nicholls, 2009；Guo et al., 2020）。有研究表明厌氧氨氧化速率与 TOC 含量密切相关（Trimmer and Nicholls, 2009；Yin et al., 2014），该部分学者认为厌氧氨氧化虽然为自养过程，不需要利用有机物提供能量或作为电子供体参与反应，但有机物通过矿化作用产生的 NH_4^+ 能够为厌氧氨氧化提供反应底物，从而间接促进了该过程的发生。但在本研究中并未发现有此相关。

与反硝化一致，夏季 DNRA 速率显著高于冬季，速率与温度之间具有正相关关系；在许多生态系统中，DNRA 大多与温度呈正相关（An and Gardner, 2002；Dong et al., 2011；Bernard et al., 2015）。其潜在机理基本与反硝化过程类似。如图 9-4 所示，DNRA 速率与沉积物 NO_3^-、TOC 和 Fe^{2+} 含量均呈显著正相关。作为 DNRA 反应底物，NO_3^- 含量的增加能够促进反应的进行。普遍认为，DNRA 可以分为两种类型：以 TOC 为能量来源和电子供体的发酵型 DNRA，以及利用硫化物和还原性金属离子提供电子的化能自养型 DNRA（Burgin and Hamilton, 2007；Giblin et al., 2013；Bernard et al., 2015）。在前人的研究中，大多发现 TOC 与 DNRA 速率之间的正向共变关系（Deng et al., 2015）；这与本实验结果一致。一些微生物菌株分离和沉积物富集培养实验获得了能够进行 NO_3 还原与 Fe^{2+} 氧化耦合反应的自养或混养微生物；其反应终产物为 NH_4^+（Weber et al., 2006；Coby et al., 2011），反应的化学计量方程可能为（Behrendt et al., 2013）

$$8Fe^{2+} + NO_3^- + 10H^+ \rightarrow 8Fe^{3+} + NH_4^+ + 3H_2O \qquad (9\text{-}1)$$

根据相关分析结果可以推测，该耦合反应也许亦存在于本研究选取的养殖塘生态系统中。

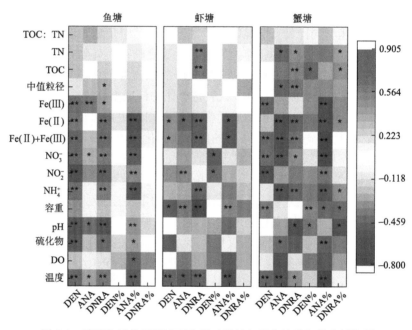

图 9-4　硝酸盐异化还原速率和相对贡献与理化性质相关分析热图

图例表示正负相关性及相关程度；*表示显著（$p<0.05$），**为极显著相关（$p<0.01$）

9.4.2　沉积物硝酸盐异化还原过程贡献比例的关键影响因素探讨

由于反硝化、厌氧氨氧化与 DNRA 在硝酸盐异化还原过程中作用的不同，三个过程的分配对硝酸盐的去向至关重要。一般认为，影响反硝化和 DNRA 相对贡献比例的关键因素包括 TOC/NO_3^-，硫化物和还原性金属离子含量（Burgin and Hamilton, 2007; Smyth et al., 2013; Murphy et al., 2016）。反硝化和 DNRA 均以 TOC 为电子供体而以 NO_3^- 或 NO_2^- 为电子受体，存在竞争关系。Tiedje（1988）首先提出了一个获得普遍认可的规律：在 TOC/NO_3^- 比值较低的环境中，换言之当电子受体相对充足时，反硝化更具竞争力；反之则以 DNRA 更受青睐。而其潜在机理是：硝酸盐氨氧化菌在争夺有限的电子受体时，比反硝化菌具有更大的能量优势（标准自由能更大）（Kessler et al., 2018）；且前者的 NO_3^- 受体亲和力可能更强于后者（Dong et al., 2011）。这一规律在许多生态系统中均得到证明；在一些 NO_3^- 添加实验中，实验组反硝化速率显著提高，亦表明反应的相对重要性向有利于反硝化的方向转移（Nogaro and Burgin, 2014）。本研究中，反硝化和 DNRA 速率与 TOC/NO_3^- 却并不具明显相关性。有学者提出：比起碳含量，硝酸盐还原途径的分配更容易受到有机碳质量和不稳定性的影响，而这种影响是难以评估的（Giblin et al., 2013）。因此，测定样品中的有机碳质量和不稳定有机碳含量也许有利于更好地建立相关关系。

ANA% 与温度存在极显著负相关关系。暗示在该微生物群落中，厌氧氨氧化菌群可能更青睐于冬季的低温环境，而另外两个菌群则相反；这一点在前文中已有所阐述。DNRA% 与 Fe^{2+} 含量呈正相关。这大概是因为，在富含 Fe^{2+} 的环境中，DNRA 微生物能够获得更多可利用的电子供体而更具竞争力（Robertson et al., 2016）。且 Fe^{2+} 含量较高，在一定程度上也说明沉积物的厌氧条件较为理想，DNRA 相比其他硝酸盐异化还原过程对厌氧条件的要求更为苛刻，因此更为厌氧的条件将有利于 DNRA 过程的发生。此外，过去的研究结果表明硫化物是影响反硝化和 DNRA 相对重要性的关键因素之一：一方面，硫化物抑制氧化亚氮还原酶的活性从而抑制反硝化的最终步骤；另一方面，硫化物是 DNRA 反应的电子供体之一，对反应具有促进作用。因而在富含硫化物的环境中，DNRA% 有所提高。本研究并未进行硫化物的测定，但在围垦养殖生态系统中，这是一个值得分析、探讨的重要指标。

9.4.3　养殖生态系统硝酸盐异化还原过程的生态环境效应

近岸沉积物是进行硝酸盐异化还原过程的重要场所（Herbert, 1999; Damashek and Francis, 2018），对活性氮保留和去除具有重要作用；近三十年来，为了获得巨额经济效益，中国潮滩湿地被大规模围垦改造成养殖塘。这使得原有生态系统的功能发生了巨大的变化（Murphy et al., 2016; Gao et al., 2019b）；同时，集约化养殖所需的饲料投放大大增加了系统的活性氮负载，对养殖塘生态系统本身及其周围水体造成了巨大危害（Yang et al., 2017b）。因此，估算养殖生态系统中的硝酸盐异化还原通量并揭示其生态效应，对研究该生态系统的管理策略具有重要指导意义。

与国内外同类型及其他生态系统（表 9-2）进行比较发现：本研究区域中反硝化速率要比其河口、近岸等生态系统高出 1～2 个数量级；相比于双壳类（如蛤蜊、牡蛎等）养殖体系也是如此；但与另一南美白对虾养殖生态系统速率相当。这说明本文所选取的养殖区与其他许多生态系统相比，其反硝化速率偏高。相比之下，厌氧氨氧化速率大小与表 9-2 所列举的其他生态系统厌氧氨氧化速率处于同一数量级。研究区域的 DNRA 速率也显著高于表格列举的其他生态系统。因此，可以合理推测滨海湿地的围垦养殖对沉积物的硝酸盐异化还原过程，尤其是反硝化和 DNRA 具有明显的促进作用，而这主要受到底物浓度的控制，养殖生态系统相比潮滩湿地等自然生态系统，其常年接受的人为活性氮和 TOC 要明显增多（Lunstrum et al., 2017），且养殖生态系统长期处于水淹状态下，能够为反硝化与DNRA 过程的发生提供了理想厌氧条件。

综合前人研究结果：反硝化和 DNRA 是河口、近岸多种生态系统的主要硝酸盐异化还原过程。DNRA%在不同生态系统，乃至同一生态系统的不同研究区域中差异悬殊，其变化范围可达 0%～100%（Burgin and Hamilton, 2007）。ANA%在近岸和浅海区处于相当低的水平；而在远海与反硝化相当，脱氮贡献可达 50%以上（Dalsgaard et al., 2005）。本研究结果显示：选取的生态系统中，反硝化是硝酸盐异化还原的主导过程，在养殖生态系统的脱氮功能上起着最关键的作用；DNRA也是研究区中重要的硝酸盐还原过程（夏、冬两季相对贡献分别为 30.7%、27.8%）；相对于前两个过程，ANA%处于较低水平，对脱氮的贡献有限。与其他养殖生态系统研究比较发现：长江口南美白对虾养殖区中三个过程的相对贡献与本研究相当；但在许多双壳类养殖区中，DNRA%处于较高水平，甚至可达 90%以上（Gilbert et al., 1997; Murphy et al., 2016; Erler et al., 2017）。因此，养殖动物类型、养殖密度和管理模式等都是影响硝酸盐异化还原过程的重要因素。

硝酸盐异化还原过程中的反硝化与厌氧氨氧化过程对围垦养殖生态系统的活性氮去除具有重要意义。以南美白对虾为例，华南地区如福建、广东和广西等省区一年可养殖 2～3 造虾。根据不同生长阶段对虾的饵料投放模式可粗略算得，一个生长周期内饵料投放量约为 6.2 t/（hm^2·cycle）（Wu et al., 2014）。本研究测得南美白对虾饵料的含氮量约为 6.3%。前人研究表明，饵料中的含氮量约占养殖生态系统氮输入总量的 70%（Casillas-Hernández et al., 2006）。通过以下公式可算得反硝化与厌氧氨氧化对研究区域中的活性氮去除率：

$$F = \frac{1}{2} \times \left(\sum_{i=1}^{39} m_i \cdot d_i + \sum_{j=1}^{39} m_j \cdot d_j \right) \cdot a \cdot h \cdot s \cdot t \qquad (9\text{-}2)$$

式中，F（t N/a）表示养殖生态系统沉积物的年平均脱氮量；m_i 和 m_j[μg N/（g·d）]分别表示夏、冬两季采样位点的脱氮速率；d_i 和 d_j（g/mL）分别表示采样位点的容重；a 表示单位转换系数（1×10^{-8}）；h（cm）表示采样深度（$0 \sim 5$ cm）；s（m^2）表示面积为一公顷的养殖塘（1×10^4 m^2）；t（d）表示时间（365 d）。

$$R = F \cdot I_{total}^{-1} \qquad (9\text{-}3)$$

式中，R（%）表示养殖生态系统中的氮输入总量通过反硝化与厌氧氨氧化过程的去除率；I_{total} 表示氮输入总量（6.2 t $\times$ 2 cycle $\times$ 6.3% $\times$ 0.7^{-1}），假设一年为两个养殖周期。结合式（9-2）和式（9-3）两式可算出反硝化与厌氧氨氧化过程的活性氮去除率达 50%。

根据 2018 年 LandsatOLI 遥感影像可知，粤港澳湾区 2018 年养殖塘总面积约为 3.96×10^8 m^2。根据前文测得的硝酸盐异化还原速率，可估算粤港澳湾区围垦养殖生态系统表层沉积物的年平均氮通量：粤港澳湾区的滨海围垦养殖生态系统（3.96×10^8 m^2）通过表层沉积物（$0 \sim 5$ cm）反硝化和厌氧氨氧化的脱氮通量为 2.63×10^4 t N/a；其中反硝化对脱氮贡献达 95%，而厌氧氨氧化仅占 5%。1.09×10^4 t N/a 则通过 DNRA 以 NH_4^+ 的形式保留在环境中为生物所利用。此外，本研究的通量在一定程度上可能被高估。主要原因是：①泥浆培养实验中添加的反应底物（$^{15}NO_3^-$）显著高于其原位含量，测得的潜在硝酸盐还原速率偏高；②表层沉积物采样深度为 $0 \sim 5$ cm，但实际情况下 NO_3^- 渗透深度有限，泥浆培养实验提高了其垂直渗透能力；③通量以年为单位进行计算，但鲈鱼与南美白对虾的养殖周期通常为半年，闲置或晒塘期间并无饲料投放。研究结果虽然无法代表各类养殖生态系统中的真实速率，但是在一定程度上能够客观地反映不同养殖类型沉积物硝酸盐异化还原的潜在活性，为沿海养殖生态系统氮污染治理提供科学参考依据。

表 9-2　国内外养殖塘及近岸各种生态系统硝酸盐异化还原速率　[单位：μmol N/（$m^2 \cdot h$）]

研究区域	DEN	ANA	DNRA	参考文献
热带河口，中国	3.3±0.5	Na	7.7±1.5	Dong et al., 2011
热带河口，中国	22.5±6.4	Na	234±65.7	Dong et al., 2011
长江口，中国	9～676.5	1.5～78	4.5～133.5	Deng et al., 2015
Copano Bay，美国	27.7～40.1	0.26～1.6	1.4～3.8	Hou et al., 2012
金浦湾，中国	0.08～13.7	0.01～1.51	Na	Yin et al., 2014

研究区域	DEN	ANA	DNRA	参考文献
Sub-tropical Coastal Lagoon	7.7	Na	52.1	Bernard et al., 2015
北大西洋大陆架	3.44 ± 0.76	1.38 ± 0.24	Na	Trimmer and Nicholls, 2009
上海城市河网，中国	15.44～7896	3.12～1896	0～824	Cheng et al., 2016
红树林，中国	Na	Na	204.53±48.32	Cao et al., 2016
蛤蜊养殖	44（S）; 20（W）	Na	289（S）; 65（W）	Gao et al., 2017
牡蛎养殖	1.2±0.4	1.6±0.4	169±45	Murphy et al., 2016
牡蛎养殖	8.5±0.6	Na	25.4±3.2	Erler et al., 2017
虾塘	623～1001（S）; 162.5～331.5（W）	77～147（S）; 39～91（W）	203（S）; 130（W）	Lunstrum et al., 2017
珠江口	371.3～1839.6（S）; 3.6～1035.0（W）	0～56(S);3.8～168.7（W）	37.3～1130.91（S）; 0～383.61（W）	本研究

注: Na 表示无可用数据；（S）表示夏季，（W）表示。

9.5 本 章 小 结

本章节系统性地探讨了珠江口围垦养殖生态系统表层沉积物中硝酸盐异化还原过程及其对脱氮的贡献。研究结果表明：夏季反硝化、厌氧氨氧化和 DNRA 的速率均值[分别为（10.13 ± 4.81）μmol/（kg·h），（0.25 ± 0.21）μmol/（kg·h），（4.72 ± 3.90）μmol/（kg·h）]与冬季[（2.88 ± 1.87）μmol/（kg·h），（0.35 ± 0.31）μmol/（kg·h），（1.18 ± 0.92）μmol/（kg·h）]具有显著性差异，三个过程的相对贡献表现为 DEN% > DNRA% > ANA%。速率与温度、反应底物（包括 TOC、NO_3^-、NO_2^-、Fe^{2+}）具有显著相关性；DEN%在本研究区域中与理化性质无明显相关，DNRA%与 TOC、Fe^{2+}存在正相关关系，而 ANA%则受到温度的负向调控。与其他生态系统相比，研究区反硝化和 DNRA 速率具有明显优势；结合遥感图像获悉每年约有 2.63×10^4 t N 通过粤港澳湾区养殖生态系统表层沉积物的反硝化和厌氧氨氧化过程去除，1.09×10^4 t N 则通过 DNRA 继续保留在环境中为生物所利用。说明硝酸盐异化还原过程对养殖生态系统中活性氮的去向有重要调节作用，在一定程度上缓解了该生态系统的氮负载。

第10章 土地利用方式转变对潮滩湿地沉积物氮循环关键过程的影响

10.1 引 言

全球河口与近岸海域污染日益严重，红树林作为生长于热带亚热带海岸潮间带、受到海水周期性浸没的木本植物群落，在河口和近岸生态系统自净与减缓营养盐过载中扮演着重要角色（郑康振等，2009）。红树林生态系统对人为活性氮的去除主要通过沉积物微生物硝化、反硝化和厌氧氨氧化过程实现。同时也有研究表明滨海沉积物的吸附与脱氮能力虽然强，但其容量有限，要实现水体氮素的可持续净化，需采用植物与沉积物相结合的湿地生态系统（陈志杰等，2016）。特殊生境造就了红树林"抗污"和"降污"的功能，目前已有不少研究将红树林生态系统运用于污水处理等环境工程领域，并取得了可观的经济与环境效益（Corredor and Morell, 1994; Yang et al., 2008; 陈志杰等，2016; 张志永等，2013）。因此，深入探讨河口近岸红树林生态系统沉积物中各脱氮过程的微生物活性、脱氮比例、种群多样性及其主要影响机理对更好的认识河口近岸生态系统活性氮的归趋、转化情况具有重要生态环境意义，以期能够为控制河口近岸海域水体富营养化提供科学的理论支撑。

红树林湿地防浪护岸、维持海岸生物多样性和渔业资源、净化水质、美化环境等生态环境功能显著，然而其直接经济价值不高，属于价值易被低估的海岸生态关键区（张乔民和隋淑珍，2001）。受人为活动的影响全球红树林生境退化和面积持续萎缩，据统计在过去的半个世纪里全球红树林面积减少了 30%～50%（Hamilton and Casey, 2016）。红树林面积的持续萎缩备受国内外学者广泛关注，更多学者关注红树林退化过程的时空分布特征与主要驱动因素（Richards and Friess, 2016; Thomas et al., 2017）和红树林退化对碳储量与温室气体释放的影响等（Hamilton and Friess, 2018; Rovai et al., 2018; 陈志杰等，2016）。然而红树林生态系统在人类活动影响下围垦成养殖塘、稻田、果园和菜地等农业用地后，其沉积物的脱氮能力是否退化，退化了多少目前仍不清楚。且不同土地利用方式转变形成的沉积物/土壤理化性质截然不同，这些差异对沉积物/土壤脱氮的微生物活性、脱氮比例和种群多样性究竟有何影响？是否会改变 $N_2O：N_2$ 比例和脱氮微生物群落结构？其内在机制是什么？仍需进一步探讨。

海洋沉积物在微生物驱动下常作为氮循环的重要反应场所，其中主要涉及固氮、氮矿化、硝化、反硝化、厌氧氨氧化和硝酸盐异化还原成铵（DNRA）等一系列微生物氮循环过程。其中反硝化与厌氧氨氧化作为海洋沉积物活性氮去除的关键过程，能够有效的去除河口近岸海域生态系统中大量的人为活性氮。因此，近岸海域沉积物常被视为该生态系统活性氮的主要汇，并在氮的生物地球化学循环中扮演着重要角色（Song et al., 2013）。近几十年来随着工业、农业和养殖业的迅速发展，人类活动对河口及近岸海域生态系统氮素循环与平衡产生了较大的影响。因此，人类活动影响对河口及近岸海域生态系统氮循环过程的影响备受关注，且大部分研究主要集在人为活性氮（Bhavya et al., 2016; Bordalo et al., 2016）、有机污染物（Chen et al., 2016b; Smith and Caffrey, 2009）、重金属（Li et al., 2011）和纳米颗粒物（Zheng et al., 2017）输入，以及土地利用方式变更（Bedard et al., 2006）对氮循环过程的影响。

随着河口与近岸水体氮素富营养化的加剧，生物脱氮作用越来越受重视，位于海陆交界的红树林生态系统作为一个自然脱氮体系同样备受关注。其中有学者结合传统的富集筛选和分子生物学方法对红树林沉积物反硝化细菌脱氮能力、种群结构等进行研究，并发现红树林沉积物中筛选出来的反硝化细菌具有较高的脱氮能力与生物多样性（林娜等，2012）。同时也有学者利用 ^{15}N 稳定同位素技术进行定位监测分析中国东南沿海红树林沉积物中氮还原的主要过程以及其归宿，并得出反硝化作用是红树林沉积物主要的氮素还原过程（80.43%～98.92%）（杨晶鑫，2017）。随后有研究表明反硝化和厌氧氨氧化是大亚湾红树林湿地沉积物中脱氮的两个主要过程，其中反硝化脱氮贡献比高达 90%（肖凯，2018）。此外，有学者研究表明红树林对厌氧氨氧化菌存在一定影响，即离红树林越近的区域，*hzo* 丰度越高（Li et al., 2011）。目前关于红树林生态系统脱氮过程的研究更多集中在红树林生态系统本身的脱氮活性、脱氮比例及微生物群落结构等方面。受人类活动的影响全球红树林面积持续减少，大量的红树林转变为养殖塘、稻田和果园等农业用地（Richards and Friess, 2016）。因此，不少学者已关注红树林转变为其他农业用地后对其经济价值、生态服务功能、碳储量，以及温室气体释放等方面的影响。然而，关于土地利用方式转变如何影响红树林沉积物脱氮过程的微生物活性、脱氮比例和种群多样性的认识较少。

同时，大量的红树林湿地被围垦成养殖塘、果园和菜地等，其沉积物的脱氮能力是否退化，退化量是多少目前仍不明晰。传统的估算方法通常是通过大量的地面调查与室内试验来实现，但要获得更为准确的估算结果需要长期持续的投入，且受人力物力限制其所能达到的时空尺度存在一定的局限性。随着现代遥感技术的迅速发展，遥感监测已经成为红树林生态系统变化监测的重要手段和方法。遥感技术在红树林湿地动态、种间分类、群落结构、生物量、灾害灾情、景观格局动态、驱动力和红树林湿地保护与管理等领域得到广泛应用（孙永光等，2013）。近些年来，遥感技术在红树林监测中的应用逐渐向综合方向发展深入，即逐渐转向红树林对气候变化、海平面变化及人类活动的响应过程及管理的研究（Cohen et al., 2009; Doyle et al., 2009; 毛丽君，2012）。然而，目前关于将遥感技术结合实验室实测数据估算红树林转变为其他农业用地其沉积物脱氮变化通量的相关研究尚未报道。地面实测数据与遥感数据相结合可为准确的估算红树林转变为其他农业用地其沉积物的脱氮变化通量提供有效途径，尤其是长时间大尺度的相关研究更需要借助遥感数据来弥补过去对野外实地调查的缺失。

红树林处于海洋与陆地的动态交界面，遭受海水周期性浸淹，形成了好氧和厌氧交替的特殊生境。已有学者研究表明红树林沉积物反硝化细菌多样性高，存在较为丰富的好养反硝化细菌，且脱氮效率高（林娜等，2012）。红树林潮滩湿地转变为养殖塘、稻田和果园等农业用地，水淹条件发生明显变化。有研究表明含水率较低的旱地生态系统往往呈现出较低的 N_2O 释放速率和较高的 $N_2O：N_2$ 比例（Zaman et al., 2008）。因此，当红树林被围垦开发成旱地（果园与菜地等）时，土壤水分含量明显下降，厌氧条件的缺失，微生物群落和土壤酶特征将发生明显变化，并极大降低脱氮微生物的活性与丰度，进而改变 $N_2O：N_2$ 比例。当红树林湿地转变为长期处于水淹条件下的养殖塘和稻田时，能够为脱氮微生物提供更为理想的厌氧环境，从而促进反硝化与厌氧氨氧化过程的发生。此外，人为活动（化肥、饵料添加和养殖曝气等）对各生态系统营养盐和有机质的含量和组成具有很大的影响，进而影响脱氮微生物的活性、丰度、群落结构以及脱氮比例。有研究表明养殖塘饵料投放区的反硝化是非投放区的 1～4 倍（张立通等，2011）。不同的土地利用方式产生了不同的沉积物/沉积物类型，并开展不同的管理模式，各类型沉积物/土壤的环境特征存在较大的差异性，从而形成不同系统的氮循环模式。因此，很有必要探讨土地利用方式转变导致水淹条件和营养盐发生变化如何影响沉积物/土壤脱氮过程与脱氮比例，尤其是对脱氮微生物多样性的影响。

红树林潮滩湿地转变为养殖塘、稻田和果园等农业用地，其土壤/沉积物有机碳（total organic carbon，TOC）储量与组分往往发生明显的变化。TOC 不仅可作为氮循环过程的电子供体，同时还能为微生物异养过程提供能量（Hardison et al., 2015）。先前已有不少研究表明可利用性有机物对控制反硝化与厌氧氨氧化活性及其脱氮贡献比例起到重要作用（Babbin and Ward, 2013; Hardison et al., 2015; Plummer et al., 2015）。其中更多的研究只是停留在关注 TOC 含量或 TOC：NO_3^- 比例对脱氮过程的影响，而关于沉积物脱氮过程与脱氮比例对不同有机物质来源与组成的响应研究目前仍较为鲜少。如今稳定碳和氮同位素（$\delta^{13}C$ 和 $\delta^{15}N$）为认清河口近岸海域环境中 TOC 的来源和生物地球化学过程开辟了新视野（Schlarbaum et al., 2010）。随着人们对脱氮过程影响机理认识的不断深入，已有研究发现沉积物/土壤中并非所有类型的有机物都能够被脱氮微生物利用，而有机物的质量与生物可利用性对控制脱氮过程的发生影响显著（Hill and Cardaci, 2004）。沉积物/土壤活性 TOC 包括可溶性有机碳（dissolved organic carbon，DOC）、微生物生物量碳（microbial biomass carbon，MBC）、颗粒有机碳（particulate organic carbon，POC）、轻组有机碳（light fraction organic carbon，LFOC）等，是 TOC 中活性较高的部分，因其不稳定性，易被微生物分解矿化，是沉积物/土壤活性和质量的重要指标（Haynes, 2005）。此外，氨基酸与色素作为近岸海域生态系统中有机质的重要组成部分，易被微生物降解或使用（Burdige and Martens, 1988）。深入探讨 TOC 组分以及氨基酸和色素对脱氮过程的影响，对认识沉积物/土壤脱氮过程对有机物组成与质量的响应具有一定的代表性。土地利用方式转变势必导致沉积物/土壤有机物质的来源、质量和组分发生变化，进而对沉积物/土壤脱氮微生物活性和贡献比例产生重要影响。因此，定量不同土地利用方式下土壤/沉积物中易降解有机物分子组成和来源，并探讨其对脱氮过程的影响及贡献，能够更好的剖析红树林沉积物脱氮过程对土地利用方式转变的内在响应机制。

综上所述，随着人为活动持续的增加，大量的红树林转变为养殖塘、稻田和果园等农业用地，这些转变导致土壤/沉积物环境发生明显变化，进而影响其碳氮循环过程。然而，红树林湿地转变为农业用地后，其沉积物脱氮能力是否退化，退化多少以及各脱氮过程的微生物活性与脱氮贡献比例如何响应目前尚未明晰。鉴于此，本研究选取珠江口为研究区，通过野外观测、样品采集分析，结合氮稳定同位素示踪和分子生物学技术，旨在：①估算围垦养殖等人为活动导致珠江口红树林沉积物各脱氮过程的变化通量；②探讨土地利用方式转变对红树林沉积物各脱氮速率及其比例的影响机制；③分析介导各脱氮过程的微生物活性、丰度和多样性对土地利用变化的响应特征。研究成果同时可为深入认识人类活动对红树林湿地氮循环的影响，为合理开发和保护红树林湿地提供科学依据。

10.2 材料与方法

10.2.1 研究区概况与样品采集

本项目研究着眼于珠江口沿岸，选取西岸红树林湿地及毗邻的菜地、果园、养殖塘（均由红树林转化而成）作为研究区域（图 10-1）。该区红树林分布较为分散，群落类型主要包括引进种无瓣海桑（*Sonneratia apetala*）和土著种桐花树（*Aegiceras corniculatum*）、秋茄（*Kandeliacandel*）、白骨壤（*Avicennia marina*）等（陈玉军等，2000；黎夏等，2006）。珠江三角洲地区是我国三大经济发展核心区之一，港珠澳大桥的修建和使用削减了珠江口对西岸地区的天然阻隔，区位优势的提升大力促进珠江口西岸地区的经济发展（吴旗韬等，2013）。珠江口沿岸自然资源丰富，人口密度高，随着社会的发展以及人们对经济效益的追求渐增，土地资源被开发利用的强度大大提高，湿地退化和城市扩张等现象日趋严重。据不完全统计，50 年来珠江河口开发利用天然滩涂湿地约 6.0×10^4 hm^2（崔伟中，2004），红树林首当其冲。对当地自然资源和生态系统的温度产生很大的负面影响。在 2000 年至 2003 年期间，珠江口西岸的土地利用变化情况表现为耕地逐年递减，主要转变为水域、城市建设和林地，同时养殖业也不断在发展。

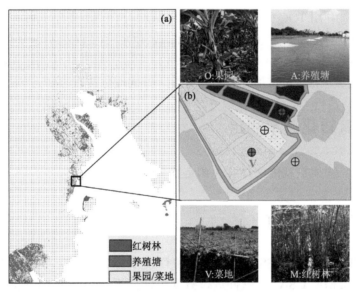

图 10-1　研究区域

图中的土地利用类型基于 2018 年 Landsat OLI 影像

本项目采样点位于珠江口西岸南沙红树林湿地，选取红树林湿地及毗邻的菜地、果园、养殖塘（均由红树林转化而成）作为 4 种土地利用类型的采样地，经纬度变化范围为 22.60°N～22.63°N、113.61°E～113.65°E（图 10-1）。分别于 2019 年夏季（2019 年 8 月 5 日）、冬季（2020 年 1 月 13 日）在每个样地内随机布设 4 个采样点，每个采样点间距约 5 m，做四组平行取样。去除表层腐殖质后，移取红树林、果园、菜地表层沉积物（0～10 cm 深）均匀混合作为对应的夏季和冬季样品。养殖塘的沉积物样品采用自制手持柱状采泥装置，采集 0～10 cm 表层沉积物样品、混匀。将沉积物置于聚乙烯无菌自封袋中。用采水器采集养殖塘和红树林的上覆水，经 0.45 μm 核孔膜过滤后存放到用聚乙烯瓶中。样品采集完毕后置于事先放入冰袋的保温箱中，并在 4 h 之内返回实验室。在实验室中将沉积物样品分为两部分：一部分转移至 4 ℃冰箱中用于测定各硝酸盐去除速率，另一部分转移至–20 ℃冰箱内，用于测定含水率、容重、粒径、可交换性 DIN、活性铁、TOC、TN 等理化性质；另需测定养殖塘和红树林上覆水体中水体温度、pH、盐度、DO 和 DIN。

10.2.2　沉积物/土壤理化性质测定

土壤/沉积物 DOC 测定方法为取 5 g 鲜土与 25 mL 去离子水混合，振荡、离心和过滤后，利用 TOC 分析仪（Shimadzu TOC-V CPN，岛津）测定上清液 TOC 含量（张甲珅等，2000）。土壤/沉积物 MBC、EOC 和 LFOC 分别采用氯仿熏蒸-浸提-非色散红外吸收法（Wu et al.，1990）、高锰酸钾氧化法测定（Blair et al.，1995）、密度分离法（倪进治等, 2000）测定。其他理化性质的测定方法详见 3.2.2。

10.2.3　氮转化速率测定

反硝化、厌氧氨氧化及 DNRA 测定速率详见 3.2.3。

10.2.4　统计与分析

使用 SPSS 19.0（SPSS Inc.，USA）和 OriginPro 2016（OriginLab Corporation, Northampton, MA, USA）等软件进行数据统计分析；使用 OriginPro 2016、Corel Draw X6（Corel, Ottawa, ON, Canada）和 ArcGIS 10.2（ArcMap 10.2, ESRI, Redlands, CA）制图。采用单因素方差分析法（ANOVA），对不同时空的硝酸盐异化还原速率、相对贡献比例和理化性质的差异进行分析，结果比较采用 LSD 检验（$p < 0.05$）；采用 Pearson 相关分析确定理化性质与硝酸盐异化还原速率及相对贡献比例的相关关系。

10.3　结果与分析

10.3.1　土壤/沉积物的物理化学性质

在时间上，土壤/沉积物理化性质表现出显著的季节性差异（表 10-1）。对于养殖塘而言，沉积物中 NH_4^+ 和 Fe^{3+} 的含量在夏季显著高于冬季（$p < 0.05$）；而 NO_2^-、Fe^{2+}、TN、HFOC、DOC、叶绿素 a 和叶绿素 b 含量则是冬季显著高于夏季（$p < 0.05$），含水率、NO_3^-、TOC、C/N、LOC、LFOC 和中值粒径（MΦ）等没有显著性季节差异（$p > 0.05$）。红树林沉积物中，Fe^{2+}、Fe^{3+}、TOC、TN、LOC、HFOC、LFOC、叶绿素 a、叶绿素 b 和 MΦ 表现出显著的季节性差异（$p < 0.05$），均为冬季含量显著高于夏季；而含水率、NH_4^+、NO_3^-、NO_2^- 和 C/N 等没有显著性差异（$p > 0.05$）。对于菜地而言，土壤含水率、NO_3^-、TN、DOC、叶绿素 a 和叶绿素 b 的含量在夏季显著高于冬季（$p < 0.05$），而 NH_4^+、NO_2^-、Fe^{2+} 和 Fe^{3+} 则表现为冬季显著高于夏季（$p < 0.05$），其余理化性质如 TOC、C/N、LOC、HFOC、LFOC 和 MΦ 等没有显著性季节差异（$p > 0.05$）。在果园土壤中，NH_4^+ 和 NO_3^- 在夏季的含量显著高于冬季（$p < 0.05$），含水率、NO_2^-、Fe^{2+}、Fe^{3+}、叶绿素 a 和 MΦ 等土壤性质则是冬季的含量显著高于夏季（$p < 0.05$），而 TOC、TN、C/N、LOC、HFOC、LFOC、DOC 和叶绿素 b 含量则没有显著性季节差异（$p > 0.05$）。

在空间上，土壤/沉积物理化性质也具有显著性差异（$p < 0.05$）（表 10-1）。夏季时，含水率、NH_4^+、NO_2^-、TN、叶绿素 a 和叶绿素 b 含量在湿润沉积物（养殖塘&红树林）中的数值显著高于干旱土壤（果园&菜地）（$p < 0.05$），其中 NH_4^+ 和叶绿素 a 在养殖塘中具有最大值，而叶绿素 b 在红树林中具有最大值，其余理化性质在养殖塘和红树林中的数值大小相近；对于 TOC、C/N、LOC、LFOC、HFOC 和 MΦ 等理化性质而言，红树林沉积物中的数值显著高于其他三种生态系统（$p < 0.05$），在养殖塘、菜地和果园之间没有显著性差异（$p > 0.05$）；值得注意的是，NO_3^- 在干旱土壤（果园&菜地）中的数值显著高于湿润沉积物（养殖塘&红树林）（$p < 0.05$），这与土壤/沉积物的氧化还原状态有密切关系；此外，DOC 没有显著的空间性差异（$p > 0.05$）。冬季时，含水率、NH_4^+、NO_3^-、TN、叶绿素 a、叶绿素 b、Fe^{2+} 和 DOC 具有显著的空间性差异，表现为湿润沉积物（养殖塘&红树林）中的数值显著高于干旱土壤（果园&菜地）（$p < 0.05$），其中 NH_4^+、Fe^{2+}、TN 和叶绿素 a 的含量在养殖塘中具有最高值，而含水率、DOC 和叶绿素 b 在红树林中具有最高值；有趣的是，冬季 TOC、C/N、LOC、LFOC、HFOC 和 MΦ 等理化性质具有与夏季完全相同的规律，即红树林沉积物中的数值显著高于其他三

表 10-1 土壤沉积物的理化性质（Mean±SD）

项目	果园		菜地		红树林		养殖塘	
	夏季	冬季	夏季	冬季	夏季	冬季	夏季	冬季
含水率	0.21 ± 0.01^{bB}	0.23 ± 0.01^{aC}	0.24 ± 0.01^{aB}	0.19 ± 0.01^{bC}	0.50 ± 0.06^{aA}	0.60 ± 0.03^{aA}	0.51 ± 0.03^{aA}	0.49 ± 0.01^{aB}
NH_4^+/(μg N/g)	5.34 ± 2.03^{aBC}	1.86 ± 0.08^{bD}	3.09 ± 0.26^{bC}	5.91 ± 0.66^{aC}	10.50 ± 2.03^{aB}	8.37 ± 1.02^{aB}	81.70 ± 5.26^{aA}	18.56 ± 1.95^{bA}
NO_3^-/(μg N/g)	6.61 ± 1.65^{aA}	nd	3.32 ± 0.43^{aB}	0.33 ± 0.08^{bB}	1.11 ± 0.67^{aC}	0.65 ± 0.13^{aA}	0.54 ± 0.10^{aC}	0.80 ± 0.36^{aA}
NO_2^-/(μg N/g)	0.04 ± 0.01^{aC}	0.09 ± 0.02^{aA}	0.04 ± 0.01^{bC}	0.11 ± 0.03^{aA}	0.09 ± 0.02^{aB}	0.18 ± 0.13^{aA}	0.12 ± 0.02^{bA}	0.18 ± 0.03^{aA}
Fe^{2+}/(mg Fe/g)	0.10 ± 0.01^{bC}	0.53 ± 0.01^{aC}	0.08 ± 0.02^{bC}	0.55 ± 0.07^{aC}	2.88 ± 0.59^{bB}	3.81 ± 0.27^{aB}	8.70 ± 0.45^{bA}	21.22 ± 1.06^{aA}
Fe^{3+}/(mg Fe/g)	2.12 ± 0.21^{bA}	8.07 ± 0.35^{aA}	1.53 ± 0.17^{bB}	8.09 ± 0.73^{aA}	2.03 ± 0.40^{bA}	7.16 ± 1.17^{aA}	0.49 ± 0.11^{aC}	nd
TOC/(mg C/g)	11.90 ± 0.65^{aB}	11.14 ± 0.38^{aB}	11.68 ± 1.00^{aB}	10.63 ± 0.55^{aB}	33.68 ± 9.82^{bA}	91.42 ± 21.95^{aA}	17.57 ± 1.03^{aB}	16.72 ± 2.12^{aB}
TN/(mg N/g)	1.55 ± 0.09^{aB}	1.66 ± 0.11^{aC}	1.50 ± 0.09^{aB}	1.26 ± 0.04^{bC}	2.71 ± 0.69^{bA}	7.28 ± 1.61^{aA}	2.25 ± 0.04^{bA}	12.53 ± 0.28^{aA}
C/N	7.68 ± 0.13^{aB}	7.25 ± 0.85^{aC}	7.76 ± 0.20^{aB}	7.85 ± 0.19^{aBC}	12.34 ± 0.69^{aA}	12.43 ± 0.60^{aA}	7.80 ± 0.61^{aB}	8.15 ± 0.38^{aB}
LOC/(mg C/g)	2.19 ± 0.35^{aB}	1.96 ± 0.19^{aB}	2.71 ± 0.29^{aB}	2.43 ± 0.20^{aB}	12.05 ± 3.28^{aA}	37.24 ± 6.60^{aA}	4.25 ± 0.15^{aB}	4.49 ± 0.31^{aB}
LFOC/(mg C/g)	3.18 ± 0.57^{aB}	2.89 ± 0.06^{aB}	2.58 ± 0.63^{aC}	2.27 ± 0.12^{aB}	9.45 ± 1.42^{bA}	27.50 ± 8.20^{aA}	4.78 ± 0.35^{aB}	2.71 ± 1.42^{aB}
HFOC/(mg C/g)	8.46 ± 0.09^{aB}	8.31 ± 0.40^{aB}	8.67 ± 0.05^{aB}	7.89 ± 0.60^{aB}	19.94 ± 4.84^{bA}	56.95 ± 26.04^{aA}	12.66 ± 0.28^{bB}	14.65 ± 1.18^{aB}
DOC/(mg C/g)	0.20 ± 0.09^{aA}	0.12 ± 0.02^{aC}	0.17 ± 0.04^{aA}	0.08 ± 0.01^{bC}	0.27 ± 0.02^{bA}	0.86 ± 0.39^{aA}	0.18 ± 0.03^{bA}	0.50 ± 0.09^{aB}
叶绿素 a/(μg/g)	9.78 ± 0.41^{bC}	11.20 ± 0.64^{aC}	11.63 ± 0.88^{aC}	8.56 ± 0.22^{bC}	21.87 ± 0.01^{bB}	52.05 ± 7.37^{aA}	30.14 ± 2.12^{bA}	95.55 ± 2.28^{aA}
叶绿素 b/(μg/g)	14.03 ± 0.75^{aC}	13.77 ± 2.53^{aC}	15.45 ± 0.33^{aB}	11.66 ± 1.29^{bC}	20.14 ± 1.72^{bA}	40.21 ± 14.15^{aA}	13.24 ± 1.55^{bB}	26.05 ± 3.28^{aB}
MΦ/μm	7.79 ± 0.30^{bB}	8.35 ± 0.30^{aB}	7.67 ± 0.45^{aB}	7.74 ± 0.65^{aB}	13.70 ± 4.08^{aA}	17.12 ± 2.96^{aA}	8.78 ± 1.20^{aB}	9.42 ± 0.86^{aB}

注：同一季节不同研究区之间的显著性差异用不同的大写字母标记；季节之间的显著性差异由不同的小写字母标记（采用 LSD 多重比较检测，$p<0.05$）。nd 是指低于检测限。

种生态系统（$p < 0.05$），在养殖塘、菜地和果园之间没有显著性差异（$p > 0.05$）；Fe^{3+}含量在干旱土壤（果园&菜地）中的数值显著高于湿润沉积物（养殖塘&红树林）（$p < 0.05$），这同样与土壤/沉积物的氧化还原状态有密切关系；另外，冬季NO_2^-在四种生态系统之间没有显著性空间差异（$p > 0.05$）。

就整体上而言，由湿到干的生态系统（养殖塘→红树林湿地→菜地&果园）转变过程中，土壤/沉积物中含水率、NH_4^+、NO_2^-、Fe^{2+}和叶绿素 a 含量逐渐下降，而 Fe^{3+} 和 NO_3^- 含量则逐渐升高。

10.3.2　硝酸盐还原过程

如图 10-2 所示，养殖塘沉积物中反硝化速率在夏季和冬季的大小分别为（6.61±0.20）μmol·N/（kg·h）和（4.92±0.20）μmol·N/（kg·h）。红树林的反硝化速率在夏季和冬季的大小分别为（4.36±0.35）μmol·N/（kg·h）和（0.34±0.05）μmol·N/（kg·h）。果园和菜地土壤中反硝化速率较低，夏季的速率大小分别为（2.07±0.01）μmol·N/（kg·h）和（1.58±0.25）μmol·N/（kg·h），冬季的速率大小分别为（0.10±0.03）μmol·N/（kg·h）和（0.003±0.001）μmol·N/（kg·h）。受温度的影响，不同土地利用类型的反硝化速率均具有显著的季节性差异，即夏季显著高于冬季（$p < 0.05$），且不同土地利用类型的反硝化速率在夏冬两季均呈现相同的大小规律，即养殖塘的反硝化速率数值显著高于红树林（$p < 0.05$），红树林显著高于果园和菜地（$p < 0.05$），而果园和菜地之间没有显著性差异（$p > 0.05$）。经统计分析表明夏季反硝化速率与含水率、NH_4^+、NO_3^-、NO_2^-、Fe^{2+}、TN 和叶绿素 a 显著相关，冬季反硝化速率与 NH_4^+、NO_3^-、NO_2^-、Fe^{2+}、Fe^{3+}、TN 和叶绿素 a 显著相关。冬夏季数据汇总分析表明，反硝化速率与温度、含水率、NH_4^+、Fe^{2+}、Fe^{3+}和叶绿素 a 显著相关。

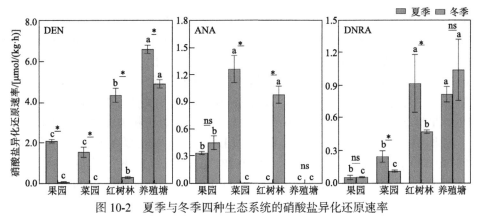

图 10-2　夏季与冬季四种生态系统的硝酸盐异化还原速率

不同小写字母表示同一季节中不同生态系统速率的显著性差异，*表示同一生态系统在夏冬两个季节间的显著性差异；误差棒表示标准误

就 DEN%而言，养殖塘夏季和冬季的数值大小分别为（88.93±1.15）%和（80.71±0.61）%；红树林夏冬季分别为（82.55±5.27）%和（17.50±1.19）%；果园夏冬季分别为（83.63±0.24）%和（19.84±3.20）%，菜地夏冬季分别为（50.90±2.40）%和（2.09±0.02）%（图10-3）。经单因素方差分析表明，夏季DEN%在养殖塘有最高值，而菜地的DEN%显著低于其他土地利用类型（$p < 0.05$）；冬季具有相似的特征，DEN%在养殖塘有最高值，显著高于其他三种生态系统（$p < 0.05$），同样在菜地土壤中具有最低值。相关性分析结果表明DEN%与反应基质（NO_x和NH_4^+）和电子供体（Fe^{2+}和叶绿素 a）的含量呈显著正相关关系（$p < 0.05$），而与Fe^{3+}含量呈显著负相关关系（$p < 0.05$）。

总体而言，厌氧氨氧化速率在四种土地利用类型中均明显低于反硝化速率（图10-2）。养殖塘沉积物中厌氧氨氧化速率在夏季和冬季的大小均低于检测限；红树林在夏季未检测到厌氧氨氧化速率，而冬季速率大小为（0.98±0.09）μmol·N/（kg·h）；果园和菜地的厌氧氨氧化速率较高，夏季分别为（0.34±0.02）μmol·N/（kg·h）和（1.26±0.15）μmol·N/（kg·h），而冬季分别为（0.46±0.07）μmol·N/（kg·h）和（0.01±0.0005）μmol·N/（kg·h）。经单因素方差分析表明，菜地和红树林的厌氧氨氧化速率存在显著的季节性差异（$p < 0.05$），但果园和养殖塘无显著季节性差异（$p > 0.05$）。夏季厌氧氨氧化速率在菜地的数值显著高于其他土地利用类型（$p < 0.05$），而冬季的 ANA 速率在红树林的数值显著高于其他土地利用类型（$p < 0.05$）。夏季厌氧氨氧化速率与含水率、NO_2^-和 LFOC 显著相关，冬季与含水率、TOC、C/N、LOC、LFOC、HFOC、DOC、叶绿素 b 和 MGS 显著相关。冬夏季数据分析表明，厌氧氨氧化速率与温度、TOC 和 LOC 关系密切。

与反硝化相比，厌氧氨氧化对于硝酸盐去除同样具有重要贡献作用。养殖塘沉积物在夏冬季的 ANA%没有数值（厌氧氨氧化速率低于检测限的缘故），红树林沉积物 ANA%在夏季同样没有数值，但在冬季数值大小为（56.41±2.81）%；果园夏冬季分别为（13.86±0.61）%和（69.42±2.12）%；菜地 ANA%在夏季的大小为（40.78±0.22）%，在冬季为（8.74±1.01）%（图 10-3）。经过单因素方差分析表明，夏季 ANA%在菜地具有最大值，显著高于其他三种土地利用类型（$p < 0.05$）；冬季 ANA%在果园具有最大值，显著高于其他三种土地利用类型（$p < 0.05$）；其中养殖塘沉积物始终具有 ANA%的最低值。相关性分析结果表明 ANA%与Fe^{2+}呈显著负相关关系（$p < 0.05$），而与Fe^{3+}呈显著正相关关系（$p < 0.05$）。

如图 10-2 所示，养殖塘沉积物中 DNRA 速率在夏冬季的大小分别为（0.82±0.07）μmol·N/（kg·h）和（1.05±0.28）μmol·N/（kg·h）；在红树林夏冬季的速率大小分别为（0.92±0.26）μmol·N/（kg·h）和（0.48±0.02）μmol·N/（kg·h）。果园和菜地土壤中 DNRA 速率较低，夏季分别为（0.06±0.02）μmol·N/（kg·h）和（0.25±0.05）μmol·N/（kg·h），冬季分别为（0.07±0.01）μmol·N/（kg·h）和

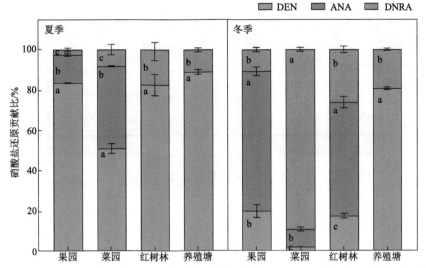

图 10-3　夏季与冬季四种生态系统的反硝化、厌氧氨氧化和 DNRA 对硝酸盐异化还原贡献比的比较

不同小写字母表示同一季节中不同生态系统间的显著性差异；误差棒表示标准误

（0.12±0.01）μmol·N/（kg·h）。经单因素方差分析表明，不同土地利用类型的 DNRA 速率在季节性差异上具有与厌氧氨氧化速率相似的规律，即只有在菜地和红树林中观察到了显著的差异（$p < 0.05$），该差异具体表现为夏季显著高于冬季；在果园和养殖塘中没有观察到显著的季节性差异（$p > 0.05$），但是 DNRA 速率在夏季的数值均小于冬季。DNRA 速率在夏季与含水率、NO_3^-、NO_2^-、Fe^{2+}、TOC、TN、LOC、LFOC、HFOC、DOC、叶绿素 a 和 MGS 显著相关，在冬季与 NH_4^+、NO_3^-、NO_2^-、Fe^{2+}、Fe^{3+}、TN 和叶绿素 a 显著相关。冬夏季数据汇总分析表明，DNRA 速率与温度、含水率、NH_4^+、NO_2^-、Fe^{2+}、Fe^{3+}、TN 和叶绿素 a 显著相关。

养殖塘沉积物中 DNRA% 在夏冬季分别为（11.07±1.15）% 和（19.29±0.61）%；红树林 DNRA% 在夏冬季分别为（17.45±5.27）% 和（26.09±1.61）%；果园和菜地 DNRA% 在夏季分别为（2.51±0.84）% 和（8.32±2.62）%，在冬季分别为（10.73±1.08）% 和（89.17±0.99）%（图 10-3）。通过季节上的对比发现，夏季的 DNRA% 低于冬季，表明在冬季 DNRA% 对硝酸盐异化还原的贡献比有较大的提高（图 10-3）。经单因素方差分析表明，夏季红树林沉积物中具有最高的 DNRA%，显著高于其他土地利用类型（$p < 0.05$）；冬季菜地土壤中具有最高的 DNRA%，同样显著高于其他土地利用类型（$p < 0.05$），并且使得 DNRA 在冬季成为菜地土壤中最主要的硝酸盐异化还原过程。相关性分析结果表明 DNRA% 在整体水平上主要与 Fe^{3+} 呈显著负相关关系（$p < 0.05$）（图 10-4）。

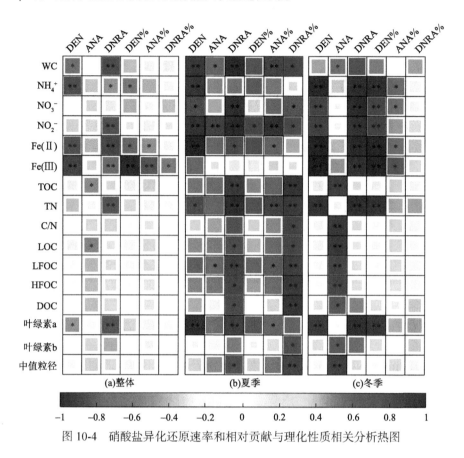

图 10-4　硝酸盐异化还原速率和相对贡献与理化性质相关分析热图

10.4　讨　　论

10.4.1　土地利用对红树林沉积物理化性质的影响

在土地利用发生转变过程中，化肥施用、翻耕和践踏等一系列人为活动对土壤的结构和养分循环产生深刻影响。已有研究表明，土地利用变化会削弱红树林生态系统的服务价值，进而改变土壤/沉积物的理化性质：包括改变土壤物理性质如渗透率、容重、团聚体平均粒径等，和改变土壤的化学性质如 pH、E_h、有机质和营养盐等，进而改变其碳储量和温室气体排放量的变化（表 10-2）。在本研究中，红树林湿地沉积物的含水率，DIN、Fe^{2+} 和有机质的含量均受到土地利用类型转变的显著影响。

土地利用变化会显著改变土壤/沉积物含水率，这与前人研究结果一致（表 10-2）。与红树林沉积物相比，果园和菜地土壤的含水率显著下降，这是由于果园菜地对土壤水分需求决定的，之前的红树林长期处于潮汐作用的影响下，水淹往往能够保证土壤的含水率和厌氧环境，但果园和菜地需要保持土壤的通气性，因此红树林转变为果园和菜地需要对土壤进行翻动和排水。而当红树林湿地围垦为养殖塘后，由于养殖塘长期被上覆水体淹没，因此其沉积物含水率与周期性被海水淹没的红树林沉积物没有显著性差异。

此外，土地利用类型转变也会显著影响沉积物中反应基质的浓度。由于养殖塘是长期被上覆水淹没，而红树林则处于周期性干湿交替状态，两者被水体淹没的时间长短不同，这意味着养殖塘具有比红树林更加稳定的厌氧还原环境。因此导致本研究中养殖塘沉积物 NH_4^+、NO_2^-，以及 Fe^{2+} 含量显著上升。同时，以往研究表明养殖塘沉积物中有大量饵料输入及鱼类代谢产物，会显著提高沉积物有机质和营养盐含量（Gao et al., 2018），这也可以支持本研究的结论。当红树林转变为旱地生态系统（果园&菜地）后，由于农田表层土更加容易暴露于氧化环境中，因此与红树林和养殖塘相比，果园和菜地土壤中的 NH_4^+ 和 Fe^{2+} 等低价态物质更难在有氧条件下得以保存，最终导致 NH_4^+ 和 Fe^{2+} 浓度显著下降。虽然先前有研究表明农田土壤中长期施用过量氮肥，会显著提高土壤的铁还原（Yi et al., 2019），但是菜地与果园土壤的还原环境远低于红树林沉积物。

红树林沉积物中有机质含量深受土地利用方式转变的影响。与红树林和养殖塘沉积物相比，果园和菜地等旱地土壤的叶绿素 a、TOC 和 TN 含量显著减少，这可能是因为水淹沉积物中有机质的矿化速率要比干旱土壤的慢，厌氧环境有利于有机物的积累；有研究表明当沉积物变干燥时，沉积物的物理结构会被破坏，可能暴露出先前受到物理保护作用的有机物，导致有机物被微生物群落快速氧化矿化（Rahman et al., 2019b; Telak et al., 2020）。同时养殖塘饵料添加和红树林大量的枯枝落叶输入丰富了这些生态系统沉积物的有机质含量（Hargreaves, 1998; Yang et al., 2021c）。此外，农业用地土壤会经常受人为活动（物理混匀与松土）的影响，从而减少农业系统中土壤团聚体的数量和稳定性，不利于土壤有机质的保持（Six et al., 2000; Bogunovic et al., 2019）。虽然农业生产中会以作物残留物和化肥的形式输入较高的碳氮有机化合物，但是通常只有一半的输入量可以通过作物回收，剩余的大部分会被微生物利用后以活性氮的形式流失到了环境中，少部分氮肥会被积累在土壤中（Sun et al., 2008），即农业土壤对土壤有机物质固定的贡献不大。总之，红树林生态系统本身具有高生产力和低有机物降解速率的特点，其沉积物储存大量有机质，当红树林转变为旱地生态系统后，有机质含量会显著下降。

表 10-2　国内外关于红树林潮滩湿地对其土地利用方式转变响应的相关研究

研究区	土地利用变化	研究内容与结论	参考文献
Sri Lanka	红树林→虾塘	经济与生态价值↓	Gunawardena and Rowan, 2005
Gulf of Mexico	红树林→草地、农田和海滩	生态服务功能↓	Mendoza-González et al., 2012
广西、广东和海南	红树林→农田、鱼塘、和光滩	TOC↓、TN↓、TS↓和 TP↓	袁彦婷等, 2012
South Andaman Islands, India	红树林→橡胶、槟榔、柚木等林地	pH↓、MBC↓、MBN↓、MBP↓、TN↓、DOC↓、DON↓、腺苷酸↓、MBC/TOC↓、MBC/MBN↓、Fe$_2$O$_3$%↑、土壤呼吸速率↓与代谢熵↑等	Dinesh and Chaudhuri, 2013
Guinea-Bissau	红树林→稻田与撂荒地	pH↓、粒径↑、TN↓、TOC↓、δ^{15}N↓	Andreetta et al., 2016
漳江口	红树林→稻田与旱地	速效氮↑、速效钾↓、速效磷↑、TOC↓、LFOC↓、HFOC↑、MBC↑、CPOC↓、FPOC↑、MPOC↑、LFOC/TOC↓、MBC/TOC↑、DOC/TOC↑	陈志杰等, 2016
Honda Bay, Philippines	红树林→养殖塘与盐田撂荒地、椰子园和被砍伐的红树林裸滩	CO$_2$↓、CH$_4$↓和 N$_2$O↑排放	Castillo et al., 2017
Ceará State, Brazil	红树林→虾塘	TOC 流失量↑与 CO$_2$ 排放↑	Kauffman et al., 2018
Sulawesi, Indonesia	红树林→养殖塘→人工红树林	洞穴密度↓、红树林根系密度↓、CO$_2$↑、CH$_4$↑和 N$_2$O↑排放	Cameron et al., 2019b
Sulawesi, Indonesia	红树林→养殖塘→人工红树林	地上和地下生物量↓、TOC↓与红树林群落结构↓	Cameron et al., 2019b
全球	红树林→养殖塘、果园、稻田和其他农业用地	生物量↓与 TOC↓	Sasmito et al., 2019
Mahakam Delta, Indonesia	红树林→养殖塘	碳储量↓与 CO$_2$ 排放↑	Arifanti et al., 2019

注: ↑与↓分别表示土地利用方式转变后研究对象的增加与减弱; TOC、TN、TS、TP、DOC、DON、MBC、MBN、MBP、LFOC、HFOC、CPOC 和 FPOC 分别表示土壤/沉积物总有机碳、总氮、总硫、总磷、溶解态有机碳、溶解态有机氮、微生物量碳、微生物量氮、微生物量磷、轻组有机碳、重组有机碳、粗颗粒有机碳和细颗粒有机碳。

10.4.2　生态环境意义探讨

当红树林湿地经历围垦后，沉积物理化性质的显著变化势必影响硝酸盐还原过程。本研究中发现有机物含量和质量共同影响着硝酸盐还原活性。TOC 通常是反硝化和 DNRA 过程的电子供体和基质（Hardison et al., 2015），在本研究中我们发现叶绿素 a 比 TOC 更能预测土壤/沉积物的反硝化和 DNRA 速率。这可能是由于叶绿素 a 作为一种不稳定、易降解的色素有机物易被反硝化和 DNRA 细菌吸收利用，之前也有研究证实了活性较强的有机物更易被河口近岸沉积物中的反硝化与 DNRA 细菌利用（Zhang et al., 2018; Liu et al., 2019）。

本研究发现含水率与反硝化和 DNRA 的呈极显著正相关关系，这表明含水率是影响硝酸盐还原过程的关键控制因素。通过对不同生态系统进行对比，发现当红树林湿地沉积物围垦为养殖塘后，沉积物反硝化和 DNRA 速率显著提高，而围垦为旱地土壤后反硝化和 DNRA 速率显著下降，表明了高含水率可以促进硝酸盐异化还原过程的发生。总结以往的文献归纳含水率对硝酸盐异化还原过程（反硝化和 DNRA）影响可能存在以下两种潜在机制。第一种机制是沉积物含水量通过影响反应基质的浓度来进而影响反应速率，已有研究表明水分是土壤/沉积物中氮转化过程的溶剂和介质，水分的增加可以帮助这些基质与微生物和胞外酶之间的传递和接触（Daly and Hernandez, 2020），因此当底物扩散受到土壤水含量较低的限制时，营养缺乏会导致微生物的生长和发育受限（Jiang et al., 2020）；对于旱地生态系统而言，水分有效性对细菌群落和土壤物质循环过程的影响甚至大于施肥带来的影响（Colombo et al., 2016）。第二种机制是水分含量通过影响土壤/沉积物含氧量，从而影响硝酸盐异化还原速率；由于养殖塘沉积物长期被水体覆盖，导致沉积物长期处于缺氧状态，为缺氧微生物的生长创造条件，因此有利于硝酸盐异化还原过程的发生；而当红树林围垦为旱地生态系统（果园&菜地），土壤水分含量显著降低，且长期受人为活动如翻耕等影响，促使厌氧微生物群落暴露在空气中（林杉，2011；黄容，2019），从而抑制硝酸盐异化还原过程的发生；同时 Morugán-Coronado 等人发现滴灌可以通过增加果园土壤的湿度来促进土壤反硝化的发生，这肯定了水分含量对干旱土壤中硝酸盐异化还原过程的重要性（Morugán-Coronado et al., 2019）。

以往的研究表明 Fe^{2+} 是反硝化和 DNRA 的重要电子供体（Rahman et al., 2019a; Xu et al., 2021）。高 Fe^{2+} 含量通常对应着缺氧的还原环境，会更加有利于反硝化的发生；此外，Fe^{2+} 可在化能自养微生物的介导下，通过与 NO_2^- 发生反应来进行 DNRA 过程（Robertson et al., 2016）。当红树林湿地转变为养殖塘后，Fe^{2+} 含量显著增加，这与本研究中更高的反硝化和 DNRA 速率相一致；而当红树林湿地转变为果园和菜地后，在空气中的频繁暴露导致土壤 Fe^{2+} 含量显著下降，这意味着电子受体的缺乏可能是导致果园和菜地土壤中反硝化和 DNRA 速率显著下降的原因之一。前人研究表明陆地生态系统土壤和潮滩湿地沉积物中的厌氧氨氧化可与 Fe^{3+} 还原偶联发生（Yang et al., 2012; Ding et al., 2014; Li et al., 2015b），然而在本研究中未发现两者存在密切关系。总的来说，红树林土地利用方式的转变改变了沉积物氧化还原环境，进而改变了铁离子的铁的氧化还原过程与硝酸盐还原过程的耦合在一定程度上影响着土壤/沉积物中硝酸盐的转化。

在不同的河口近岸生态系统中，反硝化、厌氧氨氧化和 DNRA 对硝酸盐还原的贡献不尽相同。例如，在河口、海湾和沿海潮滩湿地沉积物，硝酸盐还原过程由反硝化过程主导（Hou et al., 2012; Deng et al., 2015; Gao et al., 2019b; Zhao et al., 2020），而在有机质含量较高的红树林生态系统和低氮肥输入量的农田土壤中 DNRA 起主导作用（Fernandes et al., 2012a; Pandey et al., 2019）。大多数沿海生态系统中还是由反硝化或者 DNRA 发挥主导作用（表 10-3）。

本研究发现红树林湿地土地利用方式的转变会导致不同硝酸盐异化还原过程的更替。当红树林湿地转变为养殖塘，反硝化和 DNRA 的相对贡献比例提高，但是厌氧氨氧化的相对贡献比例减少，这主要归因于更稳定的厌氧条件和更丰富的有机质（Jiang et al., 2021a）。同时，在有充足有机物补给的条件下，厌氧氨氧化微生物难以与反硝化细菌竞争抗衡，并且有机物的存在也会降低厌氧氨氧化细菌的丰度，最终导致在富含有机物的红树林和养殖塘沉积物中厌氧氨氧化速率极低（Molinuevo et al., 2009; Xiao et al., 2018）。然而，当红树林湿地围垦为旱地生态系统（果园&菜地）时，虽然氮循环速率均显著降低，但反硝化的相对贡献比例显著下降，厌氧氨氧化的贡献比例显著增强（图 10-5）。这主要是红树林转变为旱地后有机质和微生物丰度显著下降，从而导致氮转化速率显著下降，同时由于异养氮转化过程如反硝化和 DNRA 对有机质的依赖性较强，导致旱地中这两个过程的贡献比例下降更为明显，而厌氧氨氧化作为化能自养型过程，在整个硝酸盐还原过程中开始起重要作用。

根据 0～5 cm 内的平均土壤/沉积物容重（1.60 g/cm^3），估算农业用地（包括果园和菜地）、红树林和养殖塘表层土壤/沉积物中从中 NO$_x$ 转化为 NH$_4^+$ 的量分别约为 1.3 t N/（m^2·a）、6.5 t N/（m^2·a）、9.4 t N/（m^2·a），而相应的氮损失分别为 11 t N/（m^2·a）、25 t N/（m^2·a）、55 t N/（m^2·a）。通过对比可以发现，当红树林转变为养殖塘后，活性氮保留能力增加 146%，氮损失能力显著增加 223%；而农业用地的活性氮保留能力和损失能力均表现为减少（分别为–20%和–45%）。可见，红树林湿地沉积物围垦为农田生态系统后，氮转化能力削减，并且由于输入的大量氮肥通常没有得到很好的利用，很容易通过淋滤和流失的方式对环境造成污染，尤其是在亚热带季风气候的高温、强降雨季节（张白鸽，2016）。因此，低硝酸盐去除速率和高氮肥施用量会导致农田土壤成为关键的氮污染源。而红树林转变为养殖塘后，虽然氮转化能力显著提高，但是由于饵料的大量投入和氮保留能力的提高，将会削弱硝酸盐去除的整体效果（图 10-5）。此外，养殖过程中产生的大量 DIN 会随着废水排放到邻近的河口和红树林生态系统中，这可能意味着养殖塘体系本身无法去除自身产生的过量氮素，只能依靠红树林等湿地生态系统来分担其压力（Ribeiro et al., 2016），可见红树林的生态价值不容小觑。基于以上分析，沿海围垦的增加导致红树林湿地生态系统的严重退化，当红树林湿地面积不断减少，湿地的自净能力也会随之降低,这将导致超负荷的活性氮无法有效地被湿地去除,其结果是河口水体的富营养化,这将对水生生态系统造成严重的威胁。

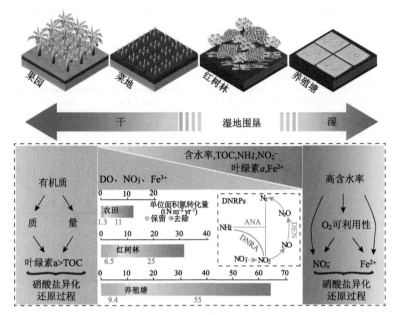

图 10-5 土地利用方式转变对红树林硝酸盐还原过程的影响示意图

表 10-3 国内外不同生态系统中硝酸盐还原速率的对比 [单位:μmol N/(m²·h)]

生态类型	研究区	DEN	ANA	DNRA	参考文献
农业用地	稻田,中国东南部	6.17~7.61	0.00~0.03	Na	Bai et al., 2015
	稻田,中国	2.37~8.31	0.15~0.77	0.03~0.54	Shan et al., 2016
	稻田,福建省,中国	7.02~23.73	0.43~1.90	Na	Nie et al., 2018
	果园,珠江口,中国	0.07~2.07	0.33~0.54	0.05~0.07	本研究
	菜地,珠江口,中国	0.003~1.76	0.01~1.37	0.11~0.29	本研究
河口湿地	天然沼泽湿地,中国	2.50~8.87	0.62~1.10	0.55~0.81	Gao et al., 2019b
	上海国家湿地公园,中国	3.21~17.8	1.04~2.41	0.13~0.44	Zhao et al., 2020
	黄河口,中国	0.14~9.61	0.15~1.04	0.43~6.33	Zhou et al., 2021
	红树林,中国	1.78~9.16	0.29~1.09	Na	Xiao et al., 2018
	原生态红树林	0.08	Na	0.65	Fernandes et al., 2012a
	人工种植红树林	0.22	Na	0.38	
	红树林,珠江口,中国	0.31~4.61	0.00~1.08	0.46~1.11	本研究

生态类型	研究区	DEN	ANA	DNRA	参考文献
河口&海湾	科帕诺海湾，美国	27.7~40.1	0.26~1.6	1.4~3.8	Hou et al., 2012
	金浦湾，中国	0.07~13.67	0.01~1.51	Na	Yin et al., 2015
	长江口，中国	0.06~4.51	0.01~0.52	0.03~0.89	Deng et al., 2015
	闽江口人类活动弱的区域，中国	5.00~12.72	1.71~3.10	Na	Li et al., 2021b
	闽江口人类活动较强的区域，中国	7.15~23.61	3.04~4.94	Na	
养殖塘	虾塘（5年），闽江口，中国	4.07~11.69	1.03~1.65	1.55~2.25	Gao et al., 2019b
	虾塘（18年），闽江口，中国	5.12~14.33	1.37~2.06	2.43~3.60	
	养殖塘，三沙湾，中国	7.91~14.10	0.61~1.78	1.21~2.77	Jiang et al., 2021a
	养殖塘，珠江口，中国	4.69~6.76	Na	0.73~1.24	本研究

注：Na 表示未检测或者速率低于检测限。

10.5 本 章 小 结

本研究系统地探讨了珠江口红树林湿地围垦成果园、菜地和养殖塘后，表层土壤/沉积物中硝酸盐异化还原过程的时空分布特征、影响因素及生态环境效应。研究结果表明：红树林围垦转变为养殖塘后，显著提高了反硝化和 DNRA 速率，但是削弱了厌氧氨氧化速率；而红树林围垦为果园和菜地等旱地生态系统后，提高了厌氧氨氧化速率，显著削弱了反硝化和 DNRA 速率。反硝化是夏季硝酸盐还原过程的主要途径，但冬季除了养殖塘外，其他生态系统中反硝化的优势地位逐渐被厌氧氨氧化和 DNRA 所取代。相关分析表明硝酸盐还原过程主要受含水率、TOC、叶绿素 a、NO_2^-和 Fe^{2+}含量等因素共同影响。虽然红树林围垦为养殖塘可以显著促进了反硝化过程的发生，但养殖塘的饵料输入量远高于其沉积物活性氮去除量，从而使得养殖塘成为近岸重要的面源污染源。而当红树林向果园和菜地等旱地农业生态系统转变时，会降低生态系统的氮转化能力，同时由于农田中输入的高含量的氮肥易通过淋滤和河流径流等方式输入河口近岸海域，加剧沿海水体富营养化。总而言之，红树林湿地围垦转变为其他生态系统后，会导致其硝酸盐还原能力的下降，进而影响到沿海生态环境的氮去除能力，可能加剧沿海富营养化和赤潮的发生。

第11章 城市河网-河口及邻近海域沉积物氮循环关键过程研究

11.1 引 言

河口近岸海域是位于海陆交界处的生态系统，从近岸河网到河口再到大陆架近岸地区是活性氮从陆地向海洋运输和转化的主要场所，并作为缓解人为污染物对海洋生态环境影响的重要"过滤器"（Cloern, 2001; Bouwman et al., 2013; Asmala et al., 2017）。因此，深入了解受人类影响深刻的沿海生态系统氮循环显得尤为重要。长江口及邻近海域作为受人为活动影响深刻的典型河口近岸生态系统。长江流域面积约为 $1.81106km^2$，人口高达 4.5 亿，是世界第五大河流（Liu et al., 2008; Hu et al., 2012）。长江每年将携带约 $1.21 \times 10^6 \sim 2.42 \times 10^6$ t 活性氮输入河口区域（Lin et al., 2016b）。上海作为长江三角洲的大型城市，总人口高达 2300 多万，每年向河网排放氮总量约为 5.9×10^5 t（Gu et al., 2012）。由此可见，上海市河网-长江口及邻近海域正经历着一系列生态问题，其中包括日益严重的水体富营养化和缺氧（Li et al., 2014; Wang et al., 2016）。实际上，自 1993 年以来，该地区有害藻华的数量增加了近 7 倍（Qu and Kroeze, 2010）。伴随着这种巨大的变化，在过去的几十年里长江口的氮浓度也增加了 12 倍（Chai et al., 2006）。因此，深入研究上海市河网-长江口及邻近海域氮循环研究对沿海富营养化管理具有重要意义。

NO_3^- 作为河口地区无机氮的主要组成形态，可通过反硝化、厌氧氨氧化及 DNRA 三个主要途径将其还原为 N_2 或 NH_4^+。前两种过程是将 DIN 转化为 N_2 及少量的 N_2O 气体，是将活性氮从系统中永久去除，而 DNRA 将 NO_3^- 转化为 NH_4^+，使得活性氮继续保留在生态系统中，并使得活性氮更易被浮游植物吸收利用（Seitzinger, 1988; Risgaard et al., 2004; Dalsgaard et al., 2005; Hietanen and Kuparinen, 2008; Crowe et al., 2012）。虽然以前已经分别开展过关于上海城市河网、长江口和东海不同类型生境沉积物的 NO_3^- 还原途径的研究，但对整个城市河网-河口-海洋连续体开展系统研究的相关报道仍较为鲜少。鉴于此，本研究结合前期已发表过的研究工作，扩展了上海城市河网、长江口及邻近海域的 NO_3^- 还原过程的研究，比较 3 种生态环境的 NO_3^- 过程的时空差异性及主要受控影响因素。研究目的是：

①研究城市河流-河口及邻近海域连续体沉积物 NO_3^- 还原过程在空间和季节上分异特征及关键影响因素；②确定该连续体影响 NO_3^- 还原过程的关键变量；③评估该连续体对系统 DIN 输入的去除效果，并确定 NO_3^- 还原活性的热点地区。

11.2 材料与方法

11.2.1 研究区概况与样点采集

上海市位于我国东部沿海和长三角核心区（图 11-1），是世界上人口最多的大都市之一，人口高达 2300 多万，土地总面积约为 6300 km²（Yu et al., 2013）。河网水域面积约 569.6 km²，占国土总面积的~9%（Lin et al., 2017a）。随着城市化进程的加快，城市河网的氮负荷越来越大，面临着一系列的生态问题（Gu et al., 2012; Yu et al., 2013）。长江口覆盖面积约 8500 km²，属典型的亚热带季风气候，年均气温 15 ℃，年平均降水量 1004 mm（Cui et al., 2012）。长江流域农业活动和生活污水排放带来的大量氮载荷导致长江口水体 DIN 含量不断增加，并导致该河口及近岸海域水体富营养化严重和有毒藻类频繁爆发（Chai et al., 2006; Dai et al., 2011; Li et al., 2014）。在长江口邻近海域是西北太平洋最大的边缘海，受长江影响较大（Gao et al., 2015）。它每年通过长江接收大量陆源物质，包括颗粒有机物（~1.20 × 10⁷ t N/a）（Liu et al., 2007）和 DIN（1.2~2.42 × 10⁶ t N/a）（Huang et al., 2006; Kim et al., 2011; Chen et al., 2016a）。因此，在过去的几十年里，长江口邻近海域也遭受了如水体富营养化和缺氧等一系列生态环境问题（Li et al., 2007; Song et al., 2013）。

本研究于 2015 年 1 月 10 日~15 日（冬季）和 2015 年 7 月 12 日~17 日（夏天）对城市河网和长江河口生境进行了调研，以及 2015 年 2 月 23 日~24 日（冬季）和 7 月 20 日~21 日（夏季）对邻近的海洋生境进行了调研。城市河流生境的沉积物反硝化、厌氧氨氧化和 DNRA 速率，以及邻近海洋生境的反硝化和厌氧氨氧化速率及环境参数已在其他 3 篇 SCI 论文中发表过（Cheng et al., 2016; Lin et al., 2017a; 2017b）。在这项研究中，我们将其中一些数据与我们的实验获取的新数据（包括河口的 DEN、ANA 和 DNRA 速率和邻近海域的 DNRA，以及它们在所有三个栖息地的相关基因数据）结合起来，形成一个上海市河网-长江口-邻近海域连续体的数据集。数据集包括上海城市河网的 11 个站点、长江口的 10 个站点和长江河口附近近岸区域的 9 个站点（图 11-1）。通过比较不同生境之间的 NO_3^- 还原过程、影响因素及生态环境意义，探讨多个生态系统在整个连续体中的硝酸盐去除贡献比例及生态环境意义。

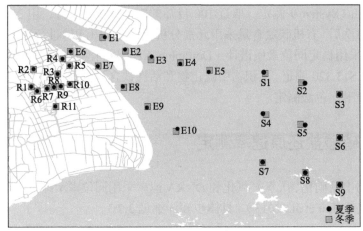

图 11-1　研究区与采样点图

本实验城市河网沉积物采用自制的手持柱状采泥装置（其末端装有直径为 7.8 cm，长 60 cm 的有机玻璃采样管）在每个站点采集 3 个平行表层样（0～5 cm），平行样混匀后，取 5 g 左右的新鲜沉积物分装至冷冻管中，置于液氮中保存，回实验室后将其转移到-80 ℃冰箱内，该部分样品用于 DNA 提取及后续相关分子生物实验；取 200 g 左右的新鲜沉积物密封贮存于无菌自封袋中，冷藏保存，回实验室后将其存放于 4 ℃冰箱内，用于测定各脱氮速率；剩余样品密封贮存于无菌自封袋中，冷藏保存，回实验室后将其存放于-20 ℃冰箱内，用于测定沉积物各理化指标。用 Sea-Bird II 型采水器采集底层上覆水，经 0.45 μm 核孔膜过滤后存放到用聚乙烯瓶中，冷藏保存，回实验室后将其转移到-20 ℃冰箱内。

长江口及邻近海域沉积物采用无扰动箱式采泥器将沉积物采集置于船板上，再用直径为 7 cm 的有机玻璃管采集表层柱状样（0～5 cm），每个站点采集 3 个平行样；将每个平行样在厌氧袋内混匀后，取 20 g 左右沉积物存于冻存管内并将其冻于液氮中，回实验室后转至-80 ℃冰箱，该部分样品用于 DNA 提取及后续相关分子生物实验；另用无菌自封袋取 200 g 左右沉积物冻于-20 ℃冰箱，该部分样品用于测定沉积物基本理化指标；剩余沉积物迅速密封贮存于无菌自封袋中，并将其存放于 4 ℃冰箱，用于测定各脱氮速率与微生物生物量碳（MBC）。用 Sea-Bird II 型采水器采集沉积物上覆水体，经 0.45 μm 核孔膜过滤后存放于聚乙烯瓶中，冷冻保存带回实验室。

11.2.2　环境参数测定

站点温度、盐度和溶解氧采用手持式水质分析仪（YSI Professional Plus）进行原位测定。沉积物和上覆水体中的 NH_4^+、NO_3^- 和 NO_2^- 含量采用营养盐自动分析仪（SAN Plus System）测定。取过 100 目筛的冻干沉积物少许，用 3 M HCl 将碳酸盐有效淋洗后，有机碳氮含量采用元素分析仪（VarioEL III）进行测定，而 $\delta^{13}C_{org}$ 和 $\delta^{15}N$ 值采用稳定同位素质谱计（Deltaplus XP）进行测定。沉积物粒径采用激光粒度仪 LS13 320 测定。沉积物中硫化物和活性铁含量分别采用亚甲基蓝分光光度法和菲啰啉比色法测定。

11.2.3 硝酸盐还原速率测定

沉积物中反硝化、厌氧氨氧化和 DNRA 速率采用同位素示踪技术结合泥浆培养实验测定（Hou et al., 2013）。具体步骤详细见 3.2.3。

11.2.4 微生物功能基因测定

nirS、anammox 16S rRNA 和 nrfA 功能基因的测定方法详见 3.2.4。

11.2.5 统计与分析

使用 SPSS 19.0（SPSS Inc., USA）和 OriginPro 2016（OriginLab Corporation, Northampton, MA, USA）等软件进行数据统计分析；使用 OriginPro 2016、Corel Draw X6 （Corel, Ottawa, ON, Canada）和 ArcGIS 10.2（ArcMap 10.2, ESRI, Redlands, CA）制图。采用单因素方差分析法（ANOVA），对不同时空的硝酸盐异化还原速率、相对贡献比例和理化性质的差异进行分析，结果比较采用 LSD 检验（$p < 0.05$）；采用 Pearson 相关分析确定理化性质与硝酸盐异化还原速率及相对贡献比例的相关关系。

11.3 结果与分析

11.3.1 城市河网–河口及邻近海域环境参数

沿着城市河网-河口-邻近海域连续体，物理参数（即盐度和 DO）和营养盐（即 DIN、TN、TOC、Fe 和 S^{2-}）均呈现急剧下降的变化趋势，夏季和冬季的总体空间格局表现一致。夏季和冬季的平均盐度分别为 0.3 ppt 和 0.5 ppt，河口为 3 ppt

和 5 ppt，邻近海域为 29 ppt 和 30 ppt[表 11-1，图 11-2（a）和（b）]。随着盐度的升高，DO 从城市河网的饱和度 < 30% 增加到河口和海洋的饱和度分别为 60% 和 100%。就季节而言，DO 在冬季持续高于夏季。与盐度和 DO 空间分布模式相反，营养盐参数通常由城市河网向河口及邻近海域逐渐下降。具体而言，NO$_3^-$的平均浓度从河口的 100 μM 和 120 μM（分别为夏季和冬季）急剧下降到海洋的 3 μM 和 30 μM，冬季的浓度明显高于夏季[图 11-2（c）和（d）]。另一方面，NH$_4^+$在城市河网（夏季 110 μM 和冬季 490 μM）和河口（夏季 1 μM 和冬季 5 μM）之间有显著下降，且冬季显著高于夏季[图 11-2（c）和（d）]。S^{2-}、Fe^{3+}、Fe^{2+}、TN 和 TOC 与 NH$_4^+$的空间分布模式相似，在城市河网和河口之间出现急剧下降[图 11-2（e）和（h）]。这些营养元素的季节性差异没有 NO$_3^-$和 NH$_4^+$那么剧烈，系统间的一致性也不太高。尤其是 S^{2-}，城市河网冬季值低于夏季值，但河口及邻近海域反之[图 11-2（e）和（f）]。

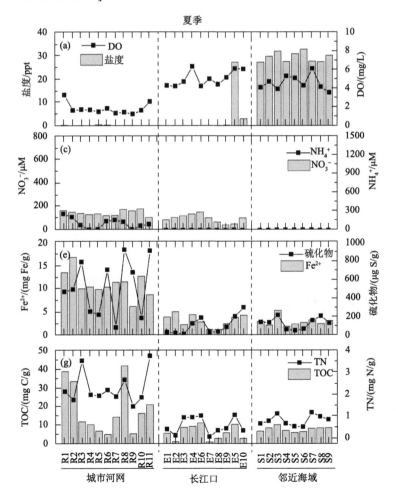

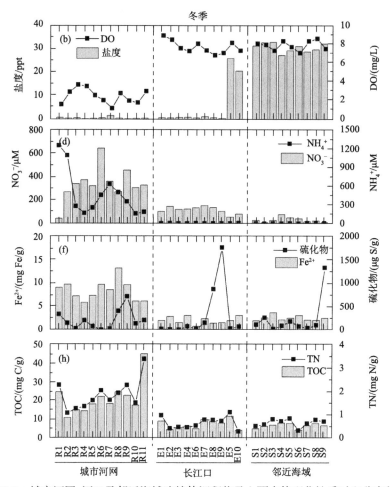

图 11-2　城市河网–河口及邻近海域连续体沉积物及上覆水体理化性质时空分布特征

11.3.2　城市河网–河口及邻近海域沉积物硝酸盐还原过程时空分布特征

一般而言，反硝化、厌氧氨氧化和 DNRA 速率由陆及海逐渐递减，尤其是在城市河网与河口之间，差异最为显著。虽然这些空间分布格局在夏季和冬季之间基本一致，夏季值均显著高于冬季。反硝化是三个区域内所有季节硝酸盐还原过程的主导途径，而厌氧氨氧化在城市河网冬季时贡献突出。事实上，它们各自对硝酸盐还原的贡献在时间和空间上均存在很大差异。

反硝化在城市河网中最高[21 μmol/（kg·h）]，由陆及海逐渐下降，在河口[6 μmol/（kg·h）]和邻近海域[5 μmol/（kg·h）][图 11-3（a）和（b）]。季节之间的下降模式表现一致[图 11-3（a）和（b），表 11-1]。反硝化硝酸盐还原贡献比例（DEN%）在所有地点和季节所占比例均最大[图 11-3（g）和（h）]。尽管城市河网的反硝化速率最高，但河口和邻近海域的 DEN%分别高达 74%和 70%，要明显高于城市河网（59%）。此外，冬季（61%）的 DEN%总体低于夏季（74%）。

厌氧氨氧化是整个场地和季节的第二大硝酸盐还原过程。厌氧氨氧化速率通常遵循与反硝化相似的空间模式[图 11-3（c）和（d）]，其中河流的厌氧氨氧化速率最高[9 μmol/（kg·h）]，大约比河口[0.7 μmol/（kg·h）]和邻近海域[1 μmol/（kg·h）]高 1 个数量级。厌氧氨氧化速率的季节性差异显著，但不同区域的厌氧氨氧化速率变化差异不尽相同（表 11-1）：在城市河网区域，冬季的厌氧氨氧化率几乎是夏季的两倍，但河口和邻近海域的厌氧氨氧化速率则相反。总体而言，整个研究区的厌氧氨氧化硝酸盐还原贡献比例约为 23%，ANA%的空间和时间模式通常遵循速率中的模式[图 11-3(i)和(j)]，冬季河网中出现的百分比最高（57%）。事实上，冬季河网中的厌氧氨氧化的硝酸盐贡献比例与反硝化相同，均为 48%（表 11-1）。

与其他途径相比，DNRA 的比率较低，约占硝酸盐还原总量的 10%[图 11-3（e）和（f），表 11-1]。平均而言，城市河网[1.5 μmol/（kg·h）]的 DNRA 速率明显高于河口[0.7 μmol/（kg·h）]和邻近海域[0.8 μmol/（kg·h）]。季节上，夏季 DNRA[1.5 μmol/（kg·h）]明显高于冬季[0.6 μmol/（kg·h）]。三个区域在不同季节的 DNRA%差异很大[图 11-3（k）和（l）]。然而，最显著的模式是，河网区域的 DNRA%最低（约 5%），而下游其他两个区域的 DNRA%则增加至约 12%。

功能基因（即 *nirS*、Anammox 16s RNA 和 *nrfA*）的分布通常与其关联的氮还原途径的空间分布类似[图 11-4（a）～（f）]。与硝酸盐还原速率相比，基因丰度的季节性差异不太明显（图 11-3，图 11-4）。我们还在冬季的河流和海洋中发现了 ANA 16s RNA：*nirS* 的零散热点，在冬季的海洋中发现了 *nrfA*：*nirS* 的零散热点。

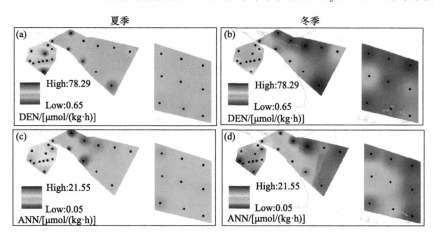

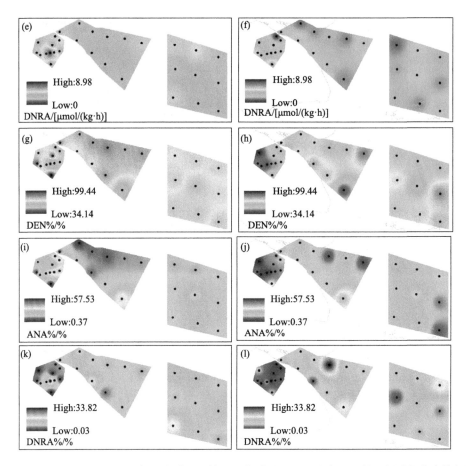

图 11-3　城市河网-河口及邻近海域连续体沉积物硝酸盐还原速率及贡献比例时空分布特征

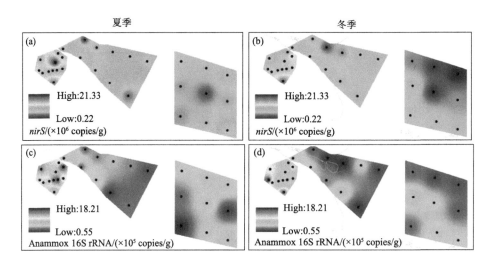

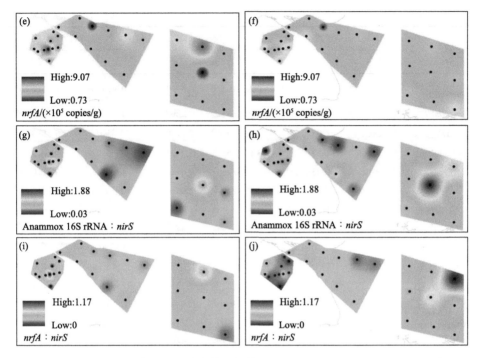

图 11-4 城市河网-河口及邻近海域连续体沉积物 *nirS*、Anammox 16s rRNA 和 *nrfA* 功能基因及比例时空分布特征

表 11-1 上海市河网、长江河口及其邻近海域氮转化速率、功能基因及环境参数平均值及标准差

项目	上海市河网		长江河口		邻近海域	
	夏季	冬季	夏季	冬季	夏季	冬季
DEN /[μmol/(kg·h)]	28.61±7.06[aA]	12.46±2.29[aB]	8.86±1.68[bA]	3.03±0.81[bB]	7.65±0.79[bA]	3.16±0.74[bB]
ANA /[μmol/(kg·h)]	6.43±1.02[aA]	11.38±1.37[aB]	1.12±0.24[bA]	0.59±0.12[bB]	1.64±0.14[bA]	0.82±0.21[bB]
DNRA /[μmol/(kg·h)]	2.01±0.77[aA]	1.00±0.34[aB]	1.01±0.09[bA]	0.41±0.05[cB]	1.26±0.15[bA]	0.42±0.05[bB]
DEN%/%	70.49±5.55[aA]	48.28±2.61[bB]	78.50±2.60[cA]	68.80±4.05[aB]	71.67±1.79[bA]	68.82±3.06[aA]
ANA%/%	22.11±3.75[aB]	47.89±2.37[aA]	10.42±2.39[cB]	17.27±3.39[bA]	16.14±1.66[bB]	19.43±2.49[bA]
DNRA%/%	7.40±2.93[aA]	3.83±0.94[bB]	11.07±1.45[bA]	13.07±3.53[aA]	12.19±1.37[bA]	11.75±1.85[cA]
nirS /(×10⁶ copies/g)	4.36±1.88[aA]	3.39±0.96[aA]	1.34±0.25[bA]	0.99±0.11[bA]	1.08±0.22[bA]	0.81±0.15[bA]
ANA 16S /(×10⁵ copies/g)	8.64±0.92[aA]	9.14±1.38[aA]	2.69±0.27[cA]	3.19±0.70[bA]	3.61±0.57[bA]	4.14±0.72[bA]
nrfA /(×10⁵ copies/g)	3.48±0.66[aA]	2.70±0.39[aA]	2.14±0.25[bA]	1.98±0.20[aA]	2.28±0.53[bA]	2.13±0.21[aA]

续表

项目	上海市河网		长江河口		邻近海域	
	夏季	冬季	夏季	冬季	夏季	冬季
Aanmmox 16S/$nirS$	0.52±0.13^{aA}	0.44±0.15^{aA}	0.28±0.05^{bA}	0.33±0.07^{bA}	0.39±0.09^{bA}	0.64±0.16^{aA}
$nrfA$/$nirS$	0.24±0.10^{aA}	0.12±0.02^{aB}	0.20±0.03^{aA}	0.22±0.03^{bA}	0.24±0.06^{aA}	0.37±0.10^{cA}
#T/℃	27.32±0.26^{aA}	6.08±0.07^{bB}	25.48±0.61^{bA}	5.77±0.05^{cB}	22.43±0.19^{cA}	7.56±0.46^{aB}
#Salinity/ppt	0.33±0.06^{aA}	0.57±0.12^{aA}	3.18±2.65^{bA}	5.20±3.01^{bA}	29.06±0.69^{cA}	30.39±0.64^{cA}
#DO/(mg/L)	1.85±0.18^{aA}	2.43±0.24^{aB}	5.01±0.26^{bA}	7.65±0.21^{bB}	4.55±0.26^{bA}	7.81±0.17^{bB}
#NO_2^-/μM	8.36±3.16^{aA}	3.69±1.85^{aB}	0.62±0.10^{bA}	1.09±0.14^{bB}	0.12±0.01^{cA}	0.31±0.06^{cB}
#NO_3^-/μM	148.11±7.33^{aA}	341.09±43.39^{aB}	99.00±11.13^{bA}	117.92±9.64^{bA}	3.22±0.30^{cB}	33.01±7.32^{cA}
#NH_4^+/μM	108.36±25.41^{aA}	488.85±112.88^{aB}	1.39±0.22^{bA}	5.34±0.82^{bB}	1.76±0.25^{bA}	4.33±1.25^{bB}
NO_3^-/(μg N/g)	0.32±0.03^{aA}	1.70±0.42^{aB}	7.92±1.63^{cA}	2.78±0.77^{aB}	1.89±0.46^{bA}	1.02±0.06^{bB}
NH_4^+/(μg N/g)	79.00±12.53^{aA}	139.15±26.60^{aB}	2.76±0.63^{cA}	12.17±2.99^{bB}	5.30±0.46^{bA}	4.61±0.54^{cA}
Fe^{2+}/(mg Fe/g)	11.04±0.84^{aA}	8.55±0.66^{aB}	3.16±0.42^{bA}	2.20±0.24^{bB}	2.94±0.33^{bA}	2.64±0.19^{bA}
S^{2-}/(ug S/g)	517.99±90.72^{aA}	216.46±64.09^{aB}	104.65±30.49^{bA}	311.64±183.00^{aB}	131.10±19.97^{bA}	256.16±138.25^{aB}
TOC/(mg C/g)	18.85±4.07^{aA}	21.24±2.74^{aA}	7.41±0.80^{bA}	7.26±0.82^{bA}	7.99±0.44^{bA}	6.56±0.43^{bA}
TN/(mg N/g)	2.31±0.22^{aA}	1.84±0.20^{aB}	0.60±0.12^{bA}	0.65±0.08^{bA}	0.84±0.08^{cA}	0.65±0.05^{bB}

注：小写字母表示不同生态系统空间差异性，大写字母表示季节之间存在显著差异性，#表示底层水体理化性质。

11.3.3　硝酸盐还原过程的关键控制影响因素

多元线性回归结果表明冬夏季硝酸盐还原速率与不同类型的养分有关。反硝化和DNRA在夏季更多地与有机物关系密切，而在冬季与无机形式相关（表11-2）。夏季，在所有环境参数中，反硝化和 DNRA 的模型均选择沉积物 TOC、TN 和 TOC∶TN 作为解释变量，但反硝化和 DNRA 之间回归系数的符号正好相反。在每个模型的这三个变量中，TOC 总是与其他两个变量具有相反的符号。然而，在冬季，反硝化将沉积物 NO_3^-、NH_4^+、TN 和上覆水体 NH_4^+作为解释变量，而 DNRA 将深度、沉积物 Fe^{2+}、TOC、TN 和上覆水体 NH_4^+作为解释变量。厌氧氨氧化在其模型中的变量较少，包括夏季的沉积物 Fe^{2+} 和底水 NO_3^-以及冬季的沉积物 TN 和上覆水 NH_4^+。DEN%、ANA%和 DNRA%模型中的变量在这些模型之间和季节之间的一致性较差。

表 11-2　硝酸盐还原速率及贡献比例与环境参数之间的多重线性回归分析结果

		DEN	ANA	DNRA	DEN%	ANA%	DNRA%
夏季	深度						

续表

		DEN	ANA	DNRA	DEN%	ANA%	DNRA%
夏季	NO_3^-					−0.030	
	NH_4^+						
	Fe^{2+}	−0.056	0.000		−0.018	0.000	−0.005
	S^{2-}				−0.078		
	TOC	−0.013		0.003	−0.022		0.033
	TN	0.000		−0.031	0.001	−0.044	
	TOC：TN	0.006		−0.021	0.016		
	#NO_3^-		0.000				
	#NH_4^+				0.069	−0.002	
	#TOC：NO_3^-						
冬季	深度			0.050			
	NO_3^-	0.035			0.012		
	NH_4^+	−0.002					
	Fe^{2+}			0.000		0.000	−0.002
	S^{2-}						
	TOC			0.000	0.073		
	TN	0.000	0.000	−0.039			
	TOC：TN				−0.023		
	#NO_3^-				−0.001		
	#NH_4^+	0.020	0.000	0.000	0.000		
	#TOC：NO_3^-						

注：绝对值代表每个变量的 P 值；通过逐步 BIC 模型选择程序选择自变量，未选择的变量为空；#表示上覆水理化性质。

11.4　讨　论

河口近岸水环境沉积物硝酸盐还原过程被认为是陆地-海洋界面的重要氮去除/保留机制（Herbert, 1999）。此前，上海市河网、长江口和东海不同类型生态系统中的硝酸盐还原途径已经进行了多次研究。包括上海市河网（Cheng et al., 2016）和长江口（Deng et al., 2015）的反硝化、厌氧氨氧化和 DNRA，以及东海的反硝化与厌氧氨氧化（Lin et al., 2017b）。在本研究中，我们对已发表数据结合一些未发表数据进行整合，探讨上海市河网-河口及邻近海域三个区域沉积物硝酸盐去除途径的时空分布、影响因素及生态环境意义。本研究发现反硝化、厌氧氨氧化和 DNRA 速率随着有机物（TOC 和 TN）和无机养分（NO_3^-、NH_4^+、S^{2-}、Fe^{2+}）从城市河网到海洋逐渐降低。河口近岸的人为活性氮的输出基本上被这一连续体过滤和去除，其中城市河网发挥着特别重要的作用，应成为未来研究和管理的重点。我们的研究结果强调了跨生态系统之间的比较和综合管理战略。

11.4.1 城市河网–河口及邻近海域沉积物硝酸盐还原过程关键控制因素探讨

考虑到我们的 NO_3^- 还原速率是通过泥浆结合同位素实验获取的，并且只反映了潜在的而不是实际的原位速率。因此将本研究的结果与国内外使用泥浆或沉积物柱状培养方法获取的速率进行了比较，发现我们的研究结果与国内外其他相似生态系统的研究结果处于同一数量级（表 11-3）。同时我们也发现长江口的反硝化速率要略低于珠江口，但厌氧氨氧化速率要高于珠江口（Wang et al., 2012）。

除了城市河网的厌氧氨氧化外，其他速率均表现出夏季速率高于冬季（表 11-1）。一般来说，温度与硝酸盐还原速率呈正相关，因为高温下微生物代谢更快（Bremner and Shaw, 1958; Bachand and Horne, 1999）。据报道高温有利于盐沼湿地和河口沉积物中 DNRA 而非 DEN（King and Nedwell, 1985; Ogilvie et al., 1997a, 1997b）。这与我们的研究结果较为一致，即在城市河网区域，夏季的 DNRA%要高于冬季。而东海的 DNRA 速率和 DNRA%在季节之间没有显著差异，河口区的差异也很小。这表明温度在调节该区域的 DNRA 方面并没有起到主要作用，这与之前对该区域的研究一致（Deng et al., 2015）。另一方面，厌氧氨氧化的最适合温度（12 ℃）要低于反硝化（24 ℃）和 DNRA（大于 17 ℃）（Kelly et al., 2001; Jetten et al., 2001）。这在一定程度上能够解释为什么城市河网区域的厌氧氨氧化速率在冬季[11 μmol/（kg·h）]的速率比夏季[6 μmol/（kg·h）]高。

表 11-3 国内外河流、河口及海洋生态系统沉积物硝酸盐还原速率与本研究的对比

河流	反硝化	厌氧氨氧化	DNRA	参考文献
小泽川河，日本	313.6	1.2	Na	Zhou et al., 2014
新沂河，中国	Na	41.0～58.0	Na	Zhang et al., 2007
坦噶尼喀湖，非洲	0.0～0.2	0～0.02	Na	Schubert et al., 2006
清水河，中国	0.3～1.3	0.1～0.8	Na	Han and Li, 2016
卢加诺湖南盆地，瑞士	3.0～28.6	0～1.9	0～3.1	Wenk et al., 2014
上海市河网，中国	6.2～106.0	0.3～34.6	0～14.6	本研究

续表

河流	反硝化	厌氧氨氧化	DNRA	参考文献
河口				
科恩河口海斯，美国	192.5	78.5	160.0	Dong et al., 2009
科帕诺湾，美国	14.0~20.0	0.1~0.8	0.7~1.9	Hou et al., 2012
长江口，中国	1.7~21.0	0.4~1.8	0.8~5.9	Zheng et al., 2016
长江口，中国	0.4~29.0	0.1~3.4	0.1~2.3	Deng et al., 2015
卡瓦多河口，葡萄牙	1.1~10.8	0.0~3.3	Na	Teixeira et al., 2012
珠江口，中国	8.6~35.0	0.1~2.7	Na	Wang et al., 2012
长江口，中国	0.7~27.9	0.1~3.5	0.3~2.4	本研究
海洋				
东海大陆架	0.6~20.0	0.3~4.6	0.4~33.0	Song et al., 2013
东格陵兰岛和西格陵兰岛，丹麦	1.0~50.5	0.2~15.1	Na	Risgaard et al., 2004
卡斯卡迪亚海盆，美国	0.2~1.8	0.1~1.7	Na	Engström et al., 2009
奥胡斯湾，丹麦	Na	3.5	Na	Thamdrup and Dalsgaard, 2002
布洛克和罗德岛海湾	2.5~53.5	1.1~8.7	Na	Brin et al., 2014
波罗的海	0.8~33.5	0.2~0.7	0.7~22.0	Jäntti and Hietanen, 2012
东海，中国	1.3~13.7	0.4~2.4	0.2~2.4	本研究

注：统一单位为 nmol/（cm³·h）；统一单位中选取的沉积物深度统一选择 5 cm，沉积物容重统一为 2.68 g/mL。

空间上，有机物（TN 和 TOC）与营养盐的空间差异性可能是硝酸盐还原过程的关键驱动因素。以往研究普遍发现有机质常作为电子供体及碳源参与土壤/沉积物硝酸盐还原过程（Seitzinger et al., 2006; Burgin and Hamilton, 2007; Lin et al., 2017b）。本研究中反硝化、厌氧氨氧化和 DNRA 的分布与有机物（OM）在时空分布特征基本一致（图 11-2 和图 11-3）。有机物含量随着水深深度和沉积物粒度的增加由陆及海逐渐减少。这些条件可以对沉积物上陆地有机质的积累和沉积起到关键控制作用。长江口及邻近海域通过长江从陆地接收大部分的营养盐和有机物（Yang et al., 2015; Lin et al., 2017b）。邻近海域水深越深的沉积物接收真光层海源有机物的量越少，因为有机物需要经历更长水柱到达海底，在水体中的降解时间更长（Lin et al., 2017b）。同时粒径越大，沉积物的比表面积小，有机质吸附和存储能力越弱。此外，我们还观察到由城市河网向海 DO 逐渐升高，这也可能进一步加剧有机质由陆及海逐渐降低的趋势。因为在有氧环境中有机物降解要比缺氧环境中发生得更快（Laufkötter et al., 2017）。我们还发现反硝化和厌氧氨氧化与 TOC 和 TN 关系密切（表 11-2）。TN 和 TOC 都反映了沉积物中有机质的含量，但反硝化和厌氧氨氧化似乎与 TN 在夏季的相关性更为密切，而与 TOC 在冬季的相关性更为密切。TOC 作为电子供体，为反硝化提供能量（Tiedje et al., 1983）。它还可通过与反硝化偶联进而为厌氧氨氧化提供反应底物（NO_2^-）（Thamdrup and Dalsgaard, 2002; Engström et al., 2005; Nicholls and Trimmer, 2009）。无机营养盐对调节硝酸盐还原过程的重要性仅次于有机质，因为它们与反硝化和厌氧氨氧化速率均表现出比有机质较弱的相关性（表 11-2）。

11.4.2　生态环境意义探讨

扩大整个城市河网、河口和邻近海域（采样站覆盖的区域）（图 11-1）的硝酸盐还原速率，我们发现邻近海域减少大部分 DIN 负荷（总氮去除量的 54%），其次是河口（40%）和河网（6%）。因此，邻近海域和河口是河口近岸地区人为活性氮特别重要的汇。如果继续在这个体系中增加人为活性氮，那么过量的活性氮最终可能会超过其氮去除能力，并恶化河口及邻近海域造成一系列环境问题，如水体富营养化、有毒藻类暴发及厌氧区产生等（Li et al., 2007; Song et al., 2013; Lin et al., 2017b）。然而，就单位表面积减少的 DIN 而言，城市河网的反硝化比下游河口和邻近海域高 4 倍，厌氧氨氧化高 12 倍，DNRA 高 2 倍（表 11-4；图 11-5）。这一比较进一步表明城市河网是反硝化和厌氧氨氧化的热点区域，它将 DIN 永久性去除。这一连续体去除的活性氮总量占整个上海地区排放总氮负荷的～40%（5.88×10^5 t N/a）（Gu et al., 2012），其余的活性氮将由更广阔的大陆架中进一步移除和埋藏（Lin et al., 2017b）。当标准化为面积时，我们的连续体显示出比 Lin 等（2017b）报告的长江口及邻近海域区域[41 t N/（$km^2 \cdot a$）]更高的单位面积活性氮去除能力[48 t N/（$km^2 \cdot a$）]。城市河网的单位面积活性氮去除量约为近海地区的 4 倍（表 11-4）。因此，城市河网单位面积活性氮去除量对上海当地生态环境产生了重要影响，具有巨大的经济和生态价值。

表 11-4　上海市河网-河口及邻近海域沉积物反硝化、厌氧氨氧化和 DNRA 通量

		反硝化	厌氧氨氧化	DNRA
通量/（tN/a）	城市河网	9390	4267	726
	河口	79528	11398	9588
	邻海海域	100018	22518	15892
	连续体	188936	38184	26207
通量/[tN/(km²·a)]	城市河网	200	91	15
	河口	43	6	5
	邻海海域	35	8	6
	连续体	40	8	5

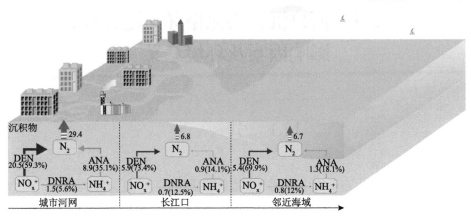

图 11-5　城市河网-河口及邻近海域沉积物硝酸盐还原过程模式图

数据表示各还原通路的速率及贡献比例。箭头和线条的粗细表征各速率大小

11.5　本 章 小 结

在近岸城市河网、河口和海洋生态系统中，对其沉积物硝酸盐还原过程进行了不少研究，但很少将以上三个生态系统作为一个连续体进行系统研究。研究结果表明冬夏季反硝化、厌氧氨氧化和 DNRA 的速率均随着沉积物有机质的减少由陆及海逐渐下降。在这些途径中，反硝化仍然是整个连续体的主要成分（～69.6%），而在冬季，城市河网沉积物厌氧氨氧化（47.9%）可与反硝化（48.3%）相媲美。氮保留指数（NIRI）的范围为 0～0.5，并由陆及海逐渐增加。河口和邻近海域由于面积大，因此总的活性氮去除量更大，但城市河网单位面积去除的氮负荷量更多，因此城市河网是氮循环的热点区域。多元逐步回归分析表明有机质和无机物空间分布特征决定了硝酸盐还原沿连续体的分布格局。我们的研究结果强调了在关联生态系统氮循环研究中采用连续体的重要性，并强调了城市河网作为氮去除的热点区域应受到人们更多的关注。

第12章 河口沉积物氮循环关键过程、影响因素及环境意义

12.1 引　　言

氮循环是海洋生态系统中重要的生物地球化学循环，氮为仅次于氢、氧、碳的第四大有机质元素（Zehr and Kudela, 2011）。近几十年来，由于工业固氮，全球河口和沿海生态系统活性氮急剧增加，造成了许多生态环境问题，如水体富营养化范围的扩大、缺氧范围扩张和有害藻华爆发次数增加等（Cai et al., 2011; Deegan et al., 2012; Li et al., 2014）。氮从–3 到+5 有多种不同价态，这意味着氮在化学反应中既是电子受体又是供体。氮的主要转化包括反硝化、厌氧氨氧化、DNRA、固氮、硝化、氮矿化与同化过程（Herbert, 1999; Lam and Kuypers, 2011）。在浅河口和沿海生态系统，沉积物有助于生态系统新陈代谢，并为各种各样的微生物提供栖息地，进而在活性氮的来源、转化和命运中发挥关键作用。因此，在过去一个世纪里，河口和沿海生态系统沉积物中的氮转化过程引起了国内外学者广泛的关注（Bernhard et al., 2010; Gardner et al., 2006; Giblin et al., 2013; Smith et al., 2015; Tan et al., 2019）。需要准确地量化沉积物氮循环活动，以了解活性氮的来源、转化和命运，并为缓解和控制水生环境中的氮污染提供理论基础（Davidson, 2009; Galloway et al., 2008）。

氮转化过程是由微生物介导的，具有多个功能基因。*nirS* 基因编码的 NO_2^- 还原酶参与了反硝化过程。在 DNRA 中，NO_3^- 被 *nrfA* 编码的酶还原为 NH_4^+（Smith et al., 2015）。固氮酶还原酶编码基因 *nifH* 在固氮过程中已被频繁使用（Zehr and Capone, 1996）。氨氧化是硝化过程中的第一步也是限速步骤，由 AOB 或 AOA 编码酶催化（Li et al., 2011）。环境细菌和厌氧氨氧化细菌分别可以通过细菌 16S rRNA（Bac 16S）基因和厌氧氨氧化 16S rRNA（Amx 16S）基因来测定（Yu et al., 2018）。对基因编码关键转化酶的研究以及氮转化速率的测定可以提高对微生物介导的氮转化过程的认识。

河口是连接河流和海洋的纽带，也是整个流域过量氮输入的缓冲区。例如，长江口～25%的外部 DIN 通过沉积物反硝化和氨氧化去除（Deng et al., 2015），

新河口沉积物硝酸盐异化还原速率达 25 nmol N/（g·h）（Song et al., 2014），测得 Colne 河口沉积物硝化速率高达 342 nmol N/（g·h）（Li et al., 2015d）。微生物活跃的沉积物是氮转化天然生物反应的热点区域，在河口和沿海环境的氮循环中起着至关重要的生物地球化学作用。珠江口有许多 DIN 来源，包括生活污水、工业废水、农业废水和海洋养殖废水（Huang et al., 2003）。珠江口 DIN 浓度已达～100 μM（Liu et al., 2009; Yin et al., 2000）。过量的 DIN 输入河口导致高初级生产力和有害藻华。有机物分解消耗大量 DO（Zhang et al., 2010; Zhao et al., 2008）。从磨刀门出口到伶仃洋西边浅滩的区域是低风环境下的缺氧区（Huang et al., 2019; Su et al., 2017）。因此，了解转化过程及其作用及相关的生物和非生物影响因素对控制该生态系统富营养化有重要意义。

DIN 高负荷导致河口和沿海生态系统出现一系列生态问题，因此需要研究沉积物中微生物介导的氮循环过程，为减轻和控制氮污染提供新的见解。此前已有侧重于反硝化和/或厌氧氨氧化和/或硝化等部分过程的研究，但珠江口沉积物中氮转化速率仍不明晰（Dai et al., 2008; Tan et al., 2019; Wang et al., 2012）。全面了解整个 N 循环仍需进一步研究。需要原始研究以完善珠江口沉积物氮循环关键过程速率的测定并构建完整的 N 循环通量图。本研究探讨了珠江口 19 个地点的表层沉积物（0～5 cm）湿季氮转化的潜在速率、相关功能基因丰度和控制因子。我们期望能：①测量关键氮转化率及其相关的基因丰度；②调查影响这些氮转化过程的关键环境变量；③量化这些过程对河口环境中 DIN（NH_4^+ 和 NO_x^-）增减的贡献。

12.2　材料与方法

12.2.1　研究区域概况及样品采集

珠江口位于中国南部海岸（Liu et al., 2009）。它属于湿润的亚热带气候，年均温度和降雨量分别为 22 ℃和 1690 mm（Wong et al., 2002）。该地区拥有包括香港、澳门、广州在内的几个主要经济和工业中心，人口密度为 1350 人/km²。1985～2018 年期间，广东省人口从 $5.66×10^7$ 增加到 $1.13×10^8$（国家统计局）。该地区经济和城市的快速发展导致海岸线朝向海面增长，总距离达 164km，并且人为产生的活性氮被过量地释放到珠江口，影响了河口生态系统中的氮循环（Ai et al., 2019; Dai et al., 2008; Li et al., 2013）。然而大部分排入珠江口的河流泥沙（$9.6×10^7$ t/a）滞留在浅滩中，不同类型泥沙的分布与出水口位置、河口形态、流量、风和潮汐有关（Zhang et al., 2019）。

在一次科学考察期间（2018 年 7 月 31 日至 8 月 3 日）从珠江河口内的 19 个

采样站点采集了沉积物和底层水的样本（图 12-1）。在每个站点，以 SBE-917 Plus CTD 与多袋采水器联用记录盐度、温度和水深（Sea-Bird Scientific, USA），CTD 收集底层水以获取 DO 和营养盐样本。使用 Metrohm 877 Titrino Plus（Metrohm Ltd., Switzerland）通过修正后的方法（Carignan et al., 1998）测量 DO。用 0.75 μm GF/F 的过滤器（Whatman）过滤底层水的营养盐样品，并将其收集在 30 mL 的酸洗高密度聚乙烯瓶中，然后储存在–20 ℃的冰箱中，直到它在实验室中被测量。在每个站点中使用抓斗采样器采集沉积物样本。用有机玻璃管收集三份表层沉积物样品（0～5 cm），并用塑料袋密封。返回实验室后，使每个管中的沉积物在 He 气环境下充分混合。将一部分新鲜沉积物保存在 4 ℃环境下，一周内完成氮转化速率的培养和沉积物理化性质的提取与分析，另一部分保存在–80 ℃下用于进一步的分子分析。

站点	经度 (°E)	纬度 (°N)	站点	经度 (°E)	纬度 (°N)
A1	113.6620	22.72401	A11	113.3667	21.5000
A2	113.7183	22.5683	A12	113.7993	21.6198
A3	113.7867	22.3331	A13	113.4072	21.7543
A4	113.7998	22.2400	A14	113.5885	21.9443
A5	113.9025	22.0537	A15	113.6857	21.7897
A6	113.4502	21.9960	A16	113.8898	21.9520
A7	113.1257	21.7877	A17	114.1909	22.0599
A8	112.9917	21.7680	A18	114.2983	21.8863
A9	112.8000	21.4977	A19	114.4879	22.1740
A10	113.2042	21.5774			

图 12-1　研究区域和采样点概况

12.2.2　站位理化性质

通过自动分析仪（Futura, Alliance, France）测量底层水营养盐样品中的 NH_4^+,

NO_2^-、NO_3^-、PO_4^{3-} 和 SiO_4^{4-}。所有标准曲线的相关系数（R^2）均大于 0.995。新鲜的沉积物经过冷冻干燥后测量含水率（Yu and Ehrenfeld, 2009）。用 0.5 M 盐酸（HCl）混合 0.25 M 盐酸羟胺从约 1 g 新鲜沉积物中萃取铁氧化物（萃取前用 N_2 曝气），并用铁锌比色法进行分析（Lovley and Phillips, 1987）。沉积物的粒径样品分别用 20%的过氧化氢（H_2O_2）和 15%的盐酸溶液进行预处理，使有机物完全氧化并去除碳酸盐，然后用 LS 13320 激光粒径分析仪进行测量（Macumber et al., 2018）。总有机碳（TOC）和总氮（TN）的样品用 1 M HCl 处理完全去除碳酸盐，在 60 ℃下干燥，用元素分析仪（vario EL cube, Germany）CN 模式进行测定。我们采用 2 M KCl 提取沉积物交换态 NH_4^+、NO_2^- 和 NO_3^-（Hou et al., 2013），并测量了萃取物和底层水样品中的营养盐，除了使用 2 M KCl 代替超纯水配制标准曲线溶液之外。

12.2.3　理化性质与潜在速率测定

采用同位素配对技术测量厌氧氨氧化和反硝化速率（Hou et al., 2013; Risgaard et al., 2004）。简单地说，新鲜沉积物和盐水（盐度与相应的底层水相同）以 1：7 的质量比彻底混合。使用 He 曝气 30 min 后，把混合物均分并在氦气环境下转移到 12 mL 气体密封玻璃小瓶（Exetainer, Labco）。在原位温度下黑暗培养 24 h 后，小瓶分别注射①100 μM $^{15}NH_4^+$，②100 μM $^{15}NH_4^+$ + 100 μM $^{14}NO_3^-$，③100 μM $^{15}NO_3^-$。在培养 0 h and 8 h 时，用 200 μL 50%氯化锌溶液灭活 3 个小瓶。用膜进样质谱仪测定 $^{29}N_2$ and $^{30}N_2$ 的生成速率（MIMS, Hiden Analytical Ltd, UK）（Kana et al., 1994）。在添加 $^{15}NH_4^+$ + $^{14}NO_3^-$ 的小瓶中检测到 $^{15}N_2$ 的产生，而在富 $^{15}NH_4^+$ 的小瓶中没有检测到 $^{15}N_2$ 的产生，这表明厌氧氨氧化过程的存在。这两个速率是用先前发表的方程式计算出来的（Thamdrup and Dalsgaard, 2002; Trimmer et al., 2003），并为泥浆实验用 Song 等（2016）的方程进行调整。此外，通过 ^{15}N 同位素示踪技术测定了潜在的 DNRA 速率（Yin et al., 2014）。根据反硝化和厌氧氨氧化实验的描述，制备了用于 DNRA 测量的沉积物样品，并进行了预培养。预培养后，在 DNRA 小瓶内注射 100 μM $^{15}NO_3^-$。用 200 μL 50%氯化锌溶液灭活培养 0 h 和 8 h 后的 3 个小瓶。用 OX/MIMS 测量培养期间产生的 $^{15}NH_4^+$ 浓度（Yin et al., 2014）。根据先前发表的公式计算潜在 DNRA 速率（Cheng et al., 2016; Deng et al., 2015）。通过 ^{15}N 同位素示踪技术测量潜在的 N_2 固定速率，并在之前的方法基础上进行了一些修改（Lin et al., 2017a; Montoya et al., 1996）。N_2 固定的泥浆培养和样品测量与 DNRA 实验相似，只是 N_2 固定瓶注射的是 100 μL $^{30}N_2$（98 atom% ^{15}N，Sigma-Aldrich），而不是 100 μM $^{15}NO_3^-$。在测量了 $^{15}NH_4^+$ 的初始和最终浓度后，通过增加的 $^{15}NH_4^+$ 除以培养时间（24 h）计算潜在速率。

用 ^{15}N 同位素稀释技术测量总 N 矿化速率和总 NH_4^+ 固定速率（Huygens et al., 2013; Lin et al., 2016b）。除小瓶内注入 $^{15}NH_4^+$ 外，其泥浆培养与 N_2 固定实验基本相同，最终浓度约为 $2~\mu g~^{15}N/g$，最终 ^{15}N 的百分比约为 10%～15%。同样，培养时间为 24 h，培养结束后，用 2M KCl 溶液萃取样品。萃取液用于总 NH_4^+ 和 $^{15}NH_4^+$ 的分析。用连续流动营养盐分析仪（Futura, Alliance）测定总 NH_4^+ 浓度，作为沉积物提取营养盐样品的方法。用 OX/MIMS 测定了 $^{15}NH_4^+$ 的浓度（Yin et al., 2014）。在获得初始和最终培养时的总 NH_4^+ 和 $^{15}NH_4^+$ 浓度后，我们通过之前发表的公式计算得到这两个速率（Lin et al., 2017a）。

12.2.4　DNA 提取与定量 PCR

使用 FastDNA spin kit for soil（MP Biomedical, USA）从约 0.5 g 的新鲜沉积物中提取微生物总基因组 DNA，该试剂盒按照制造商的方案进行了一些修改。通过 NanoDrop 分光光度计（ND-2000C, Thermo Scientific, USA）测定 DNA 的浓度和纯度，用琼脂糖凝胶电泳检测 DNA 质量，提取的 DNA 保存在-80℃环境下（Zhang et al., 2018）。

利用荧光染料 SYBR green（TaKaRa Bio Inc）进行 qPCR 检测获得沉积物中与 N 过程相关的功能基因丰度，包括完整细菌（Bac 16S）、反硝化（nirS）、厌氧氨氧化（Amx 16S rRNA）、DNRA（nrfA）、N_2 固定（nifH）、古菌-amoA 和细菌-amoA。根据 qPCR 反应稀释 DNA 以减少浓缩样本或 qPCR 抑制。使用 ABI 7500 Fast real-time quantitative PCR system（Applied Biosystems, USA）扩增所有基因的 3 个副本。将含有克隆目标基因的线性化质粒稀释成系列丰度顺序（10^2～10^8 copies），用于外部标准曲线（$R^2 > 0.996$）。样品中各基因的丰度都在标准曲线范围之内。每次反应进行含一个 20 μL 混合物包含 10 μL SYBR Green，每个引物 0.4 μL，0.4 μL Rax DyeII, 1 μL DNA template, 7.8 μL DNase-free water。所有的反应板都没有模板对照，所有的反应都通过特定扩增的熔融曲线进行评估。所有的基因丰度都转化为 g^{-1} dry soil 单位。引物和 qPCR 循环参数见表 12-1。

表 12-1　引物和用于目标基因的扩增的 qPCR 循环参数

目标基因	引物名称	引物序列(5'-3')	扩增产物	热循环条件	循环周期	参考文献
Bac 16S	341F	CCTACGGGAGGCAGCAGI	178	30 s at 95 ℃, 30 s at 57 ℃ and 30 s at 72 ℃	40	Bachar et al., 2010
	519R	GWATTACCGCGGCKGCTG				

目标基因	引物名称	引物序列(5′-3′)	扩增产物	热循环条件	循环周期	参考文献
nirS	Cd3aF	GTSAACGTSAAGGARACSGG	425	30 s at 95 ℃, 40 s at 57 ℃ and 40 s at 72 ℃	40	Throback et al., 2004
	R3cd	GASTTCGGRTGSGTCTTGA				
Amx 16S	Amx-808F	ARCYGTAAACGATGGGCACTAA	232	30 s at 95 ℃, 30 s at 55 ℃ and 30 s at 72 ℃	45	Hamersley et al., 2007
	Amx-1040R	CAGCCATGCAACACCTGTRATA				
nrfA	F2aw	CARTGYCAYGTBGARTA	269	30 s at 95 ℃, 45 s at 52 ℃ and 40 s at 72 ℃	45	Welsh et al., 2014
	R1	TWNGGCATRTGRCARTC				
nifH	PolF	TGCGAYCCSAARGCBGACTC	342	30 s at 95 ℃, 30 s at 56 ℃ and 60 s at 72 ℃	40	Poly et al., 2001
	PolR	ATSGCCATCATYTCRCCGGA				
Archaea-*amoA*	Arc-amoAF	CTGAYTGGGCYTGGACATC	635	30 s at 95 ℃, 40 s at 57 ℃ and 60 s at 72 ℃	45	Wuchter et al., 2006
	Arc-amoAR	TTCTTCTTTGTTGCCCAGTA				
Bacteria-*amoA*	amoA1F	GGGGTTTCTACTGGTGGT	491	30 s at 95 ℃, 40 s at 58 ℃ and 60 s at 72 ℃	45	Rotthauwe et al., 1997
	amoA2R	CCCCTCBGSAAAVCCTTCTTC				

12.2.5　统计与分析

DEN%定义为 100×[反硝化/（反硝化+厌氧氨氧化+DNRA）]，其表示了反硝化作用在 NO_3^- 还原总量中的贡献比例，ANA%和 DNRA%的计算方法与之相似。所有统计分析均使用 SPSS 软件（version 19.0, SPSS Inc., Chicago, IL, USA）进行。若不同区域之间存在显著性差异，则使用 Tukey 多重比较检验进行单向方差分析（ANOVA）。使用 Pearson 相关分析探讨 N 循环过程速率、功能基因丰度和环境参数之间的相关性。通过偏相关分析来控制环境协变量，揭示不同参数之间的直接相互关系。所有变量都预先用 Blom 公式进行了标准化。本研究中的所有单位都是以干重计。图使用 ArcGIS 10.2(ArcMap 10.2, ESRI, Redlands, CA), Corel Draw X6（Corel, Ottawa, ON, Canada）和 OriginPro 2016（OriginLab Corporation, Northampton, MA, USA）等软件绘画。

12.3　结果与分析

将采样位点分为两组来探讨 N 转化的潜在速率和相关功能基因丰度的空间差异性：①内河口包括 A1、A2、A3、A4、A5 和 A6；②外河口包括 A9、A8、A7、A10、A11、A13、A14、A15、A12、A18、A19、A16 和 A17（图 12-1）。

12.3.1　站位理化性质

图 12-2 和表 12-2 给出了所有站点的底层水和沉积物的理化特性。水深范围为 5～41 m, 平均水深（24±11）m。该区的盐度范围为 4.54～34.29 PSU, 外河口的盐度明显高于内河口（$p < 0.05$）[图 12-2（a）和表 12-2]。底层水 DO 浓度范围是 2.15～7.57 mg/L[图 12-2（b）]。底层水 PO_4^{3-}（0.028～0.44 μM）, NO_2^-（0.008～12.81 μM）, NO_3^-（0.052～109.41 μM）和 SiO_4^{4-}（7.12～102.16 μM）的值通常由陆向海逐渐减小, 内河口显著高于外河口（$p < 0.05$）[图 12-2（c）和（d）, 表 12-1]。沉积物中的 NH_4^+, NO_2^- 和 NO_3^- 的浓度分别为 3.10～6.91 μg N/g, 0～0.86 μg N/g 和 0.88～2.85 μg N/g[图 12-2（e）和（f）]。NH_4^+ 是沉积物 DIN 的主要组成部分, 平均占总 DIN 总量的 73%。沉积物中的 Fe^{2+} 和 Fe^{3+} 浓度分别为 0.26～6.61 mg Fe/g 和 0.58～6.99 mg Fe/g[图 12-2（g）]。Fe^{2+} 浓度在内河口[（5.56±1.17）mg Fe/g]要显著高于外河口[（3.13±1.60）mg Fe/g]。不同站点机械组成空间异质性大, 其中 A3、A4、A5、A10、A11 和 A12 站点的沉积物为砂质沉积物（74.97～300.00 μm）, 而其他站点的沉积物为泥质沉积物（7.70～15.06 μm）[图 12-2（h）]。沉积物的 TN 含量为 0.20～0.95 mg N/g, 平均值为（0.63±0.21）mg N/g, TOC 含量为 1.17～9.55 mg C/g, 平均值为（5.82±1.91）mg C/g[图 12-2（i）]。A10、A11 和 A12 站点均为粗颗粒沉积物, 对应着低 TOC/TN 和低 DIN 含量。此外, TOC/TN 和底层水 NO_3^- 与沉积物 TOC 的比值（#NO_3^-/TOC）均由陆向海逐渐减小, 内河口明显高于外河口（$p < 0.05$）[图 12-2（j）和表 12-2]。

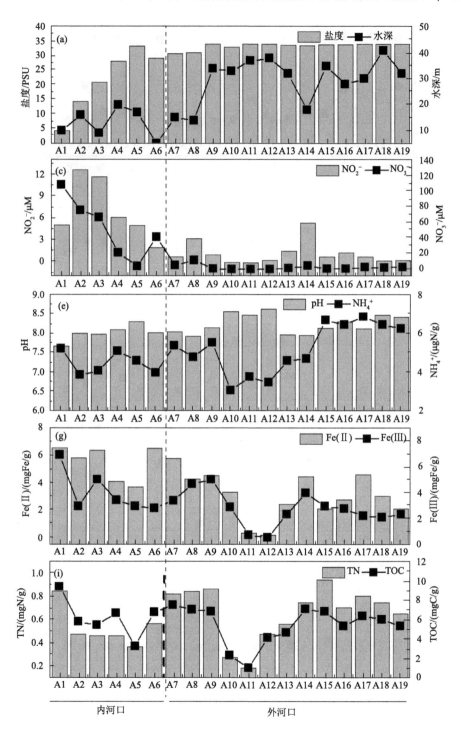

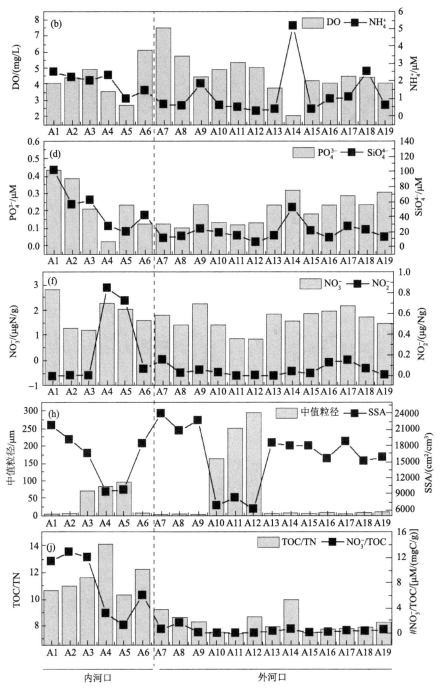

图 12-2　2018 年 7 月 31 日至 8 月 3 日，珠江口底层水参数（a）～（d）和沉积物特性（e）～（j）的水平分布

SSA=沉积物比表面积

表 12-2　珠江口底层水体、底泥理化性质、沉积物 N 转化速率及相关功能基因丰度的平均值（±标准差）

指标	内河口区	外河口区	所有站点
反硝化/[μg N/(g·d)]	1.29 ± 0.90^a	1.46 ± 0.84^a	1.41 ± 0.89
厌氧氨氧化/[μg N/(g·d)]	0.079 ± 0.022^a	0.062 ± 0.040^a	0.067 ± 0.033
DNRA/[μg N/(g·d)]	0.61 ± 0.27^a	0.40 ± 0.24^a	0.47 ± 0.28
固氮/[μg N/(g·d)]	0.19 ± 0.11^a	0.37 ± 0.35^a	0.31 ± 0.30
GNM/[μg N/(g·d)]	0.68 ± 0.59^a	2.40 ± 0.90^b	1.86 ± 1.09
GAI/[μg N/(g·d)]	0.69 ± 0.58^a	1.59 ± 0.74^b	1.30 ± 0.83
Bac 16S/ (×10^9 copies/g)	1.06 ± 0.86^a	2.20 ± 1.25^a	1.84 ± 1.26
Amx 16S/(×10^5 copies/g)	23.39 ± 24.64^a	54.00 ± 41.84^a	44.33 ± 39.90
$nifH$/(×10^5 copies/g)	201.75 ± 190.61^a	192.31 ± 143.98^a	195.29 ± 160.24
$nirS$/(×10^5 copies/g)	401.23 ± 644.60^a	601.65 ± 342.50^a	538.36 ± 469.21
$nrfA$/(×10^5 copies/g)	28.01 ± 31.94^a	58.77 ± 32.32^a	49.05 ± 35.23
$amoA$/(×10^5 copies/g)	3.11 ± 5.21^a	7.17 ± 4.59^b	5.89 ± 7.02
#盐度/PSU	21.87 ± 9.90^a	33.59 ± 1.07^b	29.89 ± 7.84
#pH	8.03 ± 0.19^a	8.26 ± 0.24^a	8.19 ± 0.25
#DO/(mg/L)	4.38 ± 1.06^a	4.71 ± 1.19^a	4.61 ± 1.16
#NH_4^+/μM	2.01 ± 0.54^a	1.29 ± 1.30^a	1.52 ± 1.17
#NO_3^-/μM	53.44 ± 35.16^a	2.71 ± 3.19^b	18.73 ± 30.88
#NO_2^-/μM	7.22 ± 3.83^a	1.26 ± 1.48^b	3.14 ± 3.72
NH_4^+/(μg N/g)	4.49 ± 0.54^a	5.26 ± 1.24^a	5.02 ± 1.13
NO_2^-/(μg N/g)	0.28 ± 0.37^a	0.06 ± 0.05^a	0.13 ± 0.23
NO_3^-/(μg N/g)	1.90 ± 0.57^a	1.67 ± 0.41^a	1.74 ± 0.48
Fe^{2+}/(mg Fe/g)	5.56 ± 1.17^a	3.13 ± 1.60^b	3.90 ± 1.86
中值粒径/μm	48.85 ± 39.51^a	63.83 ± 100.68^a	59.10 ± 86.47
TN/(mg N/g)	0.54 ± 0.15^a	0.67 ± 0.22^a	0.63 ± 0.21
TOC/(mg C/g)	6.36 ± 1.84^a	5.57 ± 1.89^a	5.82 ± 1.91
TOC/TN	11.67 ± 1.26^a	8.23 ± 0.72^b	9.31 ± 1.85

注：不同小写字母表示河口内与河口外的空间差异性显著（Tukey's multiple comparison test, $p<0.05$）；#表示底层水体理化性质；GNM 表示总矿化速率，GAI 表示总的氨氮同化速率。

12.3.2 关键 N 循环过程活性空间分布特征

表层沉积物(0~5 cm)的潜在反硝化速率变化很大,范围为0~3.24 µg N/(g·d),平均值为（1.41±0.89）µg N/（g·d）。反硝化速率与 TOC 和 TN 含量的分布模式相似, 在砂质区值较低[图 12-3 (a)]。厌氧氨氧化速率从 0 到 0.16 µg N/（g·d）不等,平均值为（0.067±0.033）µg N/（g·d）,远低于反硝化速率, 空间分布无明显差异（$p < 0.05$)[图 12-3(b), 表 12-2]。DNRA 速率(0~1.04 µg N/（g·d）,平均值(0.47±0.28) µg N/（g·d))存在与反硝化相似的空间分布模式[图 12-3 (c)]。该研究区的总氮矿化率范围为0~3.43 µg N/（g·d）,在西部外河口具有较高的值,而在内河口和砂质区域具有较低的值[图 12-3 (d)]。沉积物中总 NH_4^+同化速率变化很大,其值为0.024~2.60 µg N/（g·d）,类似于总氮矿化速率的分布模式[图 12-3 (e)]。方差分析表明内河口和外河口之间的总氮矿化率和总 NH_4^+同化速率存在显著差异（表5-2 ）。本研究中的总氮矿化速率几乎高于的总 NH_4^+同化速率,表明珠江口沉积物为上覆水体 NH_4^+内生源。潜在的固氮速率[0.07~1.48 µg N/（g·d）,平均（0.31±0.30）µg N/（g·d）]存在空间异质性,从内河口向外河口逐渐升高[图 12-3 (f)]。此外,总硝化和总 NO_3^-同化速率在厌氧培养中未被检测。总体而言,以粉质沉积物为主的外河口是氮转化活动的热点,而以粗质沉积物为主的内河口则表现出低活性。

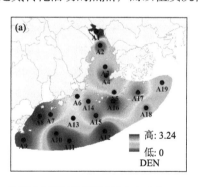
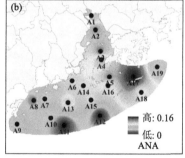
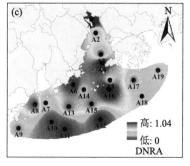
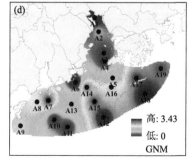

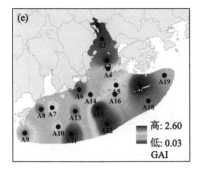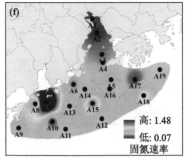

图 12-3　珠江口沉积物氮转化率（μg N/g 干沉积物/d）的空间变化

GNM=总氮矿化度；GAI=总 NH₄固定化

12.3.3　关键 N 循环过程功能基因空间分布特征

表层沉积物中 Bac 16S 的丰度范围为 $1.72\times10^8\sim4.09\times10^9$ copies/g，平均值为（1.84 ± 1.26）$\times10^9$ copies/g，在砂质站点发现的丰度最低[图 12-4（a）]。有趣的是，内河口[（1.06 ± 0.86）$\times10^9$ copies/g]的 Bac 16S 丰度低于外河口[（2.20 ± 1.25）$\times10^9$ copies/g]，但两个区域之间无显著差异（$p<0.05$）（表 12-2）。nirS 丰度的空间分布模式与反硝化作用相似，范围从 $3.75\times10^6\sim1.84\times10^8$ copies/g，平均为（5.38 ± 4.69）$\times10^7$ copies/g[图 12-4（b）]。nifH 基因的丰度范围为 $1.34\times10^6\sim5.98\times10^7$ copies/g，平均为（1.95 ± 1.65）$\times10^7$ copies/g。nifH 基因丰度的空间分布与 nirS 基因丰度的空间分布相似，高值主要发生在泥质区[图 12-4（c）]。与 nirS 相似，nrfA 基因的丰度[$3.31\times10^5\sim1.12\times10^7$ copies/g，平均为（4.91 ± 3.52）$\times10^6$ copies/g]在河口外较为丰富，特别是在西侧[图 12-4（d）]。Amx 16S 基因的丰度从 $3.10\times10^5\sim1.35\times10^7$ copies/g 不等，平均值为（4.43 ± 3.99）$\times10^6$ copies/g，这显示出与 nirS 和 Bac 16S 丰度相似的分布模式，在泥质区的值较高[图 12-4（e）]。AOA 基因的丰度从 $0.29\times10^5\sim1.1\times10^6$ copies/g 不等，从口内到口外逐渐减少[图 12-4（f）]。与 AOA 相反，AOB 的丰度（$0.13\times10^5\sim1.69\times10^6$ copies/g）从上河口到下河口逐渐增加[图 12-4（g）]。AOA 与 AOB 基因丰度的比值（AOA/AOB）在 $0.02\sim0.89$ 之间变化，口内明显高于口外[图 12-4（h）]。

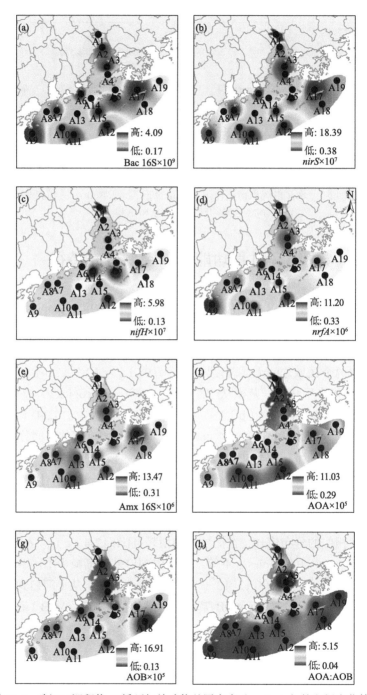

图 12-4　珠江口沉积物 N 循环相关功能基因丰度（copies/g）的空间变化特征

12.3.4　关键氮循环过程与环境因子关系

　　N 转化速率、功能基因丰度和环境参数之间的相关分析如图 12-5 所示。反硝化速率、DNA 浓度、Bac 16S、Amx 16S、$nirS$ 和 $nrfA$ 丰度与沉积物含水量、NH_4^+、NO_3^- 和有机物（TOC 和 TN）呈正相关，但它们与中值粒径呈负相关。DNRA 速率与底层水 NO_3^- 浓度、沉积物 NO_3^- 和 TOC 含量呈正相关，而与水深呈负相关。厌

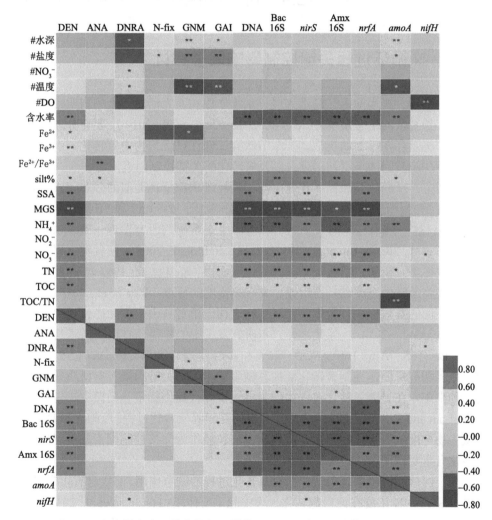

图 12-5　所有样本中环境参数与 N 转换过程及相关基因丰度的 Pearson 相关性

*在 $p<0.05$ 时显著，**在 $p<0.01$ 时显著。#代表底层水参数。DO、MGS、SSA、DEN、ANA、N-fix、GNM、GAI 和 DNA 表示溶解氧、沉积物中值粒径、沉积物比表面积、反硝化率、厌氧氨化率、N_2 固定速率，总氮矿化速率，总 NH_4^+ 同化速率和提取 DNA 浓度

氧氨氧化与 Fe^{2+} 与 Fe^{3+} 的比值（Fe^{2+}/Fe^{3+}）呈正相关。固氮速率与盐度相关。总氮矿化速率和固定率均与水深、盐度和沉积物中的 NH_4^+ 浓度呈正相关。此外，这些功能性基因（不包括 *nifH*）之间观察到显著的相关性。在整个研究区域中，反硝化速率与 DNRA 速率显著相关，总氮矿化率与总 NH_4^+ 同化速率显著相关。

12.4 讨 论

12.4.1 N 循环过程关键控制影响因子探讨

泥沙输运、淡水输入、海水入侵、潮汐作用和人为活动产生的物质输入使河口成为一种复杂的生态系统（Liu et al., 2020; Zhang et al., 2019），要充分理解其中氮过程的机制存在巨大的挑战。本章节研究了珠江口沉积物中氮转化的潜在速率及其相关功能基因的丰度和贡献，以及氮转化的关键控制因素。

空间上，反硝化和总氮矿化速率与细颗粒沉积物呈现类似的分布模式，并且在泥质沉积物中的速率要显著高于在砂质沉积物[图 12-3（a）和（d）；图 12-6（e）和（f）]，这一结果与先前关于河口和海岸生态系统的研究发现一致（Behrendt, 2014; Lin et al., 2016b; Lin et al., 2017b; Vance and Ingall, 2005）。细颗粒沉积物通常能够吸收更多有机质，得益于其较高的比表面积（Keil et al., 1994）。与此相反，砂质沉积物通常由石英和长石组成，具有高密度的特点（Yao et al., 2015）。由于沉积物表面的有效面积，微生物在沉积物表面定植对基因丰度和矿化速率有显著影响（Behrendt, 2014）。除此之外，本研究发现中值粒径、有机质两者与反硝化速率、Bac 16S、Amx 16S、AOB、*nirS* 和 *nrfA* 呈现显著相关性（图 12-5），说明中值粒径和有机质是控制氮转化活性和微生物丰度的关键因素。有机质作为能量的一种来源，在异养氮转化过程中作为电子供体，提供能量并为微生物生长提供底物（Lam and Kuypers, 2011）。因此，有机质是异养氮转化过程（反硝化和 DNRA）和微生物丰度的直接控制因素，沉积物中值粒径作为间接控制因素依然对珠江口氮转化有重要作用。

关于河口和海岸系统中营养盐对氮转化过程的调节作用，前人已有很多研究，并显示底层 DIN 浓度在河口氮转化过程中起重要作用（Hardison et al., 2015; Koop and Giblin, 2010; Magalhães et al., 2005; Wei et al., 2020）。NO_3^- 作为 NO_3^- 还原过程的底物，它在沉积物或者上覆水的浓度是 NO_3^- 还原通路的有效环境因子（Rich et al., 2018; Tan et al., 2019）。反硝化和 DNRA 是两种微生物厌氧呼吸过程，在不同的自然栖息地中两者竞争 NO_3^- 或 NO_2^-。微生物竞争的一个重要因子是有效电子供体和电子受体的比值（TOC/NO$_x^-$）。DNRA 需要每摩尔被还原的 NO$_3^-$比反硝化多三个电子，因此在充满电子的还原环境中，DNRA 可能是一种更重要的还原途径（Plummer et al., 2015）。本研究结果显示，反硝化和 DNRA 速率与沉积物 NO$_3^-$浓度密切相关，同时 DNRA 速率还与底层水的 NO$_3^-$浓度密切相关（图 12-5）。这些结果表明沉积物 NO$_3^-$浓度（0.89～3.16 µg N/g）可以作为反硝化和 DNRA 通路中电子受体的主要来源，在沉积物存在 NO$_3^-$限制的位点，上覆水 NO$_3^-$可以作为 DNRA 通路中电子受体的主要来源。同时，本研究中反硝化、总氮矿化和总 NH$_4^+$同化速率与沉积物 NH$_4^+$浓度密切相关，而与底层水 NH$_4^+$浓度无相关关系。因此，在珠江口沉积物 DIN 浓度对沉积物氮转化的控制作用大于上覆水的 DIN 浓度。

本研究结果显示厌氧氨氧化速率与沉积物 Fe^{2+}含量（0.26～6.61 mg Fe/g）和 Fe^{2+}/Fe^{3+}密切相关（图 12-5）。可能是由于 Fe^{2+}能够作为厌氧氨氧化过程中 NO$_x^-$还原的电子供体，这一结果与前人在人工和自然系统的研究结果相一致（Huang et al., 2003; Plummer et al., 2015）。据了解，仅少数文献研究报道了铁厌氧氨氧化（Feammox）与依赖 NO$_x^-$进行的 Fe^{2+}氧化（NAFO）相结合，同时将 NH$_4^+$和 NO$_x^-$转化成 N$_2$，Fe^{3+}/Fe^{2+}循环适于移除富营养水体中高浓度的 NH$_4^+$和 NO$_x^-$[式（12-1）～式（12-5）]（Li et al., 2018; Yang et al., 2020）。这一结果暗示这一新过程可能会在珠江口底泥中发生，并且对河口沉积物的氮消除有所贡献。

$$3Fe(OH)_3 + NH_4^+ + 5H^+ \longrightarrow 3Fe^{2+} + 0.5N_2 + 9H_2O \qquad (12\text{-}1)$$

$$6Fe(OH)_3 + NH_4^+ + 10H^+ \longrightarrow 6Fe^{2+} + NO_2^- + 16H_2O \qquad (12\text{-}2)$$

$$8Fe(OH)_3 + NH_4^+ + 14H^+ \longrightarrow 8Fe^{2+} + NO_3^- + 21H_2O \qquad (12\text{-}3)$$

$$4Fe^{2+} + 2NO_3^- + 8H^+ \longrightarrow 4Fe^{3+} + N_2 + 4H_2O \qquad (12\text{-}4)$$

$$10Fe^{2+} + 2NO_3^- + 12H^+ \longrightarrow 10Fe^{3+} + N_2 + 6H_2O \qquad (12\text{-}5)$$

水动力特性导致表层沉积物粒度分布存在明显的空间异质性。虽然大陆边缘沉积物多为砂质沉积物，但以往的生物地球化学研究多集中于泥质沉积物，对砂质沉积物中的氮循环研究较少（Devol, 2015; Marchant et al., 2016; Sokoll et al., 2016）。因此，本研究充分考虑了砂质沉积物，沉积物的机械组成可能在河口和海岸环境的氮循环中发挥重要作用。但是，若将砂质沉积物考虑在内，其影响可能会掩盖其他环境参数的影响。此前已有大量研究报道，盐度与细菌丰度有关，并与群落组成有关（Cao et al., 2012; Li et al., 2019a; Li et al., 2013; Morrissey et al., 2014），但在本研究结果中未被发现。为消除沉积物粒度的影响，本章节控制中值粒度的偏相关系数。与预测结果一样，在控制中值粒度后，一些基因丰度（Bac

16S 和 *amoA*）与盐度出现显著正相关关系。此外，在 Pearson 相关分析中，脱氮速率与大部分沉积物性质（含水量、Fe^{2+}、Fe^{3+}、粉砂百分比、比表面积、中值粒径、NH_4^+、NO_3^-、TN 和 TOC）、DNRA、DNA 提取浓度和基因丰度（Bac 16S、*nirS*、amx16s 和 *nrfA*）呈显著相关关系（图 12-5）。但经过控制中值粒度后，除了 DNRA 速率和 *nirS* 基因丰度外，其他以上关系均会消失。说明中值粒度是控制珠江口反硝化分布的关键因素。此外，中值粒度与 NH_4^+、NO_3^-、TN 和 TOC 存在显著相关性，泥质和砂质沉积物的 NH_4^+、TN 和 TOC 也存在显著差异[图 12-6（b）～（d）]，说明中值粒度通过控制有机质和营养物等底物对氮转化过程的分布有很大影响。

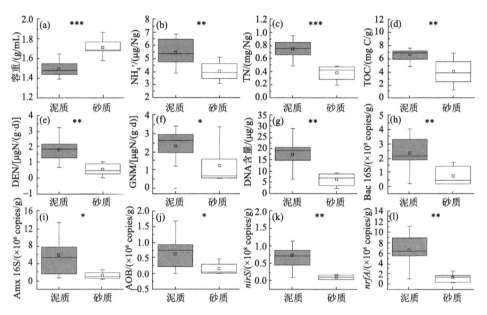

图 12-6　珠江口泥质和砂质沉积物的理化性质（密度、NH_4^+、TN、TOC 和 DNA 浓度），氮转化速率（反硝化和总氮矿化）和与氮相关的基因丰度（Bac 16S、Amx 16S、AOB、*nirS* 和 *nrfA*）。星号表示泥质和砂质环境的显著性差异

*$p < 0.05$，** $p < 0.01$，*** $p < 0.001$；箱内上下框线及内部线分别代表第 25、75 和 50 个百分数。误差棒表示最大和最小值。正方形指示平均值

　　在分析氮转化率与相关功能基因丰度的关系时，本研究发现除了反硝化率与 *nirS* 基因丰度之间存在显著关系外，其他氮转化速率与相应的功能基因不存在显著的相关关系（图 12-5）。先前有研究表明基因丰度不是介导反硝化或 DNRA 的主要因素（Li et al., 2019c; Liu et al., 2013）。低功能基因丰度高 N 转化率可能是因为每个细胞的特定转化率更高（Dai et al., 2008），同时也进一步推导微生物的数量在一定程度上能够反映潜在的微生物活性，但对氮转化活性没有直接影响。氮功能基因作为奢侈基因，基因表达只发生在必要的时候。进一步的研究应集中

在逆转录 QPCR（RT-QPCR）、元转录组或酶活性分析，以更好地了解微生物介导的生物地球化学氮循环。因此，以上研究结果表明沉积物粒度和基质（有机质、营养物和 Fe^{2+}）是决定了珠江口沉积物的氮转化速率的关键因素而并非功能基因丰度。

本研究中氮潜在转化率的测定是在室内恒温、不限制底物浓度（～100 μM）和完全缺氧黑暗的条件下进行泥浆培养。因此，测量的速率是潜在的 N 转换速率。泥浆实验比柱状原位培养更加简单和方便，在原位测定 N 过程方面仍有很大的差距，要让新技术真是刻画海洋沉积物氮转化速率仍有很长的路要走（Kalvelage et al., 2013; Lam and Kuypers, 2011）。虽然本研究无法反映实际的速率，但潜在速率在一定程度上能够反映不同 N 过程的相对活性，并使我们能够将速率与功能基因丰度、沉积物理化性质建立关系，初步估算研究区潜在氮转换通量。

本研究测量的反硝化速率[0～3.24 μg N/（g·d）]、厌氧氨氧化速率[0～0.16 μg N/（g·d）]和 DNRA 速率[0～1.04 μg N/（g·d）]与其他河口和近岸沉积物处于同一数量级（表 12-3）。与其他河口一样（Deng et al., 2015; Ding et al., 2019），反硝化作用是珠江口沉积物硝酸盐还原的主要途径。其中反硝化作用占总硝酸盐量的 41.83%～90.13%，厌氧氨氧化和 DNRA 分别占 0.94%～8.58%和 8.55%～54.56% [图 12-7（a）]。其中，DNRA 平均贡献率为（24.97%±10.15%），远高于厌氧氨氧化（4.09%±2.35%），说明 DNRA 是一个更为重要的硝酸盐还原途径，在该亚热带河口应予以重视。较高的 DNRA 和较低的厌氧氨氧化对珠江口 NO_3^-还原的作用机理尚不清楚。在雅拉河河口开展的泥浆培养结果证实当 DNRA 发生时，Fe^{2+}浓度显著下降（Roberts et al., 2014）。在新英格兰南部陆架上研究表明反硝化作用、厌氧氨氧化和 DNRA 三者之间的占比受到 C 分解与 NO_3^-（C/NO_3^-）的影响（Hardison et al., 2015）。然而，与先前的研究较为一致（Friedl et al., 2018; Rahman et al., 2019a），本研究中 DNRA%与 TOC/NO_3^-无显著相关性。沉积物 TOC/TN 与 DNRA 占比呈正相关，但与反硝化作用占比呈负相关[图 12-7（b）和（c）]，这可能是因为较高的 TOC 含量增强了 DNRA，而不是反硝化作用，导致反硝化作用占比下降（Rahman et al., 2019a）。沉积物 Fe^{2+}/Fe^{3+}与厌氧氨氧化占比呈正相关[图 12-7（d）]。这一结果可能是由于 Fe^{2+}可以作为厌氧氨氧化过程中还原 NO_x^-的电子供体（Huang et al., 2014）。此外，在自然环境中，厌氧氨氧化对 O_2 敏感，表明厌氧沉积物中厌氧氨氧化细菌更活跃（Kalvelage et al., 2011）。因此，上述结果表明，沉积物变量间的比值（TOC/TN 和 Fe^{2+}/Fe^{3+}）是珠江口沉积物反硝化、厌氧氨氧化和 DNRA 对 N 还原过程贡献的潜在调节因子。因此，上述结果表明，沉积物变量间的比值（TOC/TN 和 Fe^{2+}/Fe^{3+}）是珠江口沉积物反硝化、厌氧氨氧化和 DNRA 对硝酸盐还原过程贡献的潜在调节因子。

表12-3 珠江口沉积物氮转化速率（反硝化、厌氧氨氧化、硝酸异化还原成铵、固氮、总氮矿化（GNM）、总铵同化（GAI）、总硝化（GN）、总硝酸盐同化（GNI）同其他研究区研究结果对比（所有速率单位为 μg N/（g·d））

地理位置	反硝化	厌氧氨氧化	DNRA	固氮	GNM	GAI	GN	GNI	参考文献
猪岛湾，美国[a]	0.10~0.34	—	—	—	0.05~0.34	—	0.08~0.34	—	Anderson et al., 2003
珠江，中国[a]	1.09~4.44	0.01~0.34	—	—	—	—	—	—	Wang et al., 2012
东江，中国[a]	0.08~2.54	0.04~0.58	0.05~4.18	—	—	—	—	—	Song et al., 2013
新英格兰河口，美国[a]	0.10	—	—	0.12	—	—	—	—	Fulweiler et al., 2013
海岸带，瑞典[a]	—	—	—	0.02~0.53	—	—	—	—	Andersson et al., 2014
沿海湿地，中国[a]	0.29~2.55	0.03~0.15	0.05~0.27	—	—	—	0.15~0.41	—	Hou et al., 2015b
科尔恩河口，英国[a]	0.02~0.53	—	0.13~0.86	—	—	—	—	—	Smith et al., 2015
长江口，中国[a]	0.02~1.52	0~0.17	0.01~0.3	—	—	—	—	—	Deng et al., 2015
北海，荷兰[a]	0-0.02	—	—	0~0.11	—	—	—	—	Fan et al., 2015
东海，中国	—	—	—	—	0.04~6.10	0~9.82	—	—	Lin et al., 2016b
上海市河网，中国	—	0.01~7.97	0~3.47	0.07~3.05	0.25~25.83	0.24~26.27	0~9.62	—	Lin et al., 2017a
Weeks海湾，美国[a]	0.0006±0.0015	—	0.03±0.004	—	—	—	—	—	Domangue and Mortazavi, 2018
长江口，中国	—	—	—	0.12~2.66	1.66±0.12	1.07±0.07	0.65±0.07	0.22±0.05	Hou et al., 2018
阿拉伯海，印度	—	—	—	0.04~0.12	—	—	—	—	Jabir et al., 2018
草地，中国	—	—	—	—	—	—	—	—	Hu et al., 2019
长江口，中国	—	—	—	—	11.5~19.5	3.5~10.0	2.5~4.0	2.5~5.0	Zhang et al., 2019
地中海酸性土壤，西班牙	—	—	—	—	0.75~2.25	0.30~5.70	0.10~1.00	0.20~1.60	Vázquez et al., 2019
珠江口，中国[a]	3.41~11.97	0.08~0.57	—	—	—	—	—	—	Tan et al., 2019
珠江口，中国	0~3.24	0~0.16	0~1.04	0.07~1.48	0~3.43	0.024~2.60	0	0	本研究

注：沉积物密度使用 2.65 g/cm³ 进行换算单位。

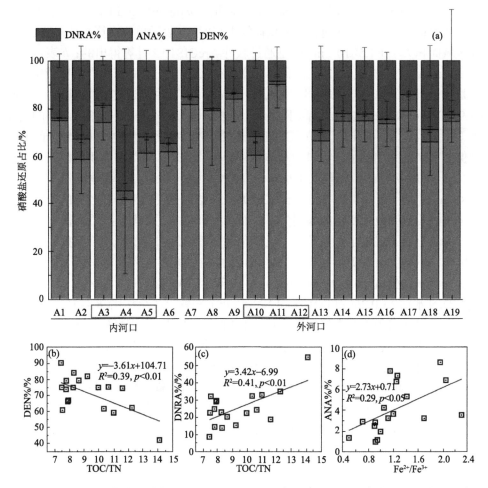

图 12-7　珠江口沉积物中反硝化、anammox 和 DRNA 率占 NO_x 总去除率（a）的百分比及其控制因素（b）～（d）

红色方框标记的站点为砂质沉积物。A12 的值没显示在上面，因为没有检测到其速率

12.4.2　N 转换通量及生态环境意义探讨

沉积物氮循环通量对于了解河口和沿海生态系统中的氮转化，归宿，预算和控制氮污染至关重要。根据氮循环的潜在速率，用以下方程式估算珠江口的沉积物氮转化通量（脱氮、厌氧氨氧化、DNRA、固氮、总氮矿化和总 NH_4^+ 固定）：

$$F = (\sum_{i=1}^{19} m_i \cdot d_i) \cdot a \cdot s \cdot h \qquad （12\text{-}6）$$

式中，F（mol N/d）表示沉积物 N 的转化通量；m_i[μg N/（g·d）]分别表示关键氮循环速率；d_i（g/cm^3）分别表示沉积物的干密度；a 表示单位换算系数；s 表示研究区域面积大小（1.5×10^{10} m^2），是通过软件 ArcGIS10.2 计算得出的；h 表示采样深度（5 cm）；根据式（12-6），我们计算出在 1.5×10^{10} m^2 的面积内由反硝化和厌氧氨氧化引起的总 N 损失通量为 6.2×10^7 mol N/d，占河道 DIN 通量的 32.6%（1.9×10^8 mol N/d）。这一结果高于长江口的去除率（25%）和上海城市河网的去除率（20.1%）（Cheng et al., 2016; Deng et al., 2015）。相反，大多数外源输入的 DIN 被保留下来，并加剧了珠江口的水体富营养化。此外，每单位面积的氮损失通量 [4.12 mmol N/（m^2·d）] 要低于早期研究报告中关于珠江口沉积物的氮损失通量 [6.86 mmol N/（m^2·d）]（Tan et al., 2019）。该结果主要归因于在较早的研究中仅确定了泥质或细粒沉积物的氮损失率，而在此研究中还考虑了沙质沉积物。

为了全面了解该生态系统中由反硝化和厌氧氨氮引起的沉积物氮损失对环境的影响，本研究将脱氮通量同研究区域内的其他 DIN 输入通量进行了比较（图12-8）。其氮损失值（6.2×10^7 mol N/d）远小于珠江 DIN 输入量（1.9×10^8 mol N/d）、地下 DIN 水输入（$0.26 \sim 43 \times 10^7$ mol N/d）以及沉积物氮矿化作用（8.4×10^7 mol N/d）的 DIN，但远高于来自大气的输入量（8×10^6 mol N/d）和固氮作用（1.4×10^7 mol N/d）。这些结果表明，表层沉积物对于缓解和控制该生态系统中的氮污染具有重要意义。同样，从总的氮损失通量中减去沉积物固氮通量，净氮损失通量为 4.8×10^7 mol N/d，表明珠江口的沉积物是水和大气的重要 N$_2$ 源。此外，虽然我们的研究区域（1.5×10^{10} m^2）中由反硝化和厌氧氨水引起的沉积物氮损失通量占全球沿海海洋反硝化通量（$2.73 \sim 3.91 \times 10^{10}$ mol N/d）的 0.16%～0.23%，但是这一数值仅占全球大陆架反硝化通量的 0.56‰（2.7×10^{13} m^2）（Devol, 2015）。这一结果类似于早先对长江口和邻近海域的研究（Lin et al., 2017b），该研究提供了进一步的证据，表明受到富含 NO$_3$ 河流影响的河口沉积物具有作为全球大陆架上 N 损失热点的重要性。

与脱氮过程不同，DNRA 是一个内部循环转化过程，是重要的 NO$_3$ 保留路径，在富营养化河口中并不理想，对抵消富营养化没有贡献。在我们的研究中，DNRA 的通量（2.1×10^7）占河流 NO$_3$ 通量的 11.8%，与先前对河口和沿海生态系统的研究相比，这是一个较高的 NO$_3$ 滞留通量（Deng et al., 2015; Lin et al., 2017a; Plummer et al., 2015）。沉积物中 DNRA 再生的 NH$_4^+$ 可能释放到水柱中，显示出相当大的营养潜力，增加 NH$_4^+$ 浓度以支持初级生产，但同时降低 NO$_3^-$ 的浓度以控制 NO$_3^-$ 的污染。了解反硝化作用和 DNRA 相对重要性的影响因素，以及该比率如何随着人为影响的增加而发生变化，对于预测富营养化具有重要意义。DNRA 的通量占反硝化通量的 35.4%，这表明 DNRA 在争夺珠江口的 NO$_3$ 底物方面起着重要作用。一些研究报告说，在拉古纳·马德雷/巴芬湾（An and Gardner, 2002），人为影响下的沿海泻湖（Bernard et al., 2015）和浅水富营养化河口（Domangue and Mortazavi, 2018），是 DNRA 而不是反硝化作用主导着 NO_3^- 减少，而是增加了 NO_3^- 的孵化，表明相比于反硝化，高 NO_3^- 含量和高硫化物浓度可能更有利于 DNRA。一种解释是，高硫化物抑制异养反硝化作用，但化能自养 DNRA 细菌可以氧化硫化物，同时减少 NO_3^-。珠江口大部分地区的硫化物含量均低于污染标准，但部分地区呈上升趋势（Gan et al., 2008），表明珠江口具有 DNRA 优势的潜力，而控制硫化物的浓度可能有助于减少这种潜力。

先前的研究证明，NH_4^+ 通量在氮循环中起着至关重要的核心作用（Gardner et al., 2006；Lin et al., 2017a）。NH_4^+ 产生和去除的途径如图 12-8 所示。NH_4^+ 的产生方式包括固氮，DNRA 和总氮矿化，总通量为 $1.2×10^8$ mol N/d，而消耗方式包括厌氧氨氧化和 NH_4^+ 固定，总通量为 $6.4×10^7$ mol N/d。因此，沉积物具有净的 NH_4^+ 积累，可能将 $5.5×10^7$ mol N/d 的额外通量释放到底层水中。在先前完整的沉积物核心温育中，NH_4^+ 的生产通量也明显高于 NH_4^+ 的消耗，并且 NH_4^+ 的释放随盐度增加而增加，表明河口沉积物为 NH_4^+ 的生产提供了基质（Gardner et al., 2006; Giblin et al., 2010）。在我们的研究中，固氮和总氮矿化的 NH_4^+ 产生途径与盐度呈显著正相关，而底部水 DIN 随盐度显著下降，这表明沉积物中的 NH_4^+ 可能是支持氮限制生态系统生产力的 N 源。与河流中的 NH_4^+ 通量为 $3.4×10^6$ mol N/d 相比，沉积物中 NH_4^+ 的外流（$5.5×10^7$ mol N/d）仍然是水柱 NH_4^+ 的主要来源，表明在珠江口的河口生态系统中，沉积物内部的 N 矿化作用维持了河口的初级生产力，该研究结果也与先前的研究一致（Bruesewitz et al., 2013）。此外，总的 NH_4^+ 固定化速率通常低于总的 N 矿化速率（少数砂质研究位点除外），表明了这是一个氮充足的环境，进一步支持了沉积物是重要的 NH_4^+ 贡献者并且对浮游植物生长有很大影响的概念（Lin et al., 2016b）。然而，总氮矿化是主要的 NH_4^+ 产生途径，占总 NH_4^+ 产生通量的 70.6%，而在德克萨斯河口，固氮和 DNRA 是增加和保留可用 NH_4^+ 的主要途径（Gardner et al., 2006）。造成这种差异的主要原因是得克萨斯州河口的支流养分输入量少，而珠江河口的养分输入量高，水柱中的养分丰富，从而提高了生产力，然后向沉积物中提供了更多的有机物以支持总氮矿化，因此总氮含量较高。氮矿化可能消耗大量氧气，从而导致珠江口缺氧。

总硝化是沉积物中产生微生物 NO_3^- 的唯一机制，但在厌氧培养中已被检测到，而反硝化，厌氧氨氧化法和 DNRA 消耗了 NO_3^- 的总通量为 $8.3×10^7$ mol N/d。在整个沉积物核心的培养中，研究人员发现，NO_3^- 被稳定地从水柱中去除，DNRA 和反硝化占 NO_3^- 去除的 76% 以上，而底栖微生物和微藻类对 NO_3^- 的吸收在 NO_3^- 去除中发挥的作用很小（Koop and Giblin, 2010）。因此，输送到沉积物中的底水 NO_x^- 是珠江口反硝化，厌氧氨化和 DNRA 过程中 NO_x^- 的重要提供者，并有助于清除 NO_3^- 的中毒污染（Tan et al., 2019）。消耗的 NO_x^- 通量占河流氮氧化物的 45%

（1.85×10^8 mol N/d），在缓解珠江口的高氮压力方面发挥了重要作用。但是，帕克河口的 NO_3^- 通量很小，在某些培养过程中显示出 NO_3^- 的净吸收，在另一些培养过程中却显示出净流出（Giblin et al., 2010）。许多因素可以协同控制沉积物中 NO_x^- 的释放或吸收，但是两个河口之间盐度和 TOC 的显著差异可能可以解释这种一致性。

总体而言，这些结果表明了珠江口沉积物在上层水的内部 NH_4^+ 源和 NO_x^- 汇中起着重要作用。本研究增进了对 DIN 生产和去除以及相关环境影响因素的理解，并强调了这些过程在调节高度城市化的河口生态系统氮素预算中的环境重要性。

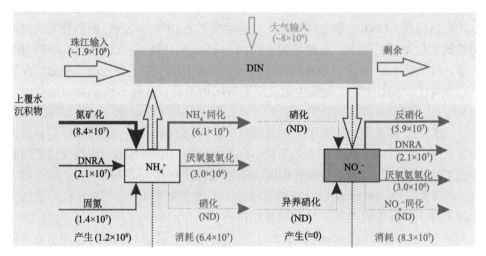

图 12-8　珠江口表层沉积物中微生物 DIN（NH_4^+ 和 NO_x^-）的产生和去除过程

箭头的粗细代表每种比率的相对重要性。虚线箭头表示低于检测线的厌氧环境中的反应速率。从大气中输入数据来自（Fan et al., 2010）。珠江输入通量的计算是基于流入珠江河口的长期平均水流量（4.8×10^{11} m³/a）（Liu et al., 2009）和河口（A1）水柱中 DIN 的平均浓度（143 μM）。通量的单位是 mol N/a

12.5　本 章 小 结

本章节系统探讨了珠江口沉积物中氮循环关键过程的速率和基因丰度的空间分布特征及生态环境意义。反硝化、厌氧氨氧化、DNRA、固氮、总矿化和总 NH_4^+ 同化的平均值分别为（1.41 ± 0.89）μg N/（g·d）、（0.067 ± 0.033）μg N/（g·d）、（0.47 ± 0.28）μg N/（g·d）、（0.31 ± 0.30）μg N/（g·d）、（1.86 ± 1.09）μg N/（g·d）和（1.30 ± 0.83）μg N/（g·d）。本章节还分析了氮转化率、功能基因丰度、环境因子和沉积物特性之间的相关性，其中沉积物粒径、有机质、营养物和 Fe^{2+}/Fe^{3+} 是影响氮转化率分布的重要因素，而与功能基因丰度无关。功能基因丰度（16S rRNA、 anammox 16S rRNA、*nirS*、*nrfA*、*nifH*、Bacteria-amoA 和 Archaea-amoA）与有机质、营养物和沉积物中值粒径相关密切。反硝化作用对珠江口总硝酸盐还原率的贡献为 42%～90%，DNRA 和厌氧氨氧化的反硝化作用分别为 0.94%～8.6% 和 8.6%～55%。研究区范围内（1.5×10^{10} m^2）的反硝化和厌氧氨氧化引起的沉积物活性氮去除通量为 6.2×10^7 mol N/d，占珠江年输入 DIN 通量的 32.6%，表明沉积物对缓解和控制该生态系统氮污染具有重要意义。此外，总氮矿化、固氮和 DNRA 共产生 NH_4^+ 的通量约为 1.2×10^8 mol N/d，而反硝化、厌氧氨氧化和 DNRA 引起的 NO_x^- 消耗通量约为 8.3×10^7 mol N/d。该结果表明河口沉积物为上覆水体的 NH_4^+ 内生源和 NO_x^- 汇。总体而言，以上结论突出了复杂的氮循环在控制珠江口氮收支中的重要性，并提高了人们对河口和海岸生态系统氮循环过程及其控制机制的认识。

主要参考文献

蔡小龙, 罗剑飞, 林炜铁, 等. 2012. 珠三角养殖水体中参与氮循环的微生物群落结构. 微生物学报, 52: 645-653.

陈宏, 王泓, 吴敏, 等. 2020. 淡水湿地生态系统中微生物驱动氮转化过程研究进展. 水利学报, 51(2): 158-168.

陈玉军, 郑德璋, 廖宝文, 等. 2000. 台风对红树林损害及预防的研究. 林业科学研究, 13(5): 524-529.

陈志杰, 韩士杰, 张军辉. 2016. 土地利用变化对漳江口红树林土壤有机碳组分的影响. 生态学杂志, 35(9): 2379-2385.

晨曦, 于江华, 王晓东, 等. 2011. 黄海北部海域海沉积物反硝化细菌数量及反硝化速率的季节变化. 海洋科学, 35(6): 48-51.

崔伟中. 2004. 珠江河口滩涂湿地的问题及其保护研究. 湿地科学, 1: 26-30.

方芳, 陈少华. 2010. 功能基因在反硝化菌群生态学研究中的应用. 生态学杂志, 29(9): 1836-1845.

方晶晶, 马传明, 刘存富. 2010. 反硝化细菌研究进展 The Advance of Study on Denitrifying Bacteria. 环境科学与技术, 33(S1): 206-210.

高利海, 林炜铁. 2011. 南美白对虾养殖底泥中氨氧化细菌与氨氧化古菌多态性分析. 微生物学报, 51(1): 75-82.

龚骏, 张晓黎. 2013. 微生物在近海氮循环过程的贡献与驱动机制. 微生物学通报, 40(1): 44-58.

侯玉兰. 2013. 崇明岛稻麦轮作田温室气体排放规律及排放量估算研究. 上海: 华东师范大学.

胡晓婷, 程吕, 林贤彪, 等. 2016. 沉积物硝酸盐异化还原过程的温度敏感性与影响因素——以长江口青草沙水库为例. 中国环境科学, 36(9): 2624-2632.

黄容. 2019. 有机替代对菜园土壤温室气体排放和氮转化的影响. 重庆: 西南大学.

江锐捷, 程鹏, 高建华, 等. 2020. 红树林对潮流底边界层动力过程的影响. 海洋地质前沿, 36(4): 37-44.

姜星宇, 姚晓龙, 徐会显, 等. 2016. 长江中下游典型湿地沉积物-水界面硝酸盐异养还原过程. 湖泊科学, 28(6): 1283-1292.

黎夏, 刘凯, 王树功. 2006. 珠江口红树林湿地演变的遥感分析. 地理学报, 61(1): 26-34.

李佳霖, 白洁, 高会旺, 等. 2009. 长江口邻近海域夏季沉积物硝化细菌与硝化作用. 环境科学, 30(11): 3203-3208.

李婧贤, 王钧, 杜依杭, 等. 2019. 快速城市化背景下珠江三角洲滨海湿地变化特征. 湿地科学, 17(3): 267-276.

李志红, 李劲尤, 刘甲星. 2021. 海洋生物固氮研究进展. 生态科学, 40(5): 215-230.

林娜, 郭楚玲, 郭延萍, 等. 2012. 红树林湿地中好氧-厌氧反硝化菌脱氮特性及其种群结构分析. 环境科学学报, 32(1): 175-183.

林杉. 2011. 三峡库区不同土地利用方式下土壤 N₂O 排放研究. 武汉: 华中农业大学.

毛丽君. 2012. 基于遥感的广东湛江红树林湿地动态变化研究. 南京: 南京林业大学.

倪进治, 徐建民, 谢正苗. 2000. 土壤轻组有机质. 环境污染治理技术与设备, 1(2): 58-64.

潘卫华, 陈家金, 王岩. 2020. 近20年福建红树林和互花米草群落时空变化及景观特征. 生态与农村环境学报, 36(11): 1428-1436.

彭晓彤, 周怀阳. 2002. 海岸带沉积物中脱氮作用的研究进展. 海洋科学, 26(5): 31-34.

沈焕庭, 贺松林, 潘定安, 等. 1992. 长江河口最大浑浊带研究. 地理学报, 47(5): 472-479.

沈焕庭, 时伟荣. 1999. 国外河口最大浑浊带生物地球化学研究的动态. 地球科学进展, 14(2): 205-206.

孙永光, 赵冬至, 郭文永, 等. 2013. 红树林生态系统遥感监测研究进展. 生态学报, 33(15): 4523-4538.

王茜, 王雪梅, 钟流举, 等. 2009. 珠江口无机氮湿沉降规律及大气输送的研究. 环境科学学报, 29(6): 1156-1163.

魏海峰, 周集体, 乔森, 等. 2014. 海洋厌氧氨氧化研究进展. 环境科学与技术, 37(9): 70-75.

吴旗韬, 张虹鸥, 苏泳娴等. 2013. 港珠澳大桥对珠江口两岸经济发展的影响. 海洋开发与管理, 2013, 30(6): 96-99.

肖凯. 2018. 滨海湿地潮间带氮循环及大孔隙优先流机制研究. 博士学位论文. 北京: 中国地质大学.

徐继荣, 王友绍, 孙松. 2004. 海岸带地区的固氮、氨化、硝化与反硝化特征. 生态学报, 24(12): 2907-2914.

徐继荣, 王友绍, 殷建平, 等. 2005. 珠江口入海河段 DIN 形态转化与硝化和反硝化作用. 环境科学学报, 25(5): 686-692.

杨博道, 吕锋. 2016. 顶空平衡法研究现状综述. 化学工程与装备, (7): 206-207.

杨晶鑫. 2017. 基于氮稳定同位素的我国福建红树林沉积物氮还原过程研究. 硕士学位论文. 厦门: 厦门大学.

杨雪琴, 连英丽, 颜庆云, 等. 2018. 滨海湿地生态系统微生物驱动的氮循环研究进展. 微生物学报, 58(004): 633-648.

殷士学, 陆驹飞. 1997. 硝酸异化还原成铵的微生物学过程. 微生物学通报, 24(3): 170-173.

于欣, 杜家笔, 高建华, 等. 2012. 鸭绿江河口最大浑浊带水动力特征对叶绿素分布的影响. 海洋科学, 34(2): 101-113.

袁彦婷, 丁振华, 张玲, 等. 2012. 土地利用方式改变对红树林沉积物中营养元素含量的影响. 地球与环境, 40(3): 385-390.

张白鸽. 2016. 华南露地苦瓜生产体系的氮素调控. 北京: 中国农业大学.

张和钰, 陈传明, 郑行洋, 等. 2013. 漳江口红树林国家级自然保护区湿地生态系统服务价值评估. 湿地科学, (1): 108-113.

张甲坤, 陶澍, 曹军. 2000. 土壤中水溶性有机碳测定中的样品保存与前处理方法. 土壤通报, 31(4): 174-176.

张立通, 孙耀, 陈爱玲, 等. 2011. 对虾养殖中后期虾塘沉积物的硝化与反硝化作用. 渔业科学进展, 32(1): 67-74.

张乔民, 隋淑珍. 2001. 中国红树林湿地资源及其保护. 自然资源学报, (01): 28-36.

张志永, 郑志伟, 彭建华, 等. 2013. 淡水环境下 3 种红树植物对氮磷的去除效应. 水生态学杂志, 34(5): 47-53.

赵焕庭. 1989. 珠江河口的水文和泥沙特征. 热带地理, 9(3): 201-212.

郑康振, 陈耿, 郑杏雯, 等. 2009. 人工红树林湿地系统净化污水研究进展. 生态学杂志, 28(1): 138-145.

周晨昊, 毛覃愉, 徐晓, 等. 2016. 中国海岸带蓝碳生态系统碳汇潜力的初步分析. 中国科学: 生命科学, 46(4): 475-486.

周昊昊, 杜嘉, 南颖. 2019. 1980 年以来 5 个时期珠江三角洲滨海湿地景观格局及其变化特征. 湿地科学, 17(5): 559.

周军芳, 范绍佳, 李浩文, 等. 2012. 珠江三角洲快速城市化对环境气象要素的影响. 中国环境科学, 32(7): 1153-1158.

祝贵兵. 2020. 陆地和淡水生态系统新型微生物氮循环研究进展. 微生物学报, 60(9): 1973-1984.

Aalto S L, Asmala E, Jilbert T, et al. 2021. Autochthonous organic matter promotes DNRA and suppresses N_2O production in sediments of the coastal Baltic Sea. Estuarine, Coastal and Shelf Science, 255: 107369.

Aber J D. 1992. Nitrogen cycling and nitrogen saturation in temperate forest ecosystems. Trends in Ecology & Evolution, 7(7): 220-224.

Abril G, Etcheber H, Le Hir P, et al. 1999. Oxic/anoxic oscillations and organic carbon mineralization in an estuarine maximum turbidity zone (The Gironde, France). Limnology and Oceanography, 44(5): 1304-1315.

Abril G, Riou S A, Etcheber H, et al. 2000. Transient, tidal time-scale, nitrogen transformations in an estuarine turbidity maximum—fluid mud system (The Gironde, South-west France). Estuarine, Coastal and Shelf Science, 50(5): 703-715.

Accoe F, Boeckx P, Busschaert J, et al. 2004. Gross N transformation rates and net N mineralisation rates related to the C and N contents of soil organic matter fractions in grassland soils of different age. Soil Biology and Biochemistry, 36(12): 2075-2087.

Ai B, Zhang R, Zhang H, et al. 2019. Dynamic process and artificial mechanism of coastline change in the Pearl River Estuary. Regional Studies in Marine Science, 30: 100715.

Algar C K, Vallino J J. 2014. Predicting microbial nitrate reduction pathways in coastal sediments. Aquatic Microbial Ecology, 71(3): 223-238.

Aller R C. 1994. Bioturbation and remineralization of sedimentary organic matter: effects of redox oscillation. Chemical Geology, 114(3-4): 331-345.

Altabet M A, Francois R, Murray D W, et al. 1995. Climate-related variations in denitrification in the Arabian Sea from sediment 15N/14N ratios. Nature, 373(6514): 506-509.

Amano T, Yoshinaga I, Okada K, et al. 2007. Detection of anammox activity and diversity of anammox bacteria-related 16S rRNA genes in coastal marine sediment in Japan. Microbes and Environments, 22(3): 232-242.

An S, Gardner W S. 2002. Dissimilatory nitrate reduction to ammonium（DNRA）as a nitrogen link, versus denitrification as a sink in a shallow estuary（Laguna Madre/Baffin Bay, Texas）. Marine Ecology Progress Series, 237: 41-50.

Andersen J M. 1977. Rates of denitrification of undisturbed sediment from six lakes as a function of nitrate concentration, oxygen and temperature. Arch Hydrobiol, 80: 147-159.

Anderson I C, McGlathery K J, Tyler A C. 2003. Microbial mediation of 'reactive' nitrogen transformations in a temperate lagoon. Marine Ecology Progress Series, 246: 73-84.

Andersson B, Sundbäck K, Hellman M, et al. 2014. Nitrogen fixation in shallow-water sediments: Spatial distribution and controlling factors. Limnology and Oceanography, 59（6）: 1932-1944.

Andreetta A, Huertas A D, Lotti M, et al. 2016. Land use changes affecting soil organic carbon storage along a mangrove swamp rice chronosequence in the Cacheu and Oio regions（northern Guinea-Bissau）. Agriculture, Ecosystems & Environment, 216: 314-321.

Anschutz P, Sundby B, LEFRANcois L, et al. 2000. Interactions between metal oxides and species of nitrogen and iodine in bioturbated marine sediments. Geochimica et Cosmochimica Acta, 64（16）: 2751-2763.

Arifanti V B, Kauffman J B, Hadriyanto D, et al. 2019. Carbon dynamics and land use carbon footprints in mangrove-converted aquaculture: The case of the Mahakam Delta, Indonesia. Forest Ecology and Management, 2019, 432: 17-29.

Armstrong F A J, Tibbitts S. 1968. Photochemical combustion of organic matter in sea water, for nitrogen, phosphorus and carbon determination. Journal of the Marine Biological Association of the United Kingdom, 48（1）: 143-152.

Arrigo K R. 2005. Marine microorganisms and global nutrient cycles. Nature, 437（7057）: 349-355.

Asmala E, Carstensen J, Conley D J, et al. 2017. Efficiency of the coastal filter: Nitrogen and phosphorus removal in the Baltic Sea. Limnology and Oceanography, 62（S1）: S222-S238.

Avcı B, Hahnke R L, Chafee M, et al. 2017. Genomic and physiological analyses of 'Reinekea forsetii' reveal a versatile opportunistic lifestyle during spring algae blooms. Environmental Microbiology, 19（3）: 1209-1221.

Babbin A R, Keil R G, Devol A H, et al. 2014. Organic matter stoichiometry, flux, and oxygen control nitrogen loss in the ocean. Science, 344（6182）: 406-408.

Babbin A R, Ward B B. 2013. Controls on nitrogen loss processes in Chesapeake Bay sediments. Environmental Science & Technology, 47（9）: 4189-4196.

Bachand P A M, Horne A J. 1999. Denitrification in constructed free-water surface wetlands: II. Effects of vegetation and temperature. Ecological Engineering, 14（1-2）: 17-32.

Bachar A, Al-Ashhab A, Soares M I M, et al. 2010. Soil microbial abundance and diversity along a low precipitation gradient. Microbial Ecology, 60: 453-461.

Bai J, Gao H, Xiao R, et al. 2012. A review of soil nitrogen mineralization as affected by water and salt in coastal wetlands: issues and methods. CLEAN-Soil, Air, Water, 40（10）: 1099-1105.

Bai R, Xi D, He J Z, et al. 2015. Activity, abundance and community structure of anammox bacteria along depth profiles in three different paddy soils. Soil Biology and Biochemistry, 91: 212-221.

Barbier E B, Hacker S D, Kennedy C, et al. 2011. The value of estuarine and coastal ecosystem services. Ecological Monographs, 81 (2): 169-193.

Barraclough D, Puri G. 1995. The use of 15N pool dilution and enrichment to separate the heterotrophic and autotrophic pathways of nitrification. Soil Biology and Biochemistry, 27 (1): 17-22.

Barrett J E, Burke I C. 2000. Potential nitrogen immobilization in grassland soils across a soil organic matter gradient. Soil Biology and Biochemistry, 32 (11-12): 1707-1716.

Beck W S, Hall E K. 2018. Confounding factors in algal phosphorus limitation experiments. PLoS One, 13 (10): e0205684.

Bedard H A, Matson A L, Pennock D J. 2006. Land use effects on gross nitrogen mineralization, nitrification, and N_2O emissions in ephemeral wetlands. Soil Biology and Biochemistry, 38 (12): 3398-3406.

Behrendt A. 2014. Competition between dissimilatory nitrate reduction to ammonium and denitrification in marine sediments. Bremen: Universität Bremen.

Behrendt A, de Beer D, Stief P. 2013. Vertical activity distribution of dissimilatory nitrate reduction in coastal marine sediments. Biogeosciences, 10 (11): 7509-7523.

Bengtsson G, Bengtson P, Månsson K F. 2003. Gross nitrogen mineralization-, immobilization-, and nitrification rates as a function of soil C/N ratio and microbial activity. Soil Biology and Biochemistry, 35 (1): 143-154.

Bernard R J, Mortazavi B, Kleinhuizen A A. 2015. Dissimilatory nitrate reduction to ammonium (DNRA) seasonally dominates NO_3^- reduction pathways in an anthropogenically impacted sub-tropical coastal lagoon. Biogeochemistry, 125 (1): 47-64.

Bernhard A E, Landry Z C, Blevins A, et al. 2010. Abundance of ammonia-oxidizing archaea and bacteria along an estuarine salinity gradient in relation to potential nitrification rates. Applied and Environmental Microbiology, 76 (4): 1285-1289.

Bernhard J M, Edgcomb V P, Casciotti K L, et al. 2012. Denitrification likely catalyzed by endobionts in an allogromiid foraminifer. The ISME Journal, 6 (5): 951-960.

Bhavya P S, Kumar S, Gupta G V M, et al. 2016. Nitrogen uptake dynamics in a tropical eutrophic estuary (Cochin, India) and adjacent coastal waters. Estuaries and Coasts, 39: 54-67.

Bianchi T S, Allison M A, Zhao J, et al. 2013. Historical reconstruction of mangrove expansion in the Gulf of Mexico: linking climate change with carbon sequestration in coastal wetlands. Estuarine, Coastal and Shelf Science, 119: 7-16.

Blackburn T H. 1979. Method for measuring rates of NH_4^+ turnover in anoxic marine sediments, using a ^{15}N-NH_4^+ dilution technique. Applied and Environmental Microbiology, 37 (4): 760-765.

Blair G J, Lefroy R D B, Lisle L. 1995. Soil carbon fractions based on their degree of oxidation, and the development of a carbon management index for agricultural systems. Australian Journal of Agricultural Research, 46 (7): 1459-1466.

Bleakley B H, Tiedje J M. 1982. Nitrous oxide production by organisms other than nitrifiers or denitrifiers. Applied and Environmental Microbiology, 44 (6): 1342-1348.

Bogunovic I, Andabaka Z, Stupic D, et al. 2019. Continuous grass coverage as a management practice in humid environment vineyards increases compaction and CO_2 emissions but does not modify must quality. Land Degradation & Development, 30(18): 2347-2359.

Bohlen L, Dale A W, Sommer S, et al. 2011. Benthic nitrogen cycling traversing the Peruvian oxygen minimum zone. Geochimica et Cosmochimica Acta, 75(20): 6094-6111.

Bonaglia S, Bartoli M, Gunnarsson J S, et al. 2013. Effect of reoxygenation and Marenzelleria spp. bioturbation on Baltic Sea sediment metabolism. Marine Ecology Progress Series, 482: 43-55.

Bonaglia S, Klawonn I, De Brabandere L, et al. 2016. Denitrification and DNRA at the Baltic Sea oxic-anoxic interface: substrate spectrum and kinetics. Limnology and Oceanography, 61(5): 1900-1915.

Bonaglia S, Nascimento F J, Bartoli M, et al. 2014. Meiofauna increases bacterial denitrification in marine sediments. Nature Communications, 5(1): 1-9.

Bonnett S A F, Blackwell M S A, Leah R, et al. 2013. Temperature response of denitrification rate and greenhouse gas production in agricultural river marginal wetland soils. Geobiology, 11(3): 252-267.

Bordalo A A, Chalermwat K, Teixeira C. 2016. Nutrient variability and its influence on nitrogen processes in a highly turbid tropical estuary (Bangpakong, Gulf of Thailand). Journal of Environmental Sciences, 45: 131-142.

Boulêtreau S, Salvo E, Lyautey E, et al. 2012. Temperature dependence of denitrification in phototrophic river biofilms. Science of the Total Environment, 416: 323-328.

Bouwman A F, Bierkens M F P, Griffioen J, et al. 2013. Nutrient dynamics, transfer and retention along the aquatic continuum from land to ocean: towards integration of ecological and biogeochemical models. Biogeosciences, 10(1): 1-22.

Bouwman A F, Van Drecht G, Knoop J M, et al. 2005. Exploring changes in river nitrogen export to the world's oceans. Global Biogeochemical Cycles, 19(1): GB1002.

Braker G, Fesefeldt A, Witzel K P. 1998. Development of PCR primer systems for amplification of nitrite reductase genes (nirK and nirS) to detect denitrifying bacteria in environmental samples. Applied and Environmental Microbiology, 64(10): 3769-3775.

Braker G, Zhou J, Wu L, et al. 2000. Nitrite reductase genes (nirK and nirS) as functional markers to investigate diversity of denitrifying bacteria in Pacific Northwest Marine Sediment Communities. Applied and Environmental Microbiology, 66(5): 2096-2104.

Brauer V S, Stomp M, Rosso C, et al. 2013. Low temperature delays timing and enhances the cost of nitrogen fixation in the unicellular cyanobacterium Cyanothece. The ISME Journal, 7(11): 2105-2115.

Breitbarth E, Oschlies A, LaRoche J. 2007. Physiological constraints on the global distribution of Trichodesmium–effect of temperature on diazotrophy. Biogeosciences, 4(1): 53-61.

Breitburg D, Levin L A, Oschlies A, et al. 2018. Declining oxygen in the global ocean and coastal waters. Science, 359(6371): eaam7240.

Bremner J M, Shaw K. 1958. Denitrification in soil. II. Factors affecting denitrification. The Journal of Agricultural Science, 51(1): 40-52.

Brin L D, Giblin A E, Rich J J. 2014. Environmental controls of anammox and denitrification in southern New England estuarine and shelf sediments. Limnology and Oceanography, 59(3):

851-860.

Brin L D, Giblin A E, Rich J J. 2015. Effects of experimental warming and carbon addition on nitrate reduction and respiration in coastal sediments. Biogeochemistry, 125: 81-95.

Brin L D, Giblin A E, Rich J J. 2017. Similar temperature responses suggest future climate warming will not alter partitioning between denitrification and anammox in temperate marine sediments. Global Change Biology, 23(1): 331-340.

Bristow L A, Callbeck C M, Larsen M, et al. 2017. N_2 production rates limited by nitrite availability in the Bay of Bengal oxygen minimum zone. Nature Geoscience, 10(1): 24-29.

Bristow L A, Dalsgaard T, Tiano L, et al. 2016. Ammonium and nitrite oxidation at nanomolar oxygen concentrations in oxygen minimum zone waters. Proceedings of the National Academy of Sciences, 113(38): 10601-10606.

Broman E, Sachpazidou V, Pinhassi J, et al. 2017. Oxygenation of hypoxic coastal Baltic Sea sediments impacts on chemistry, microbial community composition, and metabolism. Frontiers in Microbiology, 8: 2453.

Bronk D A, Lomas M W, Glibert P M, et al. 2000. Total dissolved nitrogen analysis: comparisons between the persulfate, UV and high temperature oxidation methods. Marine Chemistry, 69(1-2): 163-178.

Brown J G. 1921. The states of iron in nitric acid. The Journal of Physical Chemistry, 25(6): 429-454.

Bruesewitz D A, Gardner W S, Mooney R F, et al. 2013. Estuarine ecosystem function response to flood and drought in a shallow, semiarid estuary: Nitrogen cycling and ecosystem metabolism. Limnology and Oceanography, 58(6): 2293-2309.

Bryan B D N, Connolly R M, Richards D R, et al. 2020. Global trends in mangrove forest fragmentation. Scientific Reports, 10(1): 1-8.

Bu C, Wang Y, Ge C, et al. 2017. Dissimilatory nitrate reduction to ammonium in the Yellow River Estuary: rates, abundance, and community diversity. Scientific Reports, 7(1): 1-11.

Buchen C, Lewicka S D, Fuss R, et al. 2016. Fluxes of N_2 and N_2O and contributing processes in summer after grassland renewal and grassland conversion to maize cropping on a Plaggic Anthrosol and a Histic Gleysol. Soil Biology and Biochemistry, 101: 6-19.

Burdige D J, Martens C S. 1988. Biogeochemical cycling in an organic-rich coastal marine basin: 10. The role of amino acids in sedimentary carbon and nitrogen cycling. Geochimica et Cosmochimica Acta, 52(6): 1571-1584.

Burger M, Jackson L E. 2003. Microbial immobilization of ammonium and nitrate in relation to ammonification and nitrification rates in organic and conventional cropping systems. Soil Biology and Biochemistry, 35(1): 29-36.

Burgin A J, Groffman P M, Lewis D N. 2010. Factors regulating denitrification in a riparian wetland. Soil Science Society of America Journal, 74(5): 1826-1833.

Burgin A J, Hamilton S K. 2007. Have we overemphasized the role of denitrification in aquatic ecosystems? A review of nitrate removal pathways. Frontiers in Ecology and the Environment, 5(2): 89-96.

Burgin A J, Yang W H, Hamilton S K, et al. 2011. Beyond carbon and nitrogen: how the microbial energy economy couples elemental cycles in diverse ecosystems. Frontiers in Ecology and the Environment, 9(1): 44-52.

Butler J H, Elkins J W. 1991. An automated technique for the measurement of dissolved N_2O in natural waters. Marine Chemistry, 34(1-2): 47-61.

Byrne N, Strous M, Crépeau V, et al. 2009. Presence and activity of anaerobic ammonium-oxidizing bacteria at deep-sea hydrothermal vents. The ISME Journal, 3(1): 117-123.

Caffrey J M, Bonaglia S, Conley D J. 2019. Short exposure to oxygen and sulfide alter nitrification, denitrification, and DNRA activity in seasonally hypoxic estuarine sediments. FEMS Microbiology Letters, 366(1): fny288.

Cai W J, Dai M, Wang Y, et al. 2004. The biogeochemistry of inorganic carbon and nutrients in the Pearl River estuary and the adjacent Northern South China Sea. Continental Shelf Research, 24(12): 1301-1319.

Cai W J, Hu X, Huang W J, et al. 2011. Acidification of subsurface coastal waters enhanced by eutrophication. Nature Geoscience, 4(11): 766-770.

Cai X, Hutchins D A, Fu F, et al. 2017. Effects of ultraviolet radiation on photosynthetic performance and N_2 fixation in Trichodesmium erythraeum IMS 101. Biogeosciences, 14(19): 4455-4466.

Cameron C, Hutley L B, Friess D A, et al. 2019a. Community structure dynamics and carbon stock change of rehabilitated mangrove forests in Sulawesi, Indonesia. Ecological Applications, 29(1): e01810.

Cameron C, Hutley L B, Friess D A, et al. 2019b. Hydroperiod, soil moisture and bioturbation are critical drivers of greenhouse gas fluxes and vary as a function of landuse change in mangroves of Sulawesi, Indonesia. Science of the Total Environment, 654: 365-377.

Canfield D E, Glazer A N, Falkowski P G. 2010. The evolution and future of Earth's nitrogen cycle. Science, 330(6001): 192-196.

Canion A, Kostka J E, Gihring T M, et al. 2014a. Temperature response of denitrification and anammox reveals the adaptation of microbial communities to in situ temperatures in permeable marine sediments that span 50 in latitude. Biogeosciences, 11(2): 309-320.

Canion A, Overholt W A, Kostka J E, et al. 2014b. Temperature response of denitrification and anaerobic ammonium oxidation rates and microbial community structure in A rctic fjord sediments. Environmental Microbiology, 16(10): 3331-3344.

Cannon J, Sanford R A, Connor L, et al. 2019. Optimization of PCR primers to detect phylogenetically diverse nrfA genes associated with nitrite ammonification. Journal of Microbiological Methods, 160: 49-59.

Cao H, Hong Y, Li M, et al. 2012. Community shift of ammonia-oxidizing bacteria along an anthropogenic pollution gradient from the Pearl River Delta to the South China Sea. Applied Microbiology and Biotechnology, 94: 247-259.

Cao W, Yang J, Li Y, et al. 2016. Dissimilatory nitrate reduction to ammonium conserves nitrogen in anthropogenically affected subtropical mangrove sediments in Southeast China. Marine Pollution Bulletin, 110(1): 155-161.

Capone D G, Zehr J P, Paerl H W, et al. 1997. Trichodesmium, a globally significant marine cyanobacterium. Science, 276(5316): 1221-1229.

Cardoso R B, Sierra A R, Rowlette P, et al. 2006. Sulfide oxidation under chemolithoautotrophic denitrifying conditions. Biotechnology and Bioengineering, 95(6): 1148-1157.

Carignan R, Blais A M, Vis C. 1998. Measurement of primary production and community respiration in oligotrophic lakes using the Winkler method. Canadian Journal of Fisheries and Aquatic Sciences, 55(5): 1078-1084.

Carini S A, Joye S B. 2008. Nitrification in Mono Lake, California: Activity and community composition during contrasting hydrological regimes. Limnology and Oceanography, 53(6): 2546-2557.

Carini S A, McCarthy M J, Gardner W S. 2010. An isotope dilution method to measure nitrification rates in the northern Gulf of Mexico and other eutrophic waters. Continental Shelf Research, 30(17): 1795-1801.

Carlson R M. 1986. Continuous flow reduction of nitrate to ammonia with granular zinc. Analytical Chemistry, 58(7): 1590-1591.

Carpenter J H. 1965. The Chesapeake Bay Institute technique for the Winkler dissolved oxygen method. Limnology and Oceanography, 10(1): 141-143.

Casillas-Hernández R, Magallón-Barajas F, Portillo-Clarck G, et al. 2006. Nutrient mass balances in semi-intensive shrimp ponds from Sonora, Mexico using two feeding strategies: Trays and mechanical dispersal. Aquaculture, 258(1-4): 289-298.

Castillo J A A, Apan A A, Maraseni T N, et al. 2017. Soil C quantities of mangrove forests, their competing land uses, and their spatial distribution in the coast of Honda Bay, Philippines. Geoderma, 293: 82-90.

Castro-González M, Braker G, Farías L, et al. 2005. Communities of nirS-type denitrifiers in the water column of the oxygen minimum zone in the eastern South Pacific. Environmental Microbiology, 7(9): 1298-1306.

Chai C, Yu Z, Song X, et al. 2006. The status and characteristics of eutrophication in the Yangtze River (Changjiang) Estuary and the adjacent East China Sea, China. Hydrobiologia, 563(1): 313-328.

Chang Y, Hou L, Gao D, et al. 2021. Organic matter degradation state affects dissimilatory nitrate reduction processes in Knysna estuarine sediment, South Africa. Journal of Soils and Sediments, 21(10): 3202-3212.

Chen F, Hou L, Liu M, et al. 2016a. Net anthropogenic nitrogen inputs (NANI) into the Yangtze River basin and the relationship with riverine nitrogen export. Journal of Geophysical Research: Biogeosciences, 121(2): 451-465.

Chen J, Zhou H C, Pan Y, et al. 2016b. Effects of polybrominated diphenyl ethers and plant species on nitrification, denitrification and anammox in mangrove soils. Science of the Total Environment, 553: 60-70.

Chen L, Zeng X, Tam N F Y, et al. 2012. Comparing carbon sequestration and stand structure of monoculture and mixed mangrove plantations of Sonneratia caseolaris and S. apetala in Southern

China. Forest Ecology and Management, 284: 222-229.

Chen M, Chang L, Zhang J, et al. 2020. Global nitrogen input on wetland ecosystem: the driving mechanism of soil labile carbon and nitrogen on greenhouse gas emissions. Environmental Science and Ecotechnology, 4: 100063.

Chen Y, Zhen Y, He H, et al. 2014. Diversity, abundance, and spatial distribution of ammonia-oxidizing β-proteobacteria in sediments from Changjiang estuary and its adjacent area in East China Sea. Microbial Ecology, 67(4): 788-803.

Chen Z, Wang C, Gschwendtner S, et al. 2015. Relationships between denitrification gene expression, dissimilatory nitrate reduction to ammonium and nitrous oxide and dinitrogen production in montane grassland soils. Soil Biology and Biochemistry, 87: 67-77.

Cheng L, Li X, Lin X, et al. 2016. Dissimilatory nitrate reduction processes in sediments of urban river networks: Spatiotemporal variations and environmental implications. Environmental Pollution, 219: 545-554.

Chi Z, Wang W, Li H, et al. 2021. Soil organic matter and salinity as critical factors affecting the bacterial community and function of Phragmites australis dominated riparian and coastal wetlands. Science of The Total Environment, 762: 143156.

Childs C R, Rabalais N N, Turner R E, et al. 2002. Sediment denitrification in the Gulf of Mexico zone of hypoxia. Marine Ecology Progress Series, 240: 285-290.

Christensen P B, Rysgaard S, Sloth N P, et al. 2000. Sediment mineralization, nutrient fluxes, denitrification and dissimilatory nitrate reduction to ammonium in an estuarine fjord with sea cage trout farms. Aquatic Microbial Ecology, 21(1): 73-84.

Christensen P B, Sørensen J. 1986. Temporal variation of denitrification activity in plant-covered, littoral sediment from Lake Hampen, Denmark. Applied and Environmental Microbiology, 51(6): 1174-1179.

Cloern J E. 2001. Our evolving conceptual model of the coastal eutrophication problem. Marine Ecology Progress Series, 210: 223-253.

Coby A J, Picardal F, Shelobolina E, et al. 2011. Repeated anaerobic microbial redox cycling of iron. Applied and Environmental Microbiology, 77(17): 6036-6042.

Codispoti L A. 2010. Interesting times for marine N_2O. Science, 327(5971): 1339-1340.

Codispoti L A. 2007. An oceanic fixed nitrogen sink exceeding 400 Tg N a^{-1} vs the concept of homeostasis in the fixed-nitrogen inventory. Biogeosciences, 4(2): 233-253.

Codispoti L A, Brandes J A, Christensen J P, et al. 2001. The oceanic fixed nitrogen and nitrous oxide budgets: Moving targets as we enter the anthropocene. Scientia Marina, 65(S2): 85-105.

Cohen M C L, Behling H, Lara R J, et al. 2009. Impact of sea-level and climatic changes on the Amazon coastal wetlands during the late Holocene. Vegetation History and Archaeobotany, 18: 425-439.

Cojean A N Y, Lehmann M F, Robertson E K, et al. 2020. Controls of H_2S, Fe_2^+, and Mn_2^+ on Microbial NO_3^--reducing processes in sediments of an Eutrophic Lake. Frontiers in Microbiology, 11: 1158.

Cole J A. 1978. The rapid accumulation of large quantities of ammonia during nitrite reduction by

Escherichia coli. FEMS Microbiology Letters, 4(6): 327-329.

Cole J A, Brown C M. 1980. Nitrite reduction to ammonia by fermentative bacteria: a short circuit in the biological nitrogen cycle. FEMS Microbiology Letters, 7(2): 65-72.

Colombo F, Macdonald C A, Jeffries T C, et al. 2016. Impact of forest management practices on soil bacterial diversity and consequences for soil processes. Soil Biology and Biochemistry, 94: 200-210.

Corredor J E, Morell J M. 1994. Nitrate depuration of secondary sewage effluents in mangrove sediments. Estuaries, 17(1): 295-300.

Coyne M S, Tiedje J M. 1990. Induction of denitrifying enzymes in oxygen-limited Achromobacter cycloclastes continuous culture. FEMS Microbiology Ecology, 6(3): 263-270.

Crowe S A, Canfield D E, Mucci A, et al. 2012. Anammox, denitrification and fixed-nitrogen removal in sediments from the Lower St. Lawrence Estuary. Biogeosciences, 9(11): 4309-4321.

Cui J, Liu C, Li Z, et al. 2012. Long-term changes in topsoil chemical properties under centuries of cultivation after reclamation of coastal wetlands in the Yangtze Estuary, China. Soil and Tillage Research, 123: 50-60.

Dai M, Wang L, Guo X, et al. 2008. Nitrification and inorganic nitrogen distribution in a large perturbed river/estuarine system: the Pearl River Estuary, China. Biogeosciences, 5(5): 1227-1244.

Dai Z, Du J, Zhang X, et al. 2011. Variation of riverine material loads and environmental consequences on the Changjiang (Yangtze) Estuary in recent decades (1955−2008). Environmental Science & Technology, 45(1): 223-227.

Dale O R, Tobias C R, Song B. 2009. Biogeographical distribution of diverse anaerobic ammonium oxidizing (anammox) bacteria in Cape Fear River Estuary. Environmental Microbiology, 11(5): 1194-1207.

Dalsgaard T, Stewart F J, Thamdrup B, et al. 2014. Oxygen at nanomolar levels reversibly suppresses process rates and gene expression in anammox and denitrification in the oxygen minimum zone off northern Chile. MBio, 5(6): e01966-14.

Dalsgaard T, Thamdrup B, Canfield D E. 2005. Anaerobic ammonium oxidation (anammox) in the marine environment. Research in microbiology, 156(4): 457-464.

Dalsgaard T, Thamdrup B. 2002. Factors controlling anaerobic ammonium oxidation with nitrite in marine sediments. Applied and Environmental Microbiology, 68(8): 3802-3808.

Dalsgaard T, Thamdrup B, Farías L, et al. 2012. Anammox and denitrification in the oxygen minimum zone of the eastern South Pacific. Limnology and Oceanography, 57(5): 1331-1346.

Daly E J, Hernandez-Ramirez G. 2020. Sources and priming of soil N_2O and CO_2 production: Nitrogen and simulated exudate additions. Soil Biology and Biochemistry, 149: 107942.

Damashek J, Francis C A. 2018. Microbial nitrogen cycling in estuaries: from genes to ecosystem processes. Estuaries and Coasts, 41(3): 626-660.

Dang H, Chen R, Wang L, et al. 2010. Environmental factors shape sediment anammox bacterial communities in hypernutrified Jiaozhou Bay, China. Applied and Environmental Microbiology, 76(21): 7036-7047.

Dannenberg S, Kroder M, Dilling W, et al. 1992. Oxidation of H_2, organic compounds and inorganic sulfur compounds coupled to reduction of O_2 or nitrate by sulfate-reducing bacteria. Archives of Microbiology, 158(2): 93-99.

Davidson E A. 2009. The contribution of manure and fertilizer nitrogen to atmospheric nitrous oxide since 1860. Nature Geoscience, 2(9): 659-662.

Davidson E A, Janssens I A. 2006. Temperature sensitivity of soil carbon decomposition and feedbacks to climate change. Nature, 440(7081): 165-173.

Deegan L A, Johnson D S, Warren R S, et al. 2012. Coastal eutrophication as a driver of salt marsh loss. Nature, 490(7420): 388-392.

Deng F, Hou L, Liu M, et al. 2015. Dissimilatory nitrate reduction processes and associated contribution to nitrogen removal in sediments of the Yangtze Estuary. Journal of Geophysical Research: Biogeosciences, 120(8): 1521-1531.

Denk T R A, Mohn J, Decock C, et al. 2017. The nitrogen cycle: A review of isotope effects and isotope modeling approaches. Soil Biology and Biochemistry, 105: 121-137.

Devol A H. 2015. Denitrification, anammox, and N_2 production in marine sediments. Annual Review of Marine Science, 7: 403-423.

Di H J, Cameron K C, McLaren R G. 2000. Isotopic dilution methods to determine the gross transformation rates of nitrogen, phosphorus, and sulfur in soil: a review of the theory, methodologies, and limitations. Soil Research, 38(1): 213-230.

Diaz R J. 2001. Overview of hypoxia around the world. Journal of Environmental Quality, 30(2): 275-281.

Diaz R J, Rosenberg R. 2008. Spreading dead zones and consequences for marine ecosystems. Science, 321(5891): 926-929.

Dinesh R, Chaudhuri S G. 2013. Soil biochemical/microbial indices as ecological indicators of land use change in mangrove forests. Ecological Indicators, 32: 253-258.

Ding B, Chen Z, Li Z, et al. 2019. Nitrogen loss through anaerobic ammonium oxidation coupled to Iron reduction from ecosystem habitats in the Taihu estuary region. Science of the Total Environment, 662: 600-606.

Ding L J, An X L, Li S, et al. 2014. Nitrogen loss through anaerobic ammonium oxidation coupled to iron reduction from paddy soils in a chronosequence. Environmental Science & Technology, 48(18): 10641-10647.

Domangue R J, Mortazavi B. 2018. Nitrate reduction pathways in the presence of excess nitrogen in a shallow eutrophic estuary. Environmental Pollution, 238: 599-606.

Domeignoz H L A, Philippot L, Peyrard C, et al. 2018. Peaks of in situ N_2O emissions are influenced by N_2O-producing and reducing microbial communities across arable soils. Global Change Biology, 24(1): 360-370.

Domingues R B, Anselmo T P, Barbosa A B, et al. 2011. Light as a driver of phytoplankton growth and production in the freshwater tidal zone of a turbid estuary[J]. Estuarine, Coastal and Shelf Science, 91(4): 526-535.

Dong D, Wang C, Yan J, et al. 2020. Combing Sentinel-1 and Sentinel-2 image time series for invasive Spartina alterniflora mapping on Google Earth Engine: a case study in Zhangjiang Estuary. Journal of Applied Remote Sensing, 14(4): 044504.

Dong L F, Nedwell D B, Underwood G J C, et al. 2002. Nitrous oxide formation in the Colne estuary, England: the central role of nitrite. Applied and Environmental Microbiology, 68(3): 1240-1249.

Dong L F, Smith C J, Papaspyrou S, et al. 2009. Changes in benthic denitrification, nitrate ammonification, and anammox process rates and nitrate and nitrite reductase gene abundances along an estuarine nutrient gradient (the Colne Estuary, United Kingdom). Applied and Environmental Microbiology, 75(10): 3171-3179.

Dong L F, Sobey M N, Smith C J, et al. 2011. Dissimilatory reduction of nitrate to ammonium, not denitrification or anammox, dominates benthic nitrate reduction in tropical estuaries. Limnology and Oceanography, 56(1): 279-291.

Dorich R A, Nelson D W. 1983. Direct colorimetric measurement of ammonium in potassium chloride extracts of soils. Soil Science Society of America Journal, 47(4): 833-836.

Doyle T W, Krauss K W, Wells C J. 2009. Landscape analysis and pattern of hurricane impact and circulation on mangrove forests of the Everglades. Wetlands, 29: 44-53.

Edwards G P, Pfafflin J R, Schwartz L H, et al. 1962. Determination of nitrates in wastewater effluents and water. Journal of Water Pollution Control Federation, 1112-1116.

Ellis P S, Shabani A M H, Gentle B S, et al. 2011. Field measurement of nitrate in marine and estuarine waters with a flow analysis system utilizing on-line zinc reduction. Talanta, 84(1): 98-103.

Engström P, Dalsgaard T, Hulth S, et al. 2005. Anaerobic ammonium oxidation by nitrite (anammox): implications for N_2 production in coastal marine sediments. Geochimica et Cosmochimica Acta, 69(8): 2057-2065.

Engström P, Penton C R, Devola A H. 2009. Anaerobic ammonium oxidation in deep‐sea sediments off the Washington margin. Limnology and Oceanography, 54(5): 1643-1652.

Erler D V, Welsh D T, Bennet W W, et al. 2017. The impact of suspended oyster farming on nitrogen cycling and nitrous oxide production in a sub-tropical Australian estuary. Estuarine, Coastal and Shelf Science, 192: 117-127.

Eschenbach W, Lewicka S D, Stange C F, et al. 2017. Measuring 15N abundance and concentration of aqueous nitrate, nitrite, and ammonium by membrane inlet quadrupole mass spectrometry. Analytical Chemistry, 89(11): 6076-6081.

Eschenbach W, Well R, Dyckmans J. 2018. NO reduction to N_2O improves nitrate ^{15}N abundance analysis by membrane inlet quadrupole mass spectrometry. Analytical Chemistry, 90(19): 11216-11218.

Eyre B D, Rysgaard S, Dalsgaard T, et al. 2002. Comparison of isotope pairing and N_2: Ar methods for measuring sediment denitrification—Assumption, modifications, and implications. Estuaries, 25(6): 1077-1087.

Fan H, Bolhuis H, Stal L J. 2015. Drivers of the dynamics of diazotrophs and denitrifiers in North Sea bottom waters and sediments. Frontiers in Microbiology, 6: 738.

Fan M L, Wang X M, Wang Q, et al. 2010. Atmospheric deposition of nitrogen and phosphorus into the Hengmen of Pearl River Estuary. J. of Trop. Oceanogr, 29(1): 51-56.

Fazzolari É, Nicolardot B, Germon J C. 1998. Simultaneous effects of increasing levels of glucose and oxygen partial pressures on denitrification and dissimilatory nitrate reduction to ammonium in repacked soil cores. European Journal of Soil Biology, 34(1): 47-52.

Feng J, Zhou J, Wang L, et al. 2017. Effects of short-term invasion of Spartina alterniflora and the subsequent restoration of native mangroves on the soil organic carbon, nitrogen and phosphorus stock. Chemosphere, 184: 774-783.

Fernandes S O, Bharathi P A L, Bonin P C, et al. 2010. Denitrification: an important pathway for nitrous oxide production in tropical mangrove sediments (Goa, India). Journal of Environmental Quality, 39(4): 1507-1516.

Fernandes S O, Bonin P C, Michotey V D, et al. 2012a. Nitrogen-limited mangrove ecosystems conserve N through dissimilatory nitrate reduction to ammonium. Scientific Reports, 2(1): 1-5.

Fernandes S O, Michotey V D, Guasco S, et al. 2012b. Denitrification prevails over anammox in tropical mangrove sediments (Goa, India). Marine Environmental Research, 74: 9-19.

Ferron S, Ortega T, Forja J M. 2009. Benthic fluxes in a tidal salt marsh creek affected by fish farm activities: Río San Pedro (Bay of Cádiz, SW Spain). Marine Chemistry, 113(1-2): 50-62.

Firestone M K, Firestone R B, Tiedje J M. 1980. Nitrous oxide from soil denitrification: factors controlling its biological production. Science, 208(4445): 749-751.

Foster R A, Subramaniam A, Mahaffey C, et al. 2007. Influence of the Amazon River plume on distributions of free-living and symbiotic cyanobacteria in the western tropical North Atlantic Ocean. Limnology and Oceanography, 52(2): 517-532.

Foster S Q, Fulweiler R W. 2019. Estuarine sediments exhibit dynamic and variable biogeochemical responses to hypoxia. Journal of Geophysical Research: Biogeosciences, 124(4): 737-758.

Francis C A, Beman J M, Kuypers M M M. 2007. New processes and players in the nitrogen cycle: the microbial ecology of anaerobic and archaeal ammonia oxidation. The ISME Journal, 1(1): 19-27.

Francis C A, Roberts K J, Beman J M, et al. 2005. Ubiquity and diversity of ammonia-oxidizing archaea in water columns and sediments of the ocean. Proceedings of the National Academy of Sciences, 102(41): 14683-14688.

Friedl J, De Rosa D, Rowlings D W, et al. 2018. Dissimilatory nitrate reduction to ammonium (DNRA), not denitrification dominates nitrate reduction in subtropical pasture soils upon rewetting. Soil Biology and Biochemistry, 125: 340-349.

Fu B, Liu J, Yang H, et al. 2015. Shift of anammox bacterial community structure along the Pearl E stuary and the impact of environmental factors. Journal of Geophysical Research: Oceans, 120(4): 2869-2883.

Fulweiler R W, Brown S M, Nixon S W, et al. 2013. Evidence and a conceptual model for the co-occurrence of nitrogen fixation and denitrification in heterotrophic marine sediments. Marine Ecology Progress Series, 482: 57-68.

Galbraith E D, Kienast M. 2013. The acceleration of oceanic denitrification during deglacial warming. Nature Geoscience, 6(7): 579-584.

Gallon J R. 1992. Reconciling the incompatible: N_2 fixation and O_2. New Phytologist, 122(4): 571-609.

Gallon J R. 2001. N_2 fixation in phototrophs: adaptation to a specialized way of life. Plant and Soil, 230(1): 39-48.

Galloway J N, Dentener F J, Capone D G, et al. 2004. Nitrogen cycles: past, present, and future. Biogeochemistry, 70(2): 153-226.

Galloway J N, Leach A M, Bleeker A, et al. 2013. A chronology of human understanding of the nitrogen cycle. Philosophical Transactions of the Royal Society B: Biological Sciences, 368(1621): 20130120.

Galloway J N, Townsend A R, Erisman J W, et al. 2008. Transformation of the nitrogen cycle: recent trends, questions, and potential solutions. Science, 320(5878): 889-892.

Gan J, Lin Q, Li C, et al. 2008. Distribution characteristic and quality assessment of sulfide in sediments of Pearl River Estuary. Marine Environmental Science, 27(2): 149-152.

Gao D, Chen G, Li X, et al. 2018. Reclamation culture alters sediment phosphorus speciation and ecological risk in coastal zone of southeastern China. CLEAN–Soil, Air, Water, 46(11): 1700495.

Gao D, Hou L, Li X, et al. 2019a. Exotic Spartina alterniflora invasion alters soil nitrous oxide emission dynamics in a coastal wetland of China. Plant and Soil, 442(1): 233-246.

Gao D, Li X, Lin X, et al. 2017. Soil dissimilatory nitrate reduction processes in the Spartina alterniflora invasion chronosequences of a coastal wetland of southeastern China: dynamics and environmental implications. Plant and Soil, 421(1): 383-399.

Gao D, Liu M, Hou L, et al. 2019b. Effects of shrimp-aquaculture reclamation on sediment nitrate dissimilatory reduction processes in a coastal wetland of southeastern China. Environmental Pollution, 255: 113219.

Gao G F, Li P F, Zhong J X, et al. 2019c. Spartina alterniflora invasion alters soil bacterial communities and enhances soil N_2O emissions by stimulating soil denitrification in mangrove wetland. Science of the Total Environment, 653: 231-240.

Gao H, Bai J, Xiao R, et al. 2012. Soil net nitrogen mineralization in salt marshes with different flooding periods in the Yellow River Delta, China. CLEAN–Soil, Air, Water, 40(10): 1111-1117.

Gao H, Schreiber F, Collins G, et al. 2010. Aerobic denitrification in permeable Wadden Sea sediments. The ISME Journal, 4(3): 417-426.

Gao J, Hou L, Zheng Y, et al. 2016. nirS-Encoding denitrifier community composition, distribution, and abundance along the coastal wetlands of China. Applied Microbiology and Biotechnology, 100(19): 8573-8582.

Gao L, Li D, Ishizaka J, et al. 2015. Nutrient dynamics across the river‐sea interface in the Changjiang (Yangtze River) estuary—East China Sea region. Limnology and Oceanography, 60(6): 2207-2221.

Garcias B N, Fusi M, Ali M, et al. 2018. High denitrification and anaerobic ammonium oxidation contributes to net nitrogen loss in a seagrass ecosystem in the central Red Sea. Biogeosciences,

15(23): 7333-7346.

Gardner W S, McCarthy M J, An S, et al. 2006. Nitrogen fixation and dissimilatory nitrate reduction to ammonium (DNRA) support nitrogen dynamics in Texas estuaries. Limnology and Oceanography, 51(1part2): 558-568.

Gardner W S, McCarthy M J. 2009. Nitrogen dynamics at the sediment–water interface in shallow, sub-tropical Florida Bay: why denitrification efficiency may decrease with increased eutrophication. Biogeochemistry, 95(2): 185-198.

Garnier J, Billen G, Even S, et al. 2008. Organic matter dynamics and budgets in the turbidity maximum zone of the Seine Estuary (France). Estuarine, Coastal and Shelf Science, 77(1): 150-162.

Garnier J, Billen G, Némery J, et al. 2010. Transformations of nutrients (N, P, Si) in the turbidity maximum zone of the Seine estuary and export to the sea. Estuarine, Coastal and Shelf Science, 90(3): 129-141.

Gebhardt A C, Schoster F, Gaye-Haake B, et al. 2005. The turbidity maximum zone of the Yenisei River (Siberia) and its impact on organic and inorganic proxies. Estuarine, Coastal and Shelf Science, 65(1-2): 61-73.

Giblin A E, Tobias C R, Song B, et al. 2013. The importance of dissimilatory nitrate reduction to ammonium (DNRA) in the nitrogen cycle of coastal ecosystems. Oceanography, 26(3): 124-131.

Giblin A E, Weston N B, Banta G T, et al. 2010. The effects of salinity on nitrogen losses from an oligohaline estuarine sediment. Estuaries and Coasts, 33(5): 1054-1068.

Gihring T M, Canion A, Riggs A, et al. 2010. Denitrification in shallow, sublittoral Gulf of Mexico permeable sediments. Limnology and Oceanography, 55(1): 43-54.

Gilbert F, Souchu P, Bianchi M, et al. 1997. Influence of shellfish farming activities on nitrification, nitrate reduction to ammonium and denitrification at the water-sediment interface of the Thau lagoon, France. Marine Ecology Progress Series, 151: 143-153.

Glibert P M, Heil C A, Hollander D, et al. 2004. Evidence for dissolved organic nitrogen and phosphorus uptake during a cyanobacterial bloom in Florida Bay. Marine Ecology Progress Series, 280: 73-83.

Gillooly J F, Brown J H, West G B, et al. 2001. Effects of size and temperature on metabolic rate. Science, 293(5538): 2248-2251.

Glock N, Schönfeld J, Eisenhauer A, et al. 2013. The role of benthic foraminifera in the benthic nitrogen cycle of the Peruvian oxygen minimum zone. Biogeosciences, 10(7): 4767-4783.

Gomes J, Khandeparker R, Bandekar M, et al. 2018. Quantitative analyses of denitrifying bacterial diversity from a seasonally hypoxic monsoon governed tropical coastal region. Deep Sea Research Part II: Topical Studies in Oceanography, 156: 34-43.

Graf D R H, Zhao M, Jones C M, et al. 2016. Soil type overrides plant effect on genetic and enzymatic N_2O production potential in arable soils. Soil Biology and Biochemistry, 100: 125-128.

Greaver T L, Clark C M, Compton J E, et al. 2016. Key ecological responses to nitrogen are altered by climate change. Nature Climate Change, 6(9): 836-843.

Grenon F, Bradley R L, Titus B D. 2004. Temperature sensitivity of mineral N transformation rates, and heterotrophic nitrification: possible factors controlling the post-disturbance mineral N flush in forest floors. Soil Biology and Biochemistry, 36(9): 1465-1474.

Groffman P M, Altabet M A, Böhlke J K, et al. 2006. Methods for measuring denitrification: diverse approaches to a difficult problem. Ecological Applications, 16(6): 2091-2122.

Grosse J, Bombar D, Doan H N, et al. 2010. The Mekong River plume fuels nitrogen fixation and determines phytoplankton species distribution in the South China Sea during low and high discharge season. Limnology and Oceanography, 55(4): 1668-1680.

Gruber N, Galloway J N. 2008. An Earth-system perspective of the global nitrogen cycle. Nature, 451(7176): 293-296.

Gruber N, Sarmiento J L. 1997. Global patterns of marine nitrogen fixation and denitrification. Global Biogeochemical Cycles, 11(2): 235-266.

Gu B, Dong X, Peng C, et al. 2012. The long-term impact of urbanization on nitrogen patterns and dynamics in Shanghai, China. Environmental Pollution, 171: 30-37.

Gudasz C, Bastviken D, Steger K, et al. 2010. Temperature-controlled organic carbon mineralization in lake sediments. Nature, 466(7305): 478-481.

Gunawardena M, Rowan J S. 2005. Economic valuation of a mangrove ecosystem threatened by shrimp aquaculture in Sri Lanka. Environmental Management, 36(4): 535-550.

Guo J, Wang Y, Lai J, et al. 2020. Spatiotemporal distribution of nitrogen biogeochemical processes in the coastal regions of northern Beibu Gulf, south China sea. Chemosphere, 239: 124803.

Gütlein A, Dannenmann M, Kiese R. 2016. Gross nitrogen turnover rates of a tropical lower montane forest soil: Impacts of sample preparation and storage. Soil Biology and Biochemistry, 95: 8-10.

Hallin S, Lindgren P E. 1999. PCR detection of genes encoding nitrite reductase in denitrifying bacteria. Applied and Environmental Microbiology, 65(4): 1652-1657.

Hamersley M R, Howes B L. 2005. Coupled nitrification-denitrification measured in situ in a Spartina alterniflora marsh with a $15NH_4^+$ tracer. Marine Ecology Progress Series, 299: 123-135.

Hamersley M R, Lavik G, Woebken D, et al. 2007. Anaerobic ammonium oxidation in the Peruvian oxygen minimum zone. Limnology and Oceanography, 52(3): 923-933.

Hamilton S E, Casey D. 2016. Creation of a high spatio-temporal resolution global database of continuous mangrove forest cover for the 21st century (CGMFC-21). Global Ecology and Biogeography, 25(6): 729-738.

Hamilton S E, Friess D A. 2018. Global carbon stocks and potential emissions due to mangrove deforestation from 2000 to 2012. Nature Climate Change, 8(3): 240-244.

Hannig M, Braker G, Dippner J, et al. 2006. Linking denitrifier community structure and prevalent biogeochemical parameters in the pelagial of the central Baltic Proper (Baltic Sea). FEMS Microbiology Ecology, 57(2): 260-271.

Hanson T E, Campbell B J, Kalis K M, et al. 2013. Nitrate ammonification by Nautilia profundicola AmH: experimental evidence consistent with a free hydroxylamine intermediate. Frontiers in Microbiology, 4: 180.

Harding K, Turk-Kubo K A, Sipler R E, et al. 2018. Symbiotic unicellular cyanobacteria fix nitrogen in the Arctic Ocean. Proceedings of the National Academy of Sciences, 115(52): 13371-13375.

Hardison A K, Algar C K, Giblin A E, et al. 2015. Influence of organic carbon and nitrate loading on partitioning between dissimilatory nitrate reduction to ammonium (DNRA) and N_2 production. Geochimica et Cosmochimica Acta, 164: 146-160.

Hargreaves J A. 1998. Nitrogen biogeochemistry of aquaculture ponds. Aquaculture, 166(3-4): 181-212.

Harrison P J, Yin K, Lee J H W, et al. 2008. Physical–biological coupling in the Pearl River Estuary. Continental Shelf Research, 28(12): 1405-1415.

Hart S C, Stark J M, Davidson E A, et al. 1994. Nitrogen mineralization, immobilization, and nitrification. Methods of Soil Analysis: Part 2 Microbiological and Biochemical Properties, 5: 985-1018.

Haynes R J. 2005. Labile organic matter fractions as centralcomponents of the quality of agricultural soils: anoverview. Adv Agron, 5: 221-268.

Hellemann D, Tallberg P, Aalto S L, et al. 2020. Seasonal cycle of benthic denitrification and DNRA in the aphotic coastal zone, northern Baltic Sea. Marine Ecology Progress Series, 637: 15-28.

Hemmi H, Hasebe K, Ohzeki K, et al. 1984. Differential pulse polarographic determination of nitrate in environmental materials. Talanta, 31(5): 319-323.

Henrichs S M, Doyle A P. 1986. Decomposition of ^{14}C - labeled organic substances in marine sediments 1. Limnology and Oceanography, 31(4): 765-778.

Henry S, Bru D, Stres B, et al. 2006. Quantitative detection of the nosZ gene, encoding nitrous oxide reductase, and comparison of the abundances of 16S rRNA, narG, nirK, and nosZ genes in soils. Applied and Environmental Microbiology, 72(8): 5181-5189.

Herbert R A. 1999. Nitrogen cycling in coastal marine ecosystems. FEMS Microbiology Reviews, 23(5): 563-590.

Herrmann M, Saunders A M, Schramm A. 2008. Archaea dominate the ammonia-oxidizing community in the rhizosphere of the freshwater macrophyte Littorella uniflora. Applied and Environmental Microbiology, 74(10): 3279-3283.

Hietanen S, Kuparinen J. 2008. Seasonal and short-term variation in denitrification and anammox at a coastal station on the Gulf of Finland, Baltic Sea. Hydrobiologia, 596(1): 67-77.

Highton M P, Roosa S, Crawshaw J, et al. 2016. Physical factors correlate to microbial community structure and nitrogen cycling gene abundance in a nitrate fed eutrophic lagoon. Frontiers in Microbiology, 7: 1691.

Hill A R, Cardaci M. 2004. Denitrification and organic carbon availability in riparian wetland soils and subsurface sediments. Soil Science Society of America Journal, 68(1): 320-325.

Hinshaw S E, Dahlgren R A. 2013. Dissolved nitrous oxide concentrations and fluxes from the eutrophic San Joaquin River, California. Environmental Science and Technology, 47(3): 1313-1322.

Højberg O, Johansen H S, Sørensen J. 1994. Determination of ^{15}N abundance in nanogram pools of NO_3-and NO_2-by denitrification bioassay and mass spectrometry. Applied and Environmental Microbiology, 60(7): 2467-2472.

Holtan H L, Dörsch P, Bakken L R. 2002. Low temperature control of soil denitrifying communities: kinetics of N₂O production and reduction. Soil Biology and Biochemistry, 34(11): 1797-1806.

Hou L J, Liu M, Jiang H Y, et al. 2003. Ammonium adsorption by tidal flat surface sediments from the Yangtze Estuary. Environmental Geology, 45(1): 72-78.

Hou L, Liu M, Carini S A, et al. 2012. Transformation and fate of nitrate near the sediment–water interface of Copano Bay. Continental Shelf Research, 35: 86-94.

Hou L, Wang R, Yin G, et al. 2018. Nitrogen fixation in the intertidal sediments of the Yangtze Estuary: occurrence and environmental implications. Journal of Geophysical Research: Biogeosciences, 123(3): 936-944.

Hou L, Yin G, Liu M, et al. 2015a. Effects of sulfamethazine on denitrification and the associated N₂O release in estuarine and coastal sediments. Environmental Science and Technology, 49(1): 326-333.

Hou L, Zheng Y, Liu M, et al. 2013. Anaerobic ammonium oxidation (anammox) bacterial diversity, abundance, and activity in marsh sediments of the Yangtze Estuary. Journal of Geophysical Research: Biogeosciences, 118(3): 1237-1246.

Hou L, Zheng Y, Liu M, et al. 2015b. Anaerobic ammonium oxidation and its contribution to nitrogen removal in China's coastal wetlands. Scientific Reports, 5(1): 1-11.

Houben E, Hamer H M, Luypaerts A, et al. 2010. Quantification of ^{15}N-nitrate in urine with gas chromatography combustion isotope ratio mass spectrometry to estimate endogenous NO production. Analytical Chemistry, 82(2): 601-607.

Howarth R W. 1988. Nutrient limitation of net primary production in marine ecosystems. Annual Review of Ecology and Systematics, 19(1): 89-110.

Howarth R W, Anderson D B, Cloern J E, et al. 2000. Nutrient pollution of coastal rivers, bays, and seas. Issues in Ecology, (7): 1-16.

Hsiao S S Y, Hsu T C, Liu J, et al. 2014. Nitrification and its oxygen consumption along the turbid Chang Jiang River plume. Biogeosciences, 11(7): 2083-2098.

Hu B, Shen L, Xu X, et al. 2011. Anaerobic ammonium oxidation (anammox) in different natural ecosystems. Biochemical Society Transactions, 39(6): 1811-1816.

Hu X, Liu C, Zheng X, et al. 2019. Annual dynamics of soil gross nitrogen turnover and nitrous oxide emissions in an alpine shrub meadow. Soil Biology and Biochemistry, 138: 107576.

Hu Z, Lee J W, Chandran K, et al. 2012. Nitrous oxide (N₂O) emission from aquaculture: a review. Environmental Science and Technology, 46(12): 6470-6480.

Huang F, Lin X, Hu W, et al. 2021. Nitrogen cycling processes in sediments of the Pearl River Estuary: Spatial variations, controlling factors, and environmental implications. Catena, 206: 105545.

Huang J, Hu J, Li S, et al. 2019. Effects of physical forcing on summertime hypoxia and oxygen dynamics in the Pearl River Estuary. Water, 11(10): 2080.

Huang Q, Shen H, Wang Z, et al. 2006. Influences of natural and anthropogenic processes on the nitrogen and phosphorus fluxes of the Yangtze Estuary, China. Regional Environmental Change, 6(3): 125-131.

Huang S, Chen C, Peng X, et al. 2016. Environmental factors affecting the presence of Acidimicrobiaceae and ammonium removal under iron-reducing conditions in soil environments. Soil Biology and Biochemistry, 98: 148-158.

Huang X P, Huang L M, Yue W Z. 2003. The characteristics of nutrients and eutrophication in the Pearl River estuary, South China. Marine Pollution Bulletin, 47(1-6): 30-36.

Huang X, Gao D, Peng S, et al. 2014. Effects of ferrous and manganese ions on anammox process in sequencing batch biofilm reactors. Journal of Environmental Sciences, 26(5): 1034-1039.

Huettel M, Berg P, Kostka J E. 2014. Benthic exchange and biogeochemical cycling in permeable sediments. Annual Review of Marine Science, 6: 23-51.

Huisman J E F, van Oostveen P, Weissing F J. 1999. Critical depth and critical turbulence: two different mechanisms for the development of phytoplankton blooms. Limnology and Oceanography, 44(7): 1781-1787.

Humbert S, Tarnawski S, Fromin N, et al. 2010. Molecular detection of anammox bacteria in terrestrial ecosystems: distribution and diversity. The ISME Journal, 4(3): 450-454.

Hutchins D A, Mulholland M R, Fu F. 2009. Nutrient cycles and marine microbes in a CO_2-enriched ocean. Oceanography, 22(4): 128-145.

Huygens D, Trimmer M, Rütting T, et al. 2013. Biogeochemical nitrogen cycling in wetland ecosystems: Nitrogen-15 isotope techniques. Methods in Biogeochemistry of Wetlands, 10: 553-591.

Hylén A, Bonaglia S, Robertson E, et al. 2022. Enhanced benthic nitrous oxide and ammonium production after natural oxygenation of long-term anoxic sediments. Limnology and Oceanography, 67(2): 419-433.

Inamori R, Wang Y, Yamamoto T, et al. 2008. Seasonal effect on N_2O formation in nitrification in constructed wetlands. Chemosphere, 73(7): 1071-1077.

Isobe K, Suwa Y, Ikutani J, et al. 2011. Analytical techniques for quantifying $^{15}N/^{14}N$ of nitrate, nitrite, total dissolved nitrogen and ammonium in environmental samples using a gas chromatograph equipped with a quadrupole mass spectroscope. Microbes and Environments, 26(1): 46-53.

Jabir T, Jesmi Y, Vipindas P V, et al. 2018. Diversity of nitrogen fixing bacterial communities in the coastal sediments of southeastern Arabian Sea (SEAS). Deep Sea Research Part II: Topical Studies in Oceanography, 156: 51-59.

Jaeschke A, Op den Camp H J M, Harhangi H, et al. 2009. 16S rRNA gene and lipid biomarker evidence for anaerobic ammonium-oxidizing bacteria (anammox) in California and Nevada hot springs. FEMS Microbiology Ecology, 67(3): 343-350.

Jäntti H, Hietanen S. 2012. The effects of hypoxia on sediment nitrogen cycling in the Baltic Sea. AMBIO 41: 161-169.

Jayakumar D A, Francis C A, Naqvi S W A, et al. 2004. Diversity of nitrite reductase genes (nirS) in the denitrifying water column of the coastal Arabian Sea. Aquatic Microbial Ecology, 34(1): 69-78.

Jenkins M C, Kemp W M. 1984. The coupling of nitrification and denitrification in two estuarine sediments 1, 2. Limnology and Oceanography, 29(3): 609-619.

Jensen M M, Kuypers M M M, Gaute L, et al. 2008. Rates and regulation of anaerobic ammonium oxidation and denitrification in the Black Sea. Limnology and Oceanography, 53(1): 23-36.

Jetten M S M, Wagner M, Fuerst J, et al. 2001. Microbiology and application of the anaerobic ammonium oxidation ('anammox') process. Current Opinion in Biotechnology, 12(3): 283-288.

Jia G D, Peng P A. 2003. Temporal and spatial variations in signatures of sedimented organic matter in Lingding Bay (Pearl estuary), southern China. Marine Chemistry, 82(1-2): 47-54.

Jia J, Bai J, Gao H, et al. 2017. In situ soil net nitrogen mineralization in coastal salt marshes (Suaeda salsa) with different flooding periods in a Chinese estuary. Ecological Indicators, 73: 559-565.

Jia J, Bai J, Gao H, et al. 2019. Effects of salinity and moisture on sediment net nitrogen mineralization in salt marshes of a Chinese estuary. Chemosphere, 228: 174-182.

Jia M, Wang Z, Mao D, et al. 2021. Spatial-temporal changes of China's mangrove forests over the past 50 years: An analysis towards the Sustainable Development Goals (SDGs). Chinese Science Bulletin, 66(30): 3886-3901.

Jian S, Li J, Chen J I, et al. 2016. Soil extracellular enzyme activities, soil carbon and nitrogen storage under nitrogen fertilization: A meta-analysis. Soil Biology and Biochemistry, 101: 32-43.

Jiang X, Hou L, Zheng Y, et al. 2017. Salinity-driven shifts in the activity, diversity, and abundance of anammox bacteria of estuarine and coastal wetlands. Physics and Chemistry of the Earth, Parts A/B/C, 97: 46-53.

Jiang Y, Yin G, Hou L, et al. 2021a. Marine aquaculture regulates dissimilatory nitrate reduction processes in a typical semi-enclosed bay of southeastern China. Journal of Environmental Sciences, 104: 376-386.

Jiang Y, Yin G, Hou L, et al. 2021b. Variations of dissimilatory nitrate reduction processes along reclamation chronosequences in Chongming Island, China. Soil and Tillage Research, 206: 104815.

Jin X, Huang J, Zhou Y. 2012. Impact of coastal wetland cultivation on microbial biomass, ammonia-oxidizing bacteria, gross N transformation and N_2O and NO potential production. Biology and Fertility of Soils, 48(4): 363-369.

Jin X, Zhou Y. 2015. Effects of long-term cultivation on soil nitrogen transformation in the coastal wetland zone of east China. Acta Agriculturae Scandinavica, Section B—Soil and Plant Science, 65(3): 264-270.

Jones C M, Spor A, Brennan F P, et al. 2014. Recently identified microbial guild mediates soil N_2O sink capacity. Nature Climate Change, 4(9): 801-805.

Jones C M, Stres B, Rosenquist M, et al. 2008. Phylogenetic analysis of nitrite, nitric oxide, and nitrous oxide respiratory enzymes reveal a complex evolutionary history for denitrification. Molecular Biology and Evolution, 25(9): 1955-1966.

Joye S B, Smith S V, Hollibaugh J T, et al. 1996. Estimating denitrification rates in estuarine sediments: a comparison of stoichiometric and acetylene based methods. Biogeochemistry, 33(3): 197-215.

Kalvelage T, Jensen M M, Contreras S, et al. 2011. Oxygen sensitivity of anammox and coupled

N-cycle processes in oxygen minimum zones. PLoS One, 6(12): e29299.

Kalvelage T, Lavik G, Lam P, et al. 2013. Nitrogen cycling driven by organic matter export in the South Pacific oxygen minimum zone. Nature Geoscience, 6(3): 228-234.

Kana T M, Darkangelo C, Hunt M D, et al. 1994. Membrane inlet mass spectrometer for rapid high-precision determination of N_2, O_2, and Ar in environmental water samples. Analytical Chemistry, 66(23): 4166-4170.

Karl D, Michaels A, Bergman B, et al. 2002. Dinitrogen fixation in the world's oceans. Biogeochemistry, 57(1): 47-98.

Karlson K, Bonsdorff E, Rosenberg R. 2007. The impact of benthic macrofauna for nutrient fluxes from Baltic Sea sediments. AMBIO: A Journal of the Human Environment, 36(2): 161-167.

Kauffman J B, Bernardino A F, Ferreira T O, et al. 2018. Shrimp ponds lead to massive loss of soil carbon and greenhouse gas emissions in northeastern Brazilian mangroves. Ecology and Evolution, 8(11): 5530-5540.

Keil R G, Montluçon D B, Prahl F G, et al. 1994. Sorptive preservation of labile organic matter in marine sediments. Nature, 370(6490): 549-552.

Kelly G B A, Trimmer M, Hydes D J. 2001. A diagenetic model discriminating denitrification and dissimilatory nitrate reduction to ammonium in a temperate estuarine sediment. Marine Ecology Progress Series, 220: 33-46.

Kessler A J, Roberts K L, Bissett A, et al. 2018. Biogeochemical controls on the relative importance of denitrification and dissimilatory nitrate reduction to ammonium in estuaries. Global Biogeochemical Cycles, 32(7): 1045-1057.

Kieber R J, Bullard L, Seaton P J. 1998. Determination of ^{15}N nitrate and nitrite in spiked natural waters. Analytical Chemistry, 70(18): 3969-3973.

Kim T W, Lee K, Najjar R G, et al. 2011. Increasing N abundance in the northwestern Pacific Ocean due to atmospheric nitrogen deposition. Science, 334(6055): 505-509.

King D, Nedwell D B. 1985. The influence of nitrate concentration upon the end-products of nitrate dissimilation by bacteria in anaerobic salt marsh sediment. FEMS Microbiology Ecology, 1(1): 23-28.

Kirkham D O N, Bartholomew W V. 1954. Equations for following nutrient transformations in soil, utilizing tracer data. Soil Science Society of America Journal, 18(1): 33-34.

Klueglein N, Zeitvogel F, Stierhof Y D, et al. 2014. Potential role of nitrite for abiotic Fe (II) oxidation and cell encrustation during nitrate reduction by denitrifying bacteria. Applied and Environmental Microbiology, 80(3): 1051-1061.

Knapp A N, Dekaezemacker J, Bonnet S, et al. 2012. Sensitivity of Trichodesmium erythraeum and Crocosphaera watsonii abundance and N_2 fixation rates to varying NO_3^- and PO_4^{3-} concentrations in batch cultures. Aquatic Microbial Ecology, 66(3): 223-236.

Kocum E, Underwood G J C, Nedwell D B. 2002. Simultaneous measurement of phytoplanktonic primary production, nutrient and light availability along a turbid, eutrophic UK east coast estuary (the Colne Estuary). Marine Ecology Progress Series, 231: 1-12.

Koike I, Hattori A. 1978. Denitrification and ammonia formation in anaerobic coastal sediments.

Applied and Environmental Microbiology, 35 (2): 278-282.

Koop J K, Giblin A E. 2010. The effect of increased nitrate loading on nitrate reduction via denitrification and DNRA in salt marsh sediments. Limnology and Oceanography, 55 (2): 789-802.

Kraft B, Tegetmeyer H E, Sharma R, et al. 2014. The environmental controls that govern the end product of bacterial nitrate respiration. Science, 345 (6197): 676-679.

Krishnan K P, Bharathi P A L. 2009. Organic carbon and iron modulate nitrification rates in mangrove swamps of Goa, south west coast of India. Estuarine, Coastal and Shelf Science, 84 (3): 419-426.

Kristensen E, Bouillon S, Dittmar T, et al. 2008. Organic carbon dynamics in mangrove ecosystems: a review. Aquatic Botany, 89 (2): 201-219.

Kristensen E, Kostka J E. 2005. Macrofaunal burrows and irrigation in marine sediment: microbiological and biogeochemical interactions. Interactions Between Macro-and Microorganisms in Marine Sediments, 60: 125-157.

Kristensen H L, McCarty G W. 1999. Mineralization and immobilization of nitrogen in heath soil under intact Calluna, after heather beetle infestation and nitrogen fertilization. Applied Soil Ecology, 13 (3): 187-198.

Ku Z, Xie X, Davidson E, et al. 2021. Molecular determinants and mechanism for antibody cocktail preventing SARS-CoV-2 escape. Nature Communications, 12 (1): 469.

Kuenen J G. 2008. Anammox bacteria: from discovery to application. Nature Reviews Microbiology, 6 (4): 320-326.

Kuypers M M M, Lavik G, Woebken D, et al. 2005. Massive nitrogen loss from the Benguela upwelling system through anaerobic ammonium oxidation. Proceedings of the National Academy of Sciences, 102 (18): 6478-6483.

Kuypers M M M, Sliekers A O, Lavik G, et al. 2003. Anaerobic ammonium oxidation by anammox bacteria in the Black Sea. Nature, 422 (6932): 608-611.

Lam P, Kuypers M M M. 2011. Microbial nitrogen cycling processes in oxygen minimum zones. Annual Review of Marine Science, 3: 317-345.

Lamb A L, Wilson G P, Leng M J. 2006. A review of coastal palaeoclimate and relative sea-level reconstructions using $\delta^{13}C$ and C/N ratios in organic material. Earth-Science Reviews, 75 (1-4): 29-57.

Lan T, Han Y, Roelcke M, et al. 2014. Temperature dependence of gross N transformation rates in two Chinese paddy soils under aerobic condition. Biology and Fertility of Soils, 50 (6): 949-959.

Laufkötter C, John J G, Stock C A, et al. 2017. Temperature and oxygen dependence of the remineralization of organic matter. Global Biogeochemical Cycles, 31 (7): 1038-1050.

Laughlin R J, Stevens R J, Zhuo S. 1997. Determining Nitrogen-15 in ammonium by producing nitrous oxide. Soil Science Society of America Journal, 61 (2): 462-465.

Laverman A M, Canavan R W, Slomp C P, et al. 2007. Potential nitrate removal in a coastal freshwater sediment (Haringvliet Lake, The Netherlands) and response to salinization. Water Research, 41 (14): 3061-3068.

Leadbeater D R, Oates N C, Bennett J P, et al. 2021. Mechanistic strategies of microbial communities regulating lignocellulose deconstruction in a UK salt marsh. Microbiome, 9(1): 1-16.

Lesen A E. 2006. Sediment organic matter composition and dynamics in San Francisco Bay, California, USA: Seasonal variation and interactions between water column chlorophyll and the benthos. Estuarine, Coastal and Shelf Science, 66(3-4): 501-512.

Li D, Gan J, Hui R, et al. 2020a. Vortex and biogeochemical dynamics for the hypoxia formation within the coastal transition zone off the Pearl River Estuary. Journal of Geophysical Research: Oceans, 125(8): e2020JC016178.

Li D, Yang Y, Chen H, et al. 2017. Soil gross nitrogen transformations in typical karst and nonkarst forests, southwest China. Journal of Geophysical Research: Biogeosciences, 122(11): 2831-2840.

Li H M, Tang H J, Shi X Y, et al. 2014. Increased nutrient loads from the Changjiang (Yangtze) River have led to increased harmful algal blooms. Harmful Algae, 39: 92-101.

Li H, Chen S, Mu B Z, et al. 2010. Molecular detection of anaerobic ammonium-oxidizing (anammox) bacteria in high-temperature petroleum reservoirs. Microbial Ecology, 60(4): 771-783.

Li H, Chi Z, Li J, et al. 2019a. Bacterial community structure and function in soils from tidal freshwater wetlands in a Chinese delta: potential impacts of salinity and nutrient. Science of the Total Environment, 696: 134029.

Li J, Nedwell D B, Beddow J, et al. 2015a. amoA gene abundances and nitrification potential rates suggest that benthic ammonia-oxidizing bacteria and not archaea dominate N cycling in the Colne Estuary, United Kingdom. Applied and Environmental Microbiology, 81(1): 159-165.

Li M, Cao H, Hong Y, et al. 2011. Spatial distribution and abundances of ammonia-oxidizing archaea (AOA) and ammonia-oxidizing bacteria (AOB) in mangrove sediments. Applied Microbiology and Biotechnology, 89(4): 1243-1254.

Li M, Hong Y, Cao H, et al. 2013. Community structures and distribution of anaerobic ammonium oxidizing and nirS-encoding nitrite-reducing bacteria in surface sediments of the South China Sea. Microbial Ecology, 66(2): 281-296.

Li M, Xu K, Watanabe M, et al. 2007. Long-term variations in dissolved silicate, nitrogen, and phosphorus flux from the Yangtze River into the East China Sea and impacts on estuarine ecosystem. Estuarine, Coastal and Shelf Science, 71(1-2): 3-12.

Li N, Li B, Nie M, et al. 2020b. Effects of exotic Spartina alterniflora on saltmarsh nitrogen removal in the Yangtze River Estuary, China. Journal of Cleaner Production, 271: 122557.

Li P, Lang M. 2014. Gross nitrogen transformations and related N_2O emissions in uncultivated and cultivated black soil. Biology and Fertility of Soils, 50(2): 197-206.

Li P, Li S, Zhang Y, et al. 2018. Seasonal variation of anaerobic ammonium oxidizing bacterial community and abundance in tropical mangrove wetland sediments with depth. Applied Soil Ecology, 130: 149-158.

Li X, Bai D, Deng Q, et al. 2021a. DNRA was limited by sulfide and nrfA abundance in sediments of Xiamen Bay where heterotrophic sulfide-producing genus (Pelobacter) prevailed among DNRA bacteria. Journal of Soils and Sediments, 21(10): 3493-3504.

Li X, Gao D, Hou L, et al. 2019b. Soil substrates rather than gene abundance dominate DNRA capacity in the Spartina alterniflora ecotones of estuarine and intertidal wetlands. Plant and Soil, 436(1): 123-140.

Li X, Hou L, Liu M, et al. 2015b. Evidence of nitrogen loss from anaerobic ammonium oxidation coupled with ferric iron reduction in an intertidal wetland. Environmental Science and Technology, 49(19): 11560-11568.

Li X, Hou L, Liu M, et al. 2015c. Primary effects of extracellular enzyme activity and microbial community on carbon and nitrogen mineralization in estuarine and tidal wetlands. Applied Microbiology and Biotechnology, 99(6): 2895-2909.

Li X, Hou L, Liu M, et al. 2020c. Biogeochemical controls on nitrogen transformations in subtropical estuarine wetlands. Environmental Pollution, 263: 114379.

Li X, Qian W, Hou L, et al. 2021b. Human activity intensity controls the relative importance of denitrification and anaerobic ammonium oxidation across subtropical estuaries. Catena, 202: 105260.

Li X, Qian W, Qi M, et al. 2021c. High incidence hypoxia increases benthic nitrogen retention but decreases nitrogen removal in seasonally hypoxic areas off the Changjiang Estuary. Journal of Geophysical Research: Biogeosciences, 126(7): e2021JG006419.

Li X, Sardans J, Gargallo G A, et al. 2020d. Nitrogen reduction processes in paddy soils across climatic gradients: key controlling factors and environmental implications. Geoderma, 368: 114275.

Li X, Sardans J, Hou L, et al. 2019c. Dissimilatory nitrate/nitrite reduction processes in river sediments across climatic gradient: Influences of biogeochemical controls and climatic temperature regime. Journal of Geophysical Research: Biogeosciences, 124(7): 2305-2320.

Li X, Song J, Yuan H, et al. 2015d. CO$_2$ flux and seasonal variability in the turbidity maximum zone and surrounding area in the Changjiang River estuary. Chinese Journal of Oceanology and Limnology, 33(1): 222-232.

Li X, Wai O W H, Li Y S, et al. 2000. Heavy metal distribution in sediment profiles of the Pearl River estuary, South China. Applied Geochemistry, 15(5): 567-581.

Li X, Yuan Y, Huang Y, et al. 2018. A novel method of simultaneous NH_4^+ and NO_3^- removal using Fe cycling as a catalyst: Feammox coupled with NAFO. Science of the Total Environment, 631: 153-157.

Li Y, Song G, Massicotte P, et al. 2019d. Distribution, seasonality, and fluxes of dissolved organic matter in the Pearl River (Zhujiang) estuary, China. Biogeosciences, 16(13): 2751-2770.

Liao C, Luo Y, Jiang L, et al. 2007. Invasion of Spartina alterniflora enhanced ecosystem carbon and nitrogen stocks in the Yangtze Estuary, China. Ecosystems, 10(8): 1351-1361.

Lichtenthaler H K. 1987. Chlorophylls and carotenoids: pigments of photosynthetic biomembranes. Methods Enzymol. 148, 350-382.

Lin X B, Zheng P, Zou S, et al. 2021. Seagrass (Zostera marina) promotes nitrification potential and selects specific ammonia oxidizers in coastal sediments. Journal of Soils and Sediments, 21:

3259-3273.

Lin X, Hou L, Liu M, et al. 2016a. Gross nitrogen mineralization in surface sediments of the Yangtze Estuary. PLoS One, 11(3): e0151930.

Lin X, Hou L, Liu M, et al. 2016b. Nitrogen mineralization and immobilization in sediments of the East China Sea: Spatiotemporal variations and environmental implications. Journal of Geophysical Research: Biogeosciences, 121(11): 2842-2855.

Lin X, Li X, Gao D, et al. 2017a. Ammonium production and removal in the sediments of Shanghai river networks: Spatiotemporal variations, controlling factors, and environmental implications. Journal of Geophysical Research: Biogeosciences, 122(10): 2461-2478.

Lin X, Liu M, Hou L, et al. 2017b. Nitrogen losses in sediments of the East China Sea: Spatiotemporal variations, controlling factors, and environmental implications. Journal of Geophysical Research: Biogeosciences, 122(10): 2699-2715.

Liou Y H, Lin C J, Hung I C, et al. 2012. Selective reduction of NO_3^- to N_2 with bimetallic particles of Zn coupled with palladium, platinum, and copper. Chemical Engineering Journal, 181: 236-242.

Lipsewers Y A, Hopmans E C, Meysman F J R, et al. 2016. Abundance and diversity of denitrifying and anammox bacteria in seasonally hypoxic and sulfidic sediments of the saline lake Grevelingen. Front. Microbiol. 7: 1661.

Lisa J A, Song B, Tobias C R, et al. 2014. Impacts of freshwater flushing on anammox community structure and activities in the New River Estuary, USA. Aquatic Microbial Ecology, 72(1): 17-31.

Liu B, Mørkved P T, Frostegård Å, et al. 2010. Denitrification gene pools, transcription and kinetics of NO, N_2O and N_2 production as affected by soil pH. FEMS Microbiology Ecology, 72(3): 407-417.

Liu C, Hou L, Liu M, et al. 2019. Coupling of denitrification and anaerobic ammonium oxidation with nitrification in sediments of the Yangtze Estuary: Importance and controlling factors. Estuarine, Coastal and Shelf Science, 220: 64-72.

Liu C, Watanabe M, Wang Q. 2008. Changes in nitrogen budgets and nitrogen use efficiency in the agroecosystems of the Changjiang River basin between 1980 and 2000. Nutrient Cycling in Agroecosystems, 80(1): 19-37.

Liu H, Ren H, Hui D, et al. 2014. Carbon stocks and potential carbon storage in the mangrove forests of China. Journal of Environmental Management, 133: 86-93.

Liu J P, Xu K H, Li A C, et al. 2007. Flux and fate of Yangtze River sediment delivered to the East China Sea. Geomorphology, 85(3-4): 208-224.

Liu J, Du J, Wu Y, et al. 2018. Nutrient input through submarine groundwater discharge in two major Chinese estuaries: the Pearl River Estuary and the Changjiang River Estuary. Estuarine, Coastal and Shelf Science, 203: 17-28.

Liu K, Zhu Y, Li Q, et al. 2016a. Analysis on mangrove resources changes of Zhenhai Bay in Guangdong based on multi source remote sensing images. Trop. Geogr, 36: 850-859.

Liu M, Li H, Li L, et al. 2017. Monitoring the invasion of Spartina alterniflora using multi-source high-resolution imagery in the Zhangjiang Estuary, China. Remote Sensing, 9(6): 539.

Liu Q, Liang Y, Cai W J, et al. 2020. Changing riverine organic C: N ratios along the Pearl River: Implications for estuarine and coastal carbon cycles. Science of the Total Environment, 709: 136052.

Liu R, Wang Y, Gao J, et al. 2016b. Turbidity maximum formation and its seasonal variations in the Zhujiang (Pearl River) Estuary, southern China. Acta Oceanologica Sinica, 35(8): 22-31.

Liu S M, Hong G H, Zhang J, et al. 2009. Nutrient budgets for large Chinese estuaries. Biogeosciences, 6(10): 2245-2263.

Liu T, Xia X, Liu S, et al. 2013a. Acceleration of denitrification in turbid rivers due to denitrification occurring on suspended sediment in oxic waters. Environmental Science and Technology, 47(9): 4053-4061.

Liu X, Chen C R, Wang W J, et al. 2013b. Soil environmental factors rather than denitrification gene abundance control N_2O fluxes in a wet sclerophyll forest with different burning frequency. Soil Biology and Biochemistry, 57: 292-300.

Liu X, Han J G, Ma Z W, et al. 2016c. Effect of carbon source on dissimilatory nitrate reduction to ammonium in costal wetland sediments. Journal of Soil Science and Plant Nutrition, 16(2): 337-349.

Liu X, Stock C A, Dunne J P, et al. 2021. Simulated global coastal ecosystem responses to a half-century increase in river nitrogen loads. Geophysical Research Letters, 48(17): e2021GL094367.

Lohse L, Malschaert J F P, Slomp C P, et al. 1993. Nitrogen cycling in North Sea sediments: interaction of denitrification and nitrification in offshore and coastal areas. Marine Ecology-Progress Series, 101: 283.

Loken L C, Small G E, Finlay J C, et al. 2016. Nitrogen cycling in a freshwater estuary. Biogeochemistry, 127(2): 199-216.

Lovley D R, Phillips E J P. 1987. Rapid assay for microbially reducible ferric iron in aquatic sediments. Applied and Environmental Microbiology, 53(7): 1536-1540.

Lu J, Zhang Y. 2013. Spatial distribution of an invasive plant Spartina alterniflora and its potential as biofuels in China. Ecological Engineering, 52: 175-181.

Lu W, Yang S, Chen L, et al. 2014. Changes in carbon pool and stand structure of a native subtropical mangrove forest after inter-planting with exotic species Sonneratia apetala. PLoS One, 9(3): e91238.

Lu Z, Gan J. 2015. Controls of seasonal variability of phytoplankton blooms in the Pearl River Estuary. Deep Sea Research Part II: Topical Studies in Oceanography, 117: 86-96.

Lunstrum A, McGlathery K, Smyth A. 2017. Oyster (Crassostrea virginica) aquaculture shifts sediment nitrogen processes toward mineralization over denitrification. Estuaries and Coasts, 41(4): 1130-1146.

Luvizotto D M, Araujo J E, Silva M D C P, et al. 2018. The rates and players of denitrification, dissimilatory nitrate reduction to ammonia (DNRA) and anaerobic ammonia oxidation (anammox) in mangrove soils. Anais da Academia Brasileira de Ciências, 91(Suppl.1): e20180373.

Ma C, Ai B, Zhao J, et al. 2019. Change detection of mangrove forests in coastal Guangdong during the past three decades based on remote sensing data. Remote Sensing, 11(8): 921.

Ma X X, Jiang Z Y, Wu P, et al. 2021. Effect of mangrove restoration on sediment properties and bacterial community. Ecotoxicology, 30: 1672-1679.

Macreadie P I, Ollivier Q R, Kelleway J J, et al. 2017. Carbon sequestration by Australian tidal marshes. Scientific Reports, 7(1): 1-10.

Macumber A L, Patterson R T, Galloway J M, et al. 2018. Reconstruction of Holocene hydroclimatic variability in subarctic treeline lakes using lake sediment grain-size end-members. The Holocene, 28(6): 845-857.

Magalhães C M, Joye S B, Moreira R M, et al. 2005. Effect of salinity and inorganic nitrogen concentrations on nitrification and denitrification rates in intertidal sediments and rocky biofilms of the Douro River estuary, Portugal. Water Research, 39: 1783-1794.

Magalhães C, Kiene R P, Buchan A, et al. 2012. A novel inhibitory interaction between dimethylsulfoniopropionate (DMSP) and the denitrification pathway. Biogeochemistry, 107(1): 393-408.

Marchant H K, Holtappels M, Lavik G, et al. 2016. Coupled nitrification–denitrification leads to extensive N loss in subtidal permeable sediments. Limnology and Oceanography, 61(3): 1033-1048.

Masscheleyn P H, DeLaune R D, Patrick Jr W H. 1993. Methane and nitrous oxide emissions from laboratory measurements of rice soil suspension: effect of soil oxidation-reduction status. Chemosphere, 26(1-4): 251-260.

Matheson F E, Nguyen M L, Cooper A B, et al. 2003. Short-term nitrogen transformation rates in riparian wetland soil determined with nitrogen-15. Biology and Fertility of Soils, 38: 129-136.

McCarthy M J, Gardner W S. 2003. An application of membrane inlet mass spectrometry to measure denitrification in a recirculating mariculture system. Aquaculture, 218(1-4): 341-355.

McCarthy M J, Newell S E, Carini S, et al. 2015. Denitrification Dominates Sediment Nitrogen Removal and Is Enhanced by Bottom-Water Hypoxia in the Northern Gulf of Mexico. Estuaries and Coasts, 38(6): 2279-2294.

McTigue N D, Gardner W S, Dunton K H, et al. 2016. Biotic and abiotic controls on co-occurring nitrogen cycling processes in shallow Arctic shelf sediments. Nature Communications, 7(1): 1-11.

Mendoza-González G, Martínez M L, Lithgow D, et al. 2012. Land use change and its effects on the value of ecosystem services along the coast of the Gulf of Mexico. Ecological Economics, 82: 23-32.

Merino L. 2009. Development and validation of a method for determination of residual nitrite/nitrate in foodstuffs and water after zinc reduction. Food Analytical Methods, 2(3): 212-220.

Meyer R L, Risgaard P N, Allen D E. 2005. Correlation between anammox activity and microscale distribution of nitrite in a subtropical mangrove sediment. Applied and Environmental Microbiology, 71(10): 6142-6149.

Michotey V, Mejean V, Bonin P. 2000. Comparison of methods for quantification of cytochrome cd

1-denitrifying bacteria in environmental marine samples. Applied and Environmental Microbiology, 66(4): 1564-1571.

Middelburg J J, Levin L A. 2009. Coastal hypoxia and sediment biogeochemistry. Biogeosciences, 6(7): 1273-1293.

Middelburg J J, Soetaert K, Herman P M J, et al. 1996a. Denitrification in marine sediments: A model study. Global Biogeochemical Cycles, 10(4): 661-673.

Middelburg J J, Soetaert K, Herman P M J. 1996b. Evaluation of the nitrogen isotope‐pairing method for measuring benthic denitrification: A simulation analysis. Limnology and Oceanography, 41(8): 1839-1844.

Middleton B A, McKee K L. 2001. Degradation of mangrove tissues and implications for peat formation in Belizean island forests. Journal of Ecology. 89(5): 818-828.

Mitchell S B, West J R, Arundale A M W, et al. 1999. Dynamics of the turbidity maxima in the upper Humber estuary system, UK. Marine Pollution Bulletin, 37(3-7): 190-205.

Moisander P H, Beinart R A, Hewson I, et al. 2010. Unicellular cyanobacterial distributions broaden the oceanic N_2 fixation domain. Science, 327(5972): 1512-1514.

Molinuevo B, García M C, Karakashev D, et al. 2009. Anammox for ammonia removal from pig manure effluents: effect of organic matter content on process performance. Bioresource Technology, 100(7): 2171-2175.

Montoya J P, Voss M, Kahler P, et al. 1996. A simple, high-precision, high-sensitivity tracer assay for N (inf2) fixation. Applied and Environmental Microbiology, 62(3): 986-993.

Morley N, Baggs E M, Dörsch P, et al. 2008. Production of NO, N_2O and N_2 by extracted soil bacteria, regulation by NO_2^- and O_2 concentrations. FEMS Microbiology Ecology, 65(1): 102-112.

Morrissey E M, Gillespie J L, Morina J C, et al. 2014. Salinity affects microbial activity and soil organic matter content in tidal wetlands. Global Change Biology, 20(4): 1351-1362.

Morugán-Coronado A, García-Orenes F, McMillan M, et al. 2019. The effect of moisture on soil microbial properties and nitrogen cyclers in Mediterranean sweet orange orchards under organic and inorganic fertilization. Science of the Total Environment, 655: 158-167.

Mosier A C, Francis C A. 2010. Denitrifier abundance and activity across the San Francisco Bay estuary. Environmental Microbiology Reports, 2(5): 667-676.

Mulder A, Van de Graaf A A, Robertson L A, et al. 1995. Anaerobic ammonium oxidation discovered in a denitrifying fluidized bed reactor. FEMS Microbiology Ecology, 16(3): 177-183.

Mulvaney R L, Kurtz L T. 1982. A new method for determination of ^{15}N-labeled nitrous oxide. Soil Science Society of America Journal, 46(6): 1178-1184.

Murphy A E, Anderson I C, Smyth A R, et al. 2016. Microbial nitrogen processing in hard clam (Mercenaria mercenaria) aquaculture sediments: the relative importance of denitrification and dissimilatory nitrate reduction to ammonium (DNRA). Limnology and Oceanography, 61(5): 1589-1604.

Murray N J, Phinn S R, DeWitt M, et al. 2019. The global distribution and trajectory of tidal flats. Nature, 565(7738): 222-225.

Nedwell D B. 1975. Inorganic nitrogen metabolism in a eutrophicated tropical mangrove estuary. Water Research, 9(2): 221-231.

Nedwell D B. 1999. Effect of low temperature on microbial growth: lowered affinity for substrates limits growth at low temperature. FEMS Microbiology Ecology, 30(2): 101-111.

Nelson L M, Knowles R. 1978. Effect of oxygen and nitrate on nitrogen fixation and denitrification by Azospirillum brasilense grown in continuous culture. Canadian Journal of Microbiology, 24(11): 1395-1403.

Neubacher E C, Parker R E, Trimmer M. 2011. Short-term hypoxia alters the balance of the nitrogen cycle in coastal sediments. Limnology and Oceanography, 56(2): 651-665.

Neubacher E C, Parker R E, Trimmer M. 2013. The potential effect of sustained hypoxia on nitrogen cycling in sediment from the southern North Sea: A mesocosm experiment. Biogeochemistry, 113(1-3).

Ni S Q, Ni J Y, Hu D L, et al. 2012. Effect of organic matter on the performance of granular anammox process. Bioresource Technology, 110: 701-705.

Nicholls J C, Trimmer M. 2009. Widespread occurrence of the anammox reaction in estuarine sediments. Aquatic microbial ecology, 55(2): 105-113.

Nie S, Lei X, Zhao L, et al. 2018. Response of activity, abundance, and composition of anammox bacterial community to different fertilization in a paddy soil. Biology and Fertility of Soils, 54(8): 977-984.

Nixon S W, Ammerman J W, Atkinson L P, et al. 1996. The fate of nitrogen and phosphorus at the land-sea margin of the North Atlantic Ocean. Biogeochemistry, 35(1): 141-180.

Nizzoli D, Welsh D T, Fano E A, et al. 2006. Impact of clam and mussel farming on benthic metabolism and nitrogen cycling, with emphasis on nitrate reduction pathways. Marine Ecology Progress Series, 315: 151-165.

Nogaro G, Burgin A J. 2014. Influence of bioturbation on denitrification and dissimilatory nitrate reduction to ammonium (DNRA) in freshwater sediments. Biogeochemistry, 120(1): 279-294.

Oakley B B, Francis C A, Roberts K J, et al. 2007. Analysis of nitrite reductase (nirK and nirS) genes and cultivation reveal depauperate community of denitrifying bacteria in the Black Sea suboxic zone. Environmental Microbiology, 9(1): 118-130.

Ogilvie B G, Rutter M, Nedwell D B. 1997a. Selection by temperature of nitrate-reducing bacteria from estuarine sediments: species composition and competition for nitrate. FEMS Microbiology Ecology, 23(1): 11-22.

Ogilvie B, Nedwell D B, Harrison R M, et al. 1997b. High nitrate, muddy estuaries as nitrogen sinks: the nitrogen budget of the River Colne estuary (United Kingdom). Marine Ecology Progress Series, 150: 217-228.

Ohyama T, Kumazawa K. 1981. A simple method for the preparation, purification and storage of 15N2 gas for biological nitrogen fixation studies. Soil Science and Plant Nutrition, 27(2): 263-265.

Oremland R S, Umberger C, Culbertson C W, et al. 1984. Denitrification in San Francisco bay intertidal sediments. Applied and Environmental Microbiology, 47(5): 1106-1112.

Oshiki M, Satoh H, Okabe S. 2016. Ecology and physiology of anaerobic ammonium oxidizing bacteria. Environmental Microbiology, 18(9): 2784-2796.

Owens N J P. 1986. Estuarine nitrification: a naturally occurring fluidized bed reaction. Estuarine, Coastal and Shelf Science, 22(1): 31-44.

Pajares S, Ramos R. 2019. Processes and microorganisms involved in the marine nitrogen cycle: knowledge and gaps. Frontiers in Marine Science, 6: 739.

Palmer K, Kopp J, Gebauer G, et al. 2016. Drying-rewetting and flooding impact denitrifier activity rather than community structure in a moderately acidic fen. Frontiers in Microbiology, 7: 727.

Pan F, Liu H, Guo Z, et al. 2019. Effects of tide and season changes on the iron-sulfur-phosphorus biogeochemistry in sediment porewater of a mangrove coast. Journal of Hydrology, 568: 686-702.

Pan H, Qin Y, Wang Y, et al. 2020. Dissimilatory nitrate/nitrite reduction to ammonium (DNRA) pathway dominates nitrate reduction processes in rhizosphere and non-rhizosphere of four fertilized farmland soil. Environmental Research, 186: 109612.

Pandey A, Suter H, He J Z, et al. 2019. Dissimilatory nitrate reduction to ammonium dominates nitrate reduction in long-term low nitrogen fertilized rice paddies. Soil Biology and Biochemistry, 131: 149-156.

Pang Y, Ji G. 2019. Biotic factors drive distinct DNRA potential rates and contributions in typical Chinese shallow lake sediments. Environmental Pollution, 254: 112903.

Parker S S, Schimel J P. 2011. Soil nitrogen availability and transformations differ between the summer and the growing season in a California grassland. Applied Soil Ecology, 48(2): 185-192.

Payne W J. 1973. Reduction of nitrogenous oxides by microorganisms. Bacteriological Reviews, 37(4): 409-452.

Pena M A, Katsev S, Oguz T, et al. 2010. Modeling dissolved oxygen dynamics and hypoxia. Biogeosciences, 7(3): 933-957.

Penton C R, Devol A H, Tiedje J M. 2006. Molecular evidence for the broad distribution of anaerobic ammonium-oxidizing bacteria in freshwater and marine sediments. Applied and Environmental Microbiology, 72(10): 6829-6832.

Piao Z, Zhang W W, Shuai M A, et al. 2012. Succession of denitrifying community composition in coastal wetland soils along a salinity gradient. Pedosphere, 22(3): 367-374.

Piña-Ochoa E, Høgslund S, Geslin E, et al. 2010. Widespread occurrence of nitrate storage and denitrification among Foraminifera and Gromiida. Proceedings of the National Academy of Sciences, 107(3): 1148-1153.

Plummer P, Tobias C, Cady D. 2015. Nitrogen reduction pathways in estuarine sediments: influences of organic carbon and sulfide. Journal of Geophysical Research: Biogeosciences, 120(10): 1958-1972.

Poly F, Ranjard L, Nazaret S, et al. 2001. Comparison of *nifH* gene pools in soils and soil microenvironments with contrasting properties. Applied and Environmental Microbiology, 67(5): 2255-2262.

Preston T, Zainal K, Anderson S, et al. 1998. Isotope dilution analysis of combined nitrogen in natural waters. III. Nitrate and nitrite. Rapid Communications in Mass Spectrometry, 12(8): 423-428.

Prokopenko M G, Hammond D E, Berelson W M, et al. 2006. Nitrogen cycling in the sediments of Santa Barbara basin and Eastern Subtropical North Pacific: Nitrogen isotopes, diagenesis and possible chemosymbiosis between two lithotrophs (Thioploca and Anammox)—"riding on a glider". Earth and Planetary Science Letters, 242(1-2): 186-204.

Qiu D, Zhong Y, Chen Y, et al. 2019. Short-term phytoplankton dynamics during typhoon season in and near the Pearl River Estuary, South China Sea. Journal of Geophysical Research: Biogeosciences, 124(2): 274-292.

Qu H J, Kroeze C. 2010. Past and future trends in nutrients export by rivers to the coastal waters of China. Science of the Total Environment, 408(9): 2075-2086.

Rahman M M, Roberts K L, Grace M R, et al. 2019a. Role of organic carbon, nitrate and ferrous iron on the partitioning between denitrification and DNRA in constructed stormwater urban wetlands. Science of the Total Environment, 666: 608-617.

Rahman M, Grace M R, Roberts K L, et al. 2019b. Effect of temperature and drying-rewetting of sediments on the partitioning between denitrification and DNRA in constructed urban stormwater wetlands. Ecological Engineering, 140: 105586.

Rao A M F, McCarthy M J, Gardner W S, et al. 2008. Respiration and denitrification in permeable continental shelf deposits on the South Atlantic Bight: N_2: Ar and isotope pairing measurements in sediment column experiments. Continental Shelf Research, 28(4-5): 602-613.

Rattray J E, van de Vossenberg J, Jaeschke A, et al. 2010. Impact of temperature on ladderane lipid distribution in anammox bacteria. Applied and Environmental Microbiology, 76(5): 1596-1603.

Raven J A. 1988. The iron and molybdenum use efficiencies of plant growth with different energy, carbon and nitrogen sources. New Phytologist, 109(3): 279-287.

Ravishankara A R, Daniel J S, Portmann R W. 2009. Nitrous oxide (N2O): the dominant ozone-depleting substance emitted in the 21st century. Science, 326: 123-125.

Recous S, Mary B, Faurie G. 1990. Microbial immobilization of ammonium and nitrate in cultivated soils. Soil Biology and Biochemistry, 22(7): 913-922.

Reef R, Feller I C, Lovelock C E. 2010. Nutrition of mangroves. Tree physiology, 30(9): 1148-1160.

Regehr A, Oelbermann M, Videla C, et al. 2015. Gross nitrogen mineralization and immobilization in temperate maize-soybean intercrops. Plant and Soil, 391(1): 353-365.

Reis C R G, Nardoto G B, Rochelle A L C, et al. 2017. Nitrogen dynamics in subtropical fringe and basin mangrove forests inferred from stable isotopes. Oecologia, 183(3): 841-848.

Reisch C R, Crabb W M, Gifford S M, et al. 2013. Metabolism of dimethylsulphoniopropionate by R uegeria pomeroyi DSS-3. Molecular Microbiology, 89(4): 774-791.

Reis F J A, Giarrizzo T, Barros F. 2016. Tidal migration and cross-habitat movements of fish assemblage within a mangrove ecotone. Marine Biology, 163(5): 1-13.

Ren C, Wang Z, Zhang Y, et al. 2019. Rapid expansion of coastal aquaculture ponds in China from Landsat observations during 1984–2016. International Journal of Applied Earth Observation and Geoinformation, 82: 101902.

Ren H, Lu H, Shen W, et al. 2009. Sonneratia apetala Buch. Ham in the mangrove ecosystems of China: An invasive species or restoration species? Ecological Engineering, 35(8): 1243-1248.

Ren K J, Sun Q Y, Liu Y, et al. 2017. The residual characteristics of antibiotics fluoroquinolones (FOs) in mangal root areas of Zhenhai Bay, Guangdong Province. Acta Scientiarum Naturalium Universitatis Sunyatseni, 56(2): 102-111.

Ribeiro L F, Eça G F, Barros F, et al. 2016. Impacts of shrimp farming cultivation cycles on macrobenthic assemblages and chemistry of sediments. Environmental Pollution, 211: 307-315.

Rich J J, Arevalo P, Chang B X, et al. 2018. Anaerobic ammonium oxidation (anammox) and denitrification in Peru margin sediments. Journal of Marine Systems, 207: 103122.

Rich J J, Dale O R, Song B, et al. 2008. Anaerobic ammonium oxidation (anammox) in Chesapeake Bay sediments. Microbial Ecology, 55(2): 311-320.

Richards D R, Friess D A. 2016. Rates and drivers of mangrove deforestation in Southeast Asia, 2000–2012. Proceedings of the National Academy of Sciences, 113(2): 344-349.

Risgaard P N, Langezaal A M, Ingvardsen S, et al. 2006. Evidence for complete denitrification in a benthic foraminifer. Nature, 443(7107): 93-96.

Risgaard P N, Revil A, Meister P, et al. 2012. Sulfur, iron-, and calcium cycling associated with natural electric currents running through marine sediment. Geochimica et Cosmochimica Acta, 92: 1-13.

Risgaard P N, Meyer R L, Schmid M, et al. 2004. Anaerobic ammonium oxidation in an estuarine sediment. Aquatic Microbial Ecology, 36(3): 293-304.

Roberts K L, Eate V M, Eyre B D, et al. 2012. Hypoxic events stimulate nitrogen recycling in a shallow salt-wedge estuary: the Yarra River estuary, Australia. Limnology and Oceanography, 57(5): 1427-1442.

Roberts K L, Kessler A J, Grace M R, et al. 2014. Increased rates of dissimilatory nitrate reduction to ammonium (DNRA) under oxic conditions in a periodically hypoxic estuary. Geochimica et Cosmochimica Acta, 133: 313-324.

Robertson E K, Roberts K L, Burdorf L D W, et al. 2016. Dissimilatory nitrate reduction to ammonium coupled to Fe (II) oxidation in sediments of a periodically hypoxic estuary. Limnology and Oceanography, 61(1): 365-381.

Robinson M D, McCarthy D J, Smyth G K. 2010. edgeR: a Bioconductor package for differential expression analysis of digital gene expression data. Bioinformatics, 26(1): 139-140.

Rockström J, Steffen W, Noone K, et al. 2009. A safe operating space for humanity. Nature, 461(7263): 472-475.

Romero E, Garnier J, Billen G, et al. 2019. Modeling the biogeochemical functioning of the Seine estuary and its coastal zone: Export, retention, and transformations. Limnology and Oceanography, 64(3): 895-912.

Rooks C, Schmid M C, Mehsana W, et al. 2012. The depth-specific significance and relative abundance of anaerobic ammonium-oxidizing bacteria in estuarine sediments (Medway Estuary, UK). FEMS Microbiology Ecology, 80(1): 19-29.

Rotthauwe J H, Witzel K P, Liesack W. 1997. The ammonia monooxygenase structural gene amoA as a functional marker: molecular fine-scale analysis of natural ammonia-oxidizing populations. Applied and Environmental Microbiology, 63(12): 4704-4712.

Rovai A S, Twilley R R, Castañeda-Moya E, et al. 2018. Global controls on carbon storage in mangrove soils. Nature Climate Change, 8(6): 534-538.

Russow R. 1999. Determination of ^{15}N in ^{15}N-enriched nitrite and nitrate in aqueous samples by reaction continuous flow quadrupole mass spectrometry. Rapid Communications in Mass Spectrometry, 13(13): 1334-1338.

Rütting T, Boeckx P, Müller C, et al. 2011. Assessment of the importance of dissimilatory nitrate reduction to ammonium for the terrestrial nitrogen cycle. Biogeosciences, 8(7): 1779-1791.

Rysgaard S, Glud R N, Risgaard P N, et al. 2004. Denitrification and anammox activity in Arctic marine sediments. Limnology and Oceanography, 49(5): 1493-1502.

Rysgaard S, Risgaard P N, Niels Peter S, et al. 1994. Oxygen regulation of nitrification and denitrification in sediments. Limnology and Oceanography, 39(7): 1643-1652.

Rysgaard S, Thamdrup B, Risgaard-Petersen N, et al. 1998. Seasonal carbon and nutrient mineralization in a high-Arctic coastal marine sediment, Young Sound, Northeast Greenland. Marine Ecology Progress Series, 175: 261-276.

Rysgaard S, Thastum P, Dalsgaard T, et al. 1999. Effects of salinity on NH_4^+ adsorption capacity, nitrification, and denitrification in Danish estuarine sediments. Estuaries, 22(1): 21-30.

Saggar S, Jha N, Deslippe J, et al. 2013. Denitrification and N_2O: N_2 production in temperate grasslands: Processes, measurements, modelling and mitigating negative impacts. Science of the Total Environment, 465: 173-195.

Sah R N. 1994. Nitrate-nitrogen determination—a critical review. Communications in Soil Science and Plant Analysis, 25: 2841-2869.

Saleh L S, Shannon K E, Henderson S L, et al. 2009. Effect of pH and temperature on denitrification gene expression and activity in Pseudomonas mandelii. Applied and Environmental Microbiology, 75(12): 3903-3911.

Salgado P, Machado A, Bordalo A A. 2020. Spatial-temporal dynamics of N-cycle functional genes in a temperate Atlantic estuary (Douro, Portugal). Aquatic Microbial Ecology, 84: 205-216.

Sanford R A, Wagner D D, Wu Q, et al. 2012. Unexpected nondenitrifier nitrous oxide reductase gene diversity and abundance in soils. Proceedings of the National Academy of Sciences, 109(48): 19709-19714.

Santoro A E, Boehm A B, Francis C A. 2006. Denitrifier community composition along a nitrate and salinity gradient in a coastal aquifer. Applied and Environmental Microbiology, 72(3): 2102-2109.

Sasmito S D, Taillardat P, Clendenning J N, et al. 2019. Effect of land‐use and land‐cover change on mangrove blue carbon: A systematic review. Global Change Biology, 25(12): 4291-4302.

Schlarbaum T, Daehnke K, Emeis K. 2010. Turnover of combined dissolved organic nitrogen and ammonium in the Elbe estuary/NW Europe: results of nitrogen isotope investigations. Marine Chemistry, 119(1-4): 91-107.

Schmid M C, Risgaard P N, Van De Vossenberg J, et al. 2007. Anaerobic ammonium-oxidizing bacteria in marine environments: widespread occurrence but low diversity. Environmental Microbiology, 9(6): 1476-1484.

Schmidt C S, Richardson D J, Baggs E M. 2011. Constraining the conditions conducive to dissimilatory nitrate reduction to ammonium in temperate arable soils. Soil Biology and Biochemistry, 43(7): 1607-1611.

Schubert C J, Durisch-Kaiser E, Wehrli B, et al. 2006. Anaerobic ammonium oxidation in a tropical freshwater system (Lake Tanganyika). Environmental Microbiology, 8(10): 1857-1863.

Schuchardt B, Schirmer M. 1991. Phytoplankton maxima in the tidal freshwater reaches of two coastal plain estuaries. Estuarine, Coastal and shelf science, 32(2): 187-206.

Sears K, Alleman J E, Barnard J L, et al. 2004 Impacts of reduced sulfur components on active and resting ammonia oxidizers. Journal of Industrial Microbiology and Biotechnology, 31(8): 369-378.

Seitzinger S P, Giblin A E. 1996. Estimating denitrification in North Atlantic continental shelf sediments. Biogeochemistry, 35(1): 235-260.

Seitzinger S P, Mayorga E, Bouwman A F, et al. 2010. Global river nutrient export: A scenario analysis of past and future trends. Global Biogeochemical Cycles, 24(4).

Seitzinger S P, Nielsen L P, Caffrey J, et al. 1993. Denitrification measurements in aquatic sediments: a comparison of three methods. Biogeochemistry, 23(3): 147-167.

Seitzinger S P, Nixon S W, Pilson M E Q. 1984. Denitrification and nitrous oxide production in a coastal marine ecosystem 1. Limnology and Oceanography, 29(1): 73-83.

Seitzinger S P. 1988. Denitrification in freshwater and coastal marine ecosystems: ecological and geochemical significance. Limnology and Oceanography, 33(4): 702-724.

Seitzinger S, Harrison J A, Bohlke J K, et al. 2006. Denitrification across landscapes and waterscapes: A synthesis. Ecological Applications, 16(6): 2064-2090.

Seo D C, DeLaune R D. 2010. Fungal and bacterial mediated denitrification in wetlands: influence of sediment redox condition. Water Research, 44(8): 2441-2450.

Servais P, Garnier J. 2006. Organic carbon and bacterial heterotrophic activity in the maximum turbidity zone of the Seine estuary (France). Aquatic Sciences, 68: 78-85.

Shan J, Zhao X, Sheng R, et al. 2016. Dissimilatory nitrate reduction processes in typical Chinese paddy soils: rates, relative contributions, and influencing factors. Environmental Science and Technology, 50(18): 9972-9980.

Shen P P, Li G, Huang L M, et al. 2011. Spatio-temporal variability of phytoplankton assemblages in the Pearl River estuary, with special reference to the influence of turbidity and temperature. Continental Shelf Research, 31(16): 1672-1681.

Shen Z, Zhou S, Pei S. 2008. Transfer and transport of phosphorus and silica in the turbidity maximum zone of the Changjiang estuary. Estuarine, Coastal and Shelf Science, 78(3): 481-492.

Shi Z, Xu J, Huang X, et al. 2017. Relationship between nutrients and plankton biomass in the turbidity maximum zone of the Pearl River Estuary. Journal of Environmental Sciences, 57: 72-84.

Shiozaki T, Ijichi M, Isobe K, et al. 2016. Nitrification and its influence on biogeochemical cycles from the equatorial Pacific to the Arctic Ocean. The ISME Journal, 10(9): 2184-2197.

Silva R G, Jorgensen E E, Holub S M, et al. 2005. Relationships between culturable soil microbial populations and gross nitrogen transformation processes in a clay loam soil across ecosystems. Nutrient Cycling in Agroecosystems, 71(3): 259-270.

Six J, Paustian K, Elliott E T, et al. 2000. Soil structure and organic matter I. Distribution of aggregate-size classes and aggregate-associated carbon. Soil Science Society of America Journal, 64(2): 681-689.

Smith C J, Dong L F, Wilson J, et al. 2015. Seasonal variation in denitrification and dissimilatory nitrate reduction to ammonia process rates and corresponding key functional genes along an estuarine nitrate gradient. Frontiers in Microbiology, 6: 542.

Smith K A, Caffrey J M. 2009. The effects of human activities and extreme meteorological events on sediment nitrogen dynamics in an urban estuary, Escambia Bay, Florida, USA. Hydrobiologia, 627(1): 67-85.

Smith M S. 1982. Dissimilatory reduction of NO_2^- to NH_4^+ and N_2O by a soil Citrobacter sp. Applied and Environmental Microbiology, 43(4): 854-860.

Smith M W, Zeigler Allen L, Allen A E, et al. 2013. Contrasting genomic properties of free-living and particle-attached microbial assemblages within a coastal ecosystem. Frontiers in Microbiology, 4: 120.

Smyth A R. 2013. Alterations in nitrogen cycling resulting from oyster mediated benthic-pelagic coupling. The University of North Carolina at Chapel Hill.

Smyth A R, Thompson S P, Siporin K N, et al. 2013. Assessing nitrogen dynamics throughout the estuarine landscape. Estuaries and Coasts, 36(1): 44-55.

Sohm J A, Hilton J A, Noble A E, et al. 2011a. Nitrogen fixation in the South Atlantic Gyre and the Benguela upwelling system. Geophysical Research Letters, 38(16): L18609.

Sohm J A, Webb E A, Capone D G. 2011b. Emerging patterns of marine nitrogen fixation. Nature Reviews Microbiology, 9(7): 499-508.

Sokoll S, Lavik G, Sommer S, et al. 2016. Extensive nitrogen loss from permeable sediments off North‐West Africa. Journal of Geophysical Research: Biogeosciences, 121(4): 1144-1157.

Song B, Lisa J A, Tobias C R. 2014. Linking DNRA community structure and activity in a shallow lagoonal estuarine system. Frontiers in Microbiology, 5: 460.

Song G D, Liu S M, Kuypers M M M, et al. 2016. Application of the isotope pairing technique in sediments where anammox, denitrification, and dissimilatory nitrate reduction to ammonium coexist. Limnology and Oceanography: Methods, 14(12): 801-815.

Song G D, Liu S M, Marchant H, et al. 2013. Anammox, denitrification and dissimilatory nitrate reduction to ammonium in the East China Sea sediment. Biogeosciences, 10(11): 6851-6864.

Song G D, Liu S M, Zhang J, et al. 2021. Response of benthic nitrogen cycling to estuarine hypoxia. Limnology and Oceanography, 66(3): 652-666.

Sørensen J. 1978. Denitrification rates in a marine sediment as measured by the acetylene inhibition technique. Applied and Environmental Microbiology, 36(1): 139-143.

Stark J M, Hart S C. 1997. High rates of nitrification and nitrate turnover in undisturbed coniferous forests. Nature, 385(6611): 61-64.

Steenhoudt O, Vanderleyden J. 2000. Azospirillum, a free-living nitrogen-fixing bacterium closely associated with grasses: genetic, biochemical and ecological aspects. FEMS Microbiology Reviews, 24(4): 487-506.

Stief P. 2013. Stimulation of microbial nitrogen cycling in aquatic ecosystems by benthic macrofauna: mechanisms and environmental implications. Biogeosciences, 10(12): 7829-7846.

Strong D J, Flecker R, Valdes P J, et al. 2012. Organic matter distribution in the modern sediments of the Pearl River Estuary. Organic Geochemistry, 49: 68-82.

Strous M, Fuerst J A, Kramer E H M, et al. 1999. Missing lithotroph identified as new planctomycete. Nature, 400(6743): 446-449.

Strous M, Heijnen J J, Kuenen J G, et al. 1998. The sequencing batch reactor as a powerful tool for the study of slowly growing anaerobic ammonium-oxidizing microorganisms. Applied Microbiology and Biotechnology, 50(5): 589-596.

Strous M, Van Gerven E, Kuenen J G, et al. 1997. Effects of aerobic and microaerobic conditions on anaerobic ammonium-oxidizing (anammox) sludge. Applied and Environmental Microbiology, 63(6): 2446-2448.

Su J, Dai M, He B, et al. 2017. Tracing the origin of the oxygen-consuming organic matter in the hypoxic zone in a large eutrophic estuary: the lower reach of the Pearl River Estuary, China. Biogeosciences, 14(18): 4085-4099.

Subramaniam A, Yager P L, Carpenter E J, et al. 2008. Amazon River enhances diazotrophy and carbon sequestration in the tropical North Atlantic Ocean. Proceedings of the National Academy of Sciences, 105(30): 10460-10465.

Sun B, Shen R P, Bouwman A F. 2008. Surface N balances in agricultural crop production systems in China for the period 1980–2015. Pedosphere, 18(3): 304-315.

Sun R, Guo X, Wang D, et al. 2015. Effects of long-term application of chemical and organic fertilizers on the abundance of microbial communities involved in the nitrogen cycle. Applied Soil Ecology, 95: 171-178.

Tan E, Zou W, Jiang X, et al. 2019. Organic matter decomposition sustains sedimentary nitrogen loss in the Pearl River Estuary, China. Science of the Total Environment, 648: 508-517.

Tan E, Zou W, Zheng Z, et al. 2020. Warming stimulates sediment denitrification at the expense of anaerobic ammonium oxidation. Nature Climate Change, 10(4): 349-355.

Teixeira C, Magalhães C, Joye S B, et al. 2012. Potential rates and environmental controls of anaerobic ammonium oxidation in estuarine sediments. Aquatic Microbial Ecology, 66(1): 23-32.

Telak L J, Pereira P, Ferreira C S S, et al. 2020. Short-Term Impact of Tillage on Soil and the Hydrological Response within a Fig (Ficus Carica) Orchard in Croatia. Water, 12(11): 3295.

Thamdrup B, Dalsgaard T. 2002. Production of N_2 through anaerobic ammonium oxidation coupled to nitrate reduction in marine sediments. Applied and Environmental Microbiology, 68(3): 1312-1318.

Thatoi H, Behera B C, Mishra R R, et al. 2013. Biodiversity and biotechnological potential of microorganisms from mangrove ecosystems: a review. Annals of Microbiology, 63 (1): 1-19.

Thomas N, Lucas R, Bunting P, et al. 2017. Distribution and drivers of global mangrove forest change, 1996–2010. PLoS One, 12 (6): e0179302.

Throback I N, Enwall K, Jarvis A, et al. 2004. Reassessing PCR primers targeting nirS, nirK and nosZ genes for community surveys of denitrifying bacteria with DGGE. FEMS Microbiology Ecology, 49 (3): 401-417.

Tian X P. 1986. A study on turbidity maximum in Lingdingyang Estuary of the Pearl River. Tropic Oceanology, 5 (2): 27-35.

Tiedje J M, Sexstone A J, Myrold D D, et al. 1983. Denitrification: ecological niches, competition and survival. Antonie Van Leeuwenhoek, 48 (6): 569-583.

Tiedje J M, Simkins S, Groffman P M. 1989. Perspectives on measurement of denitrification in the field including recommended protocols for acetylene based methods. Plant and Soil, 115 (2): 261-284.

Tiedje J M. 1988. Ecology of denitrification and dissimilatory nitrate reduction to ammonium. Biology of Anaerobic Microorganisms, 179-244.

Tomaszek J A, Rokosz G R. 2007. Rates of dissimilatory nitrate reduction to ammonium in two Polish reservoirs: impacts of temperature, organic matter content, and nitrate concentration. Environmental Technology, 28 (7): 771-778.

Tortell P D. 2005. Dissolved gas measurements in oceanic waters made by membrane inlet mass spectrometry. Limnology and Oceanography: Methods, 3 (1): 24-37.

Trimmer M, Nicholls J C, Deflandre B. 2003. Anaerobic ammonium oxidation measured in sediments along the Thames estuary, United Kingdom. Applied and Environmental Microbiology, 69 (11): 6447-6454.

Trimmer M, Nicholls J C. 2009. Production of nitrogen gas via anammox and denitrification in intact sediment cores along a continental shelf to slope transect in the North Atlantic. Limnology and Oceanography, 54 (2): 577-589.

Tripp H J, Bench S R, Turk K A, et al. 2010. Metabolic streamlining in an open-ocean nitrogen-fixing cyanobacterium. Nature, 464 (7285): 90-94.

Tsikas D, Schwarz A, Stichtenoth D O. 2010. Simultaneous measurement of [^{15}N] nitrate and [^{15}N] nitrite enrichment and concentration in urine by gas chromatography mass spectrometry as pentafluorobenzyl derivatives. Analytical Chemistry, 82 (6): 2585-2587.

Tsikas D. 2000. Simultaneous derivatization and quantification of the nitric oxide metabolites nitrite and nitrate in biological fluids by gas chromatography/mass spectrometry. Analytical Chemistry, 72 (17): 4064-4072.

Tsiknia M, Paranychianakis N V, Varouchakis E A, et al. 2015. Environmental drivers of the distribution of nitrogen functional genes at a watershed scale. FEMS Microbiology Ecology, 91 (6): fiv052.

Tuominen L, Heinnen A, Kuparinen J, et al. 1998. Spatial and temporal variability of denitrification in the sediments of the northern Baltic Proper. Marine Ecology Progress, 172: 13-24.

Turk K K A, Karamchandani M, Capone D G, et al. 2014. The paradox of marine heterotrophic nitrogen fixation: abundances of heterotrophic diazotrophs do not account for nitrogen fixation rates in the Eastern Tropical South Pacific. Environmental Microbiology, 16(10): 3095-3114.

Uncles R J. 2002. Estuarine physical processes research: some recent studies and progress. Estuarine, Coastal and Shelf Science, 55(6): 829-856.

Valdemarsen T, Hansen P K, Ervik A, et al. 2015. Impact of deep-water fish farms on benthic macrofauna communities under different hydrodynamic conditions. Marine Pollution Bulletin, 101(2): 776-783.

Valiela I, Bowen J L, York J K. 2001. Mangrove Forests: One of the World's Threatened Major Tropical Environments: At least 35% of the area of mangrove forests has been lost in the past two decades, losses that exceed those for tropical rain forests and coral reefs, two other well-known threatened environments. Bioscience, 51(10): 807-815.

Vance H C, Ingall E. 2005. Denitrification pathways and rates in the sandy sediments of the Georgia continental shelf, USA. Geochemical Transactions, 6(1): 12-18.

Vázquez E, Benito M, Navas M, et al. 2019. The interactive effect of no-tillage and liming on gross N transformation rates during the summer fallow in an acid Mediterranean soil. Soil and Tillage Research, 194: 104297.

Verchot L V, Holmes Z, Mulon L, et al. 2001. Gross vs net rates of N mineralization and nitrification as indicators of functional differences between forest types. Soil Biology and Biochemistry, 33(14): 1889-1901.

Vervaet H, Boeckx P, Boko A M C, et al. 2004. The role of gross and net N transformation processes and NH_4^+ and NO_3^- immobilization in controlling the mineral N pool of a temperate mixed deciduous forest soil. Plant and Soil, 264(1): 349-357.

Vitousek P M, Aber J D, Howarth R W, et al. 1997. Human alteration of the global nitrogen cycle: sources and consequences. Ecological Applications, 7(3): 737-750.

Wai O W H, Wang C H, Li Y S, et al. 2004. The formation mechanisms of turbidity maximum in the Pearl River estuary, China. Marine Pollution Bulletin, 48(5-6): 441-448.

Wang C, Zhu G, Wang Y, et al. 2013. Nitrous oxide reductase gene (nosZ) and N_2O reduction along the littoral gradient of a eutrophic freshwater lake. Journal of Environmental Sciences, 25(1): 44-52.

Wang H, Dai M, Liu J, et al. 2016. Eutrophication-driven hypoxia in the East China Sea off the Changjiang Estuary. Environmental Science and Technology, 50(5): 2255-2263.

Wang S, Pi Y, Song Y, et al. 2020. Hotspot of dissimilatory nitrate reduction to ammonium (DNRA) process in freshwater sediments of riparian zones. Water Research, 173: 115539.

Wang S, Zhu G, Peng Y, et al. 2012. Anammox bacterial abundance, activity, and contribution in riparian sediments of the Pearl River estuary. Environmental Science and Technology, 46(16): 8834-8842.

Wankel S D, Ziebis W, Buchwald C, et al. 2017. Evidence for fungal and chemodenitrification based N2O flux from nitrogen impacted coastal sediments. Nature Communications, 8(1): 15595.

Ward B A, Dutkiewicz S, Moore C M, et al. 2013. Iron, phosphorus, and nitrogen supply ratios define the biogeography of nitrogen fixation. Limnology and Oceanography, 58(6): 2059-2075.

Ward B B. 2013. How nitrogen is lost. Science, 341(6144): 352-353.

Ward B B. 2008. Nitrification in marine systems. Nitrogen in the Marine Environment, 2: 199-261.

Ward B B, Devol A H, Rich J J, et al. 2009. Denitrification as the dominant nitrogen loss process in the Arabian Sea. Nature, 461(7260): 78-81.

Weber K A, Pollock J, Cole K A, et al. 2006. Anaerobic nitrate-dependent iron (II) bio-oxidation by a novel lithoautotrophic betaproteobacterium, strain 2002. Applied and Environmental Microbiology, 72(1): 686-694.

Wei H, Gao D, Liu Y, et al. 2020. Sediment nitrate reduction processes in response to environmental gradients along an urban river-estuary-sea continuum. Science of the Total Environment, 718: 137185.

Welsh A, Chee-Sanford J C, Connor L M, et al. 2014. Refined NrfA phylogeny improves PCR-based nrfA gene detection. Applied and Environmental Microbiology, 80(7): 2110-2119.

Wenk C B, Blees J, Zopfi J, et al. 2013. Anaerobic ammonium oxidation (anammox) bacteria and sulfide-dependent denitrifiers coexist in the water column of a meromictic south-alpine lake. Limnology and Oceanography, 58(1): 1-12.

Westrich J T, Berner R A. 1984. The role of sedimentary organic matter in bacterial sulfate reduction: The G model tested. Limnology and Oceanography, 29(2): 236-249.

Wittorf L, Bonilla R G, Jones C M, et al. 2016. Habitat partitioning of marine benthic denitrifier communities in response to oxygen availability. Environmental Microbiology Reports, 8(4): 486-492.

Woebken D, Lam P, Kuypers M M M, et al. 2008. A microdiversity study of anammox bacteria reveals a novel Candidatus Scalindua phylotype in marine oxygen minimum zones. Environmental Microbiology, 10(11): 3106-3119.

Wong S C, Li X D, Zhang G, et al. 2002. Heavy metals in agricultural soils of the Pearl River Delta, South China. Environmental Pollution, 119(1): 33-44.

Woods D D. 1938. The reduction of nitrate to ammonia by Clostridium welchii. Biochemical Journal, 32(11): 2000-2012.

Worthington T, Spalding M. 2018. Mangrove restoration potential: A global map highlighting a critical opportunity.

Wu D M, Dai Q P, Liu X Z, et al. 2019. Comparison of bacterial community structure and potential functions in hypoxic and non-hypoxic zones of the Changjiang Estuary. PLoS One, 14(6): e0217431.

Wu H, Peng R, Yang Y, et al. 2014. Mariculture pond influence on mangrove areas in south China: Significantly larger nitrogen and phosphorus loadings from sediment wash-out than from tidal water exchange. Aquaculture, 426: 204-212.

Wu J, Hong Y, Guan F, et al. 2016. A rapid and high-throughput microplate spectrophotometric method for field measurement of nitrate in seawater and freshwater. Scientific Reports, 6(1): 1-9.

Wu J, Joergensen R G, Pommerening B, et al. 1990. Measurement of soil microbial biomass C by fumigation-extraction-an automated procedure. Soil Biology and Biochemistry, 22(8): 1167-1169.

Wu J, Sunda W, Boyle E A, et al. 2000. Phosphate depletion in the western North Atlantic Ocean.

Science, 289 (5480): 759-762.

Wu L, Osmond D L, Graves A K, et al. 2012. Relationships between nitrogen transformation rates and gene abundance in a riparian buffer soil. Environmental Management, 50 (5): 861-874.

Wuchter C, Abbas B, Coolen M J L, et al. 2006. Archaeal nitrification in the ocean. Proceedings of the National Academy of Sciences, 103 (33): 12317-12322.

Wyman M, Hodgson S, Bird C. 2013. Denitrifying alphaproteobacteria from the Arabian Sea that express nosZ, the gene encoding nitrous oxide reductase, in oxic and suboxic waters. Applied and Environmental Microbiology, 79 (8): 2670-2681.

Xiao K, Wu J, Li H, et al. 2018. Nitrogen fate in a subtropical mangrove swamp: potential association with seawater-groundwater exchange. Science of the Total Environment, 635: 586-597.

Xie H, Hong Y, Liu H, et al. 2020. Spatio-temporal shifts in community structure and activity of nirS-type denitrifiers in the sediment cores of Pearl River Estuary. PLoS One, 15 (4): e0231271.

Xie H, Ji D, Zang L. 2017. Effects of inhibition conditions on anammox process. IOP Conference Series: Earth and Environmental Science. IOP Publishing, 100 (1): 012149.

Xu B, Shi L, Zhong H, et al. 2021. Investigation of Fe (II) and Mn (II) involved anoxic denitrification in agricultural soils with high manganese and iron contents. Journal of Soils and Sediments, 21 (1): 452-468.

Xu X, Liu Y, Singh B P, et al. 2020. NosZ clade II rather than clade I determine in situ N_2O emissions with different fertilizer types under simulated climate change and its legacy. Soil Biology and Biochemistry, 150: 107974.

Yan Y, Wang W, Wu M, et al. 2020. Transcriptomics uncovers the response of anammox bacteria to dissolved oxygen inhibition and the subsequent recovery mechanism. Environmental Science and Technology, 54 (22): 14674-14685.

Yang B, Cao L, Liu S M, et al. 2015. Biogeochemistry of bulk organic matter and biogenic elements in surface sediments of the Yangtze River Estuary and adjacent sea. Marine Pollution Bulletin, 96 (1-2): 471-484.

Yang B, Gao X, Xing Q. 2018a. Geochemistry of organic carbon in surface sediments of a summer hypoxic region in the coastal waters of northern Shandong Peninsula. Continental Shelf Research, 171: 113-125.

Yang B, Gao X, Zhao J, et al. 2021a. The influence of summer hypoxia on sedimentary phosphorus biogeochemistry in a coastal scallop farming area, North Yellow Sea. Science of The Total Environment, 759: 143486.

Yang B, Gao X. 2019. Chromophoric dissolved organic matter in summer in a coastal mariculture region of northern Shandong Peninsula, North Yellow Sea. Continental Shelf Research, 176: 19-35.

Yang P, Bastviken D, Lai D Y F, et al. 2017a. Effects of coastal marsh conversion to shrimp aquaculture ponds on CH_4 and N_2O emissions. Estuarine, Coastal and Shelf Science, 199: 125-131.

Yang P, Lai D Y F, Jin B, et al. 2017b. Dynamics of dissolved nutrients in the aquaculture shrimp ponds of the Min River estuary, China: Concentrations, fluxes and environmental loads. Science of the Total Environment, 603: 256-267.

Yang P, Zhao G, Tong C, et al. 2021c. Assessing nutrient budgets and environmental impacts of coastal land-based aquaculture system in southeastern China. Agriculture, Ecosystems & Environment, 322: 107662.

Yang Q, Tam N F Y, Wong Y S, et al. 2008. Potential use of mangroves as constructed wetland for municipal sewage treatment in Futian, Shenzhen, China. Marine Pollution Bulletin, 57(6-12): 735-743.

Yang W H, Ryals R A, Cusack D F, et al. 2017c. Cross-biome assessment of gross soil nitrogen cycling in California ecosystems. Soil Biology and Biochemistry, 107: 144-155.

Yang W H, Weber K A, Silver W L. 2012. Nitrogen loss from soil through anaerobic ammonium oxidation coupled to iron reduction. Nature Geoscience, 5(8): 538-541.

Yang W, An S, Zhao H, et al. 2016. Impacts of Spartina alterniflora invasion on soil organic carbon and nitrogen pools sizes, stability, and turnover in a coastal salt marsh of eastern China. Ecological Engineering, 86: 174-182.

Yang X, Hu C, Wang B, et al. 2022. Sediment nitrogen mineralization and immobilization affected by non-native Sonneratia apetala plantation in an intertidal wetland of South China. Environmental Pollution, 305: 119289.

Yang Y, Xiao C, Lu J, et al. 2020. Fe (III)/Fe (II) forwarding a new anammox-like process to remove high-concentration ammonium using nitrate as terminal electron acceptor. Water Research, 172: 115528.

Yang Y, Xiao C, Yu Q, et al. 2021b. Using Fe (II)/Fe (III) as catalyst to drive a novel anammox process with no need of anammox bacteria. Water Research, 189: 116626.

Yang Y, Zhang Y, Li Y, et al. 2018b. Nitrogen removal during anaerobic digestion of wasted activated sludge under supplementing Fe (III) compounds. Chemical Engineering Journal, 332: 711-716.

Yao P, Yu Z, Bianchi T S, et al. 2015. A multiproxy analysis of sedimentary organic carbon in the Changjiang Estuary and adjacent shelf. Journal of Geophysical Research: Biogeosciences, 120(7): 1407-1429.

Yi B, Wang H, Zhang Q, et al. 2019. Alteration of gaseous nitrogen losses via anaerobic ammonium oxidation coupled with ferric reduction from paddy soils in Southern China. Science of the Total Environment, 652: 1139-1147.

Yin G, Hou L, Liu M, et al. 2014. A novel membrane inlet mass spectrometer method to measure $^{15}NH_4^+$ for isotope-enrichment experiments in aquatic ecosystems. Environmental science and Technology, 48(16): 9555-9562.

Yin G, Hou L, Liu M, et al. 2017. DNRA in intertidal sediments of the Yangtze Estuary. Journal of Geophysical Research: Biogeosciences, 122(8): 1988-1998.

Yin G, Hou L, Zong H, et al. 2015. Denitrification and anaerobic ammonium oxidization across the sediment-water interface in the hypereutrophic ecosystem, Jinpu Bay, in the Northeastern Coast of China. Estuaries and Coasts, 38(1): 211-219.

Yin K. 2002. Monsoonal influence on seasonal variations in nutrients and phytoplankton biomass in coastal waters of Hong Kong in the vicinity of the Pearl River estuary. Marine Ecology Progress Series, 245: 111-122.

Yin K, Harrison P J. 2008. Nitrogen over enrichment in subtropical Pearl River estuarine coastal waters: Possible causes and consequences. Continental Shelf Research, 28(12): 1435-1442.

Yin K, Qian P Y, Chen J C, et al. 2000. Dynamics of nutrients and phytoplankton biomass in the Pearl River estuary and adjacent waters of Hong Kong during summer: preliminary evidence for phosphorus and silicon limitation. Marine Ecology Progress Series, 194: 295-305.

Yoshinaga I, Amano T, Yamagishi T, et al. 2011. Distribution and diversity of anaerobic ammonium oxidation (anammox) bacteria in the sediment of a eutrophic freshwater lake, Lake Kitaura, Japan. Microbes and Environments, 26(3): 189-197.

Yoshinari T, Knowles R. 1976. Acetylene inhibition of nitrous oxide reduction by denitrifying bacteria. Biochemical and Biophysical Research Communications, 69(3): 705-710.

Yu C, Feng J, Liu K, et al. 2020. Changes of ecosystem carbon stock following the plantation of exotic mangrove Sonneratia apetala in Qiao Island, China. Science of the Total Environment, 717: 137142.

Yu F, Zong Y, Lloyd J M, et al. 2010. Bulk organic δ^{13}C and C/N as indicators for sediment sources in the Pearl River delta and estuary, southern China. Estuarine, Coastal and Shelf Science, 87(4): 618-630.

Yu S, Ehrenfeld J G. 2009. The effects of changes in soil moisture on nitrogen cycling in acid wetland types of the New Jersey Pinelands (USA). Soil Biology and Biochemistry, 41(12): 2394-2405.

Yu T, Li M, Niu M, et al. 2018. Difference of nitrogen-cycling microbes between shallow bay and deep-sea sediments in the South China Sea. Applied Microbiology and Biotechnology, 102(1): 447-459.

Yu X, Yang J, Liu L, et al. 2015. Effects of Spartina alterniflora invasion on biogenic elements in a subtropical coastal mangrove wetland. Environmental Science and Pollution Research, 22(4): 3107-3115.

Yu Z, Deng H, Wang D, et al. 2013. Nitrous oxide emissions in the Shanghai river network: implications for the effects of urban sewage and IPCC methodology. Global Change Biology, 19(10): 2999-3010.

Zakem E J, Follows M J. 2017. A theoretical basis for a nanomolar critical oxygen concentration. Limnology and Oceanography, 62(2): 795-805.

Zaman M, Nguyen M L, Saggar S. 2008. N2O and N2 emissions from pasture and wetland soils with and without amendments of nitrate, lime and zeolite under laboratory condition. Soil Research, 46(7): 526-534.

Zedler J B, Kercher S. 2004. Causes and consequences of invasive plants in wetlands: opportunities, opportunists, and outcomes. Critical Reviews in Plant Sciences, 23(5): 431-452.

Zehr J P, Capone D G. 1996. Problems and promises of assaying the genetic potential for nitrogen fixation in the marine environment. Microbial Ecology, 32(3): 263-281.

Zehr J P, Kudela R M. 2011. Nitrogen cycle of the open ocean: from genes to ecosystems. Annual

Review of Marine Science, 3: 197-225.

Zehr J P, Waterbury J B, Turner P J, et al. 2001. Unicellular cyanobacteria fix N_2 in the subtropical North Pacific Ocean. Nature, 412(6847): 635-638.

Zhang G, Cheng W, Chen L, et al. 2019. Transport of riverine sediment from different outlets in the Pearl River Estuary during the wet season. Marine Geology, 415: 105957.

Zhang J Z, Fischer C J. 2006. A simplified resorcinol method for direct spectrophotometric determination of nitrate in seawater. Marine Chemistry, 99(1-4): 220-226.

Zhang J, Gilbert D, Gooday A J, et al. 2010. Natural and human-induced hypoxia and consequences for coastal areas: synthesis and future development. Biogeosciences, 7(5): 1443-1467.

Zhang M, Dai P, Lin X, et al. 2020. Nitrogen loss by anaerobic ammonium oxidation in a mangrove wetland of the Zhangjiang Estuary, China. Science of the Total Environment, 698: 134291.

Zhang Q F, Peng J J, Chen Q, et al. 2011. Impacts of Spartina alterniflora invasion on abundance and composition of ammonia oxidizers in estuarine sediment. Journal of Soils and Sediments, 11(6): 1020-1031.

Zhang X, Shi Z, Liu Q, et al. 2013. Spatial and temporal variations of picoplankton in three contrasting periods in the Pearl River Estuary, South China. Continental Shelf Research, 56: 1-12.

Zhang X, Zhang Q, Yang A, et al. 2018. Incorporation of microbial functional traits in biogeochemistry models provides better estimations of benthic denitrification and anammox rates in coastal oceans. Journal of Geophysical Research: Biogeosciences, 123(10): 3331-3352.

Zhao C, Liu S, Jiang Z, et al. 2019. Nitrogen purification potential limited by nitrite reduction process in coastal eutrophic wetlands. Science of the Total Environment, 694: 133702.

Zhao J, Cao W, Yang Y, et al. 2008. Measuring natural phytoplankton fluorescence and biomass: a case study of algal bloom in the Pearl River estuary. Marine Pollution Bulletin, 56(10): 1795-1801.

Zhao Y, Bu C, Yang H, et al. 2020. Survey of dissimilatory nitrate reduction to ammonium microbial community at national wetland of Shanghai, China. Chemosphere, 250: 126195.

Zhao Y, Shan B, Tang W, et al. 2015. Nitrogen mineralization and geochemical characteristics of amino acids in surface sediments of a typical polluted area in the Haihe River Basin, China. Environmental Science and Pollution Research, 22(22): 17975-17986.

Zheng Y, Hou L, Liu M, et al. 2017. Effects of silver nanoparticles on nitrification and associated nitrous oxide production in aquatic environments. Science Advances, 3(8): e1603229.

Zheng Y, Hou L, Newell S, et al. 2014. Community dynamics and activity of ammonia-oxidizing prokaryotes in intertidal sediments of the Yangtze Estuary. Applied and Environmental Microbiology, 80(1): 408-419.

Zheng Y, Hou L, Zhang Z, et al. 2021. Overlooked contribution of water column to nitrogen removal in estuarine turbidity maximum zone (TMZ). Science of the Total Environment, 788: 147736.

Zheng Y, Jiang X, Hou L, et al. 2016. Shifts in the community structure and activity of anaerobic ammonium oxidation bacteria along an estuarine salinity gradient. Journal of Geophysical Research: Biogeosciences, 121(6): 1632-1645.

Zhong D, Wang F, Dong S, et al. 2015. Impact of Litopenaeus vannamei bioturbation on nitrogen dynamics and benthic fluxes at the sediment-water interface in pond aquaculture. Aquaculture International, 23 (4): 967-980.

Zhou J, Wu Y, Kang Q, et al. 2007. Spatial variations of carbon, nitrogen, phosphorous and sulfur in the salt marsh sediments of the Yangtze Estuary in China. Estuarine, Coastal and Shelf Science, 71 (1-2): 47-59.

Zhou M, Butterbach B K, Vereecken H, et al. 2017. A meta-analysis of soil salinization effects on nitrogen pools, cycles and fluxes in coastal ecosystems. Global Change Biology, 23 (3): 1338-1352.

Zhou T, Liu S, Feng Z, et al. 2015. Use of exotic plants to control Spartina alterniflora invasion and promote mangrove restoration. Scientific Reports, 5 (1): 1-13.

Zhou Z, Ge L, Huang Y, et al. 2021. Coupled relationships among anammox, denitrification, and dissimilatory nitrate reduction to ammonium along salinity gradients in a Chinese estuarine wetland. Journal of Environmental Sciences, 106: 39-46.

Zhu G, Wang S, Wang Y, et al. 2011. Anaerobic ammonia oxidation in a fertilized paddy soil. The ISME Journal, 5 (12): 1905-1912.

Zhu T, Meng T, Zhang J, et al. 2013. Nitrogen mineralization, immobilization turnover, heterotrophic nitrification, and microbial groups in acid forest soils of subtropical China. Biology and Fertility of Soils, 49 (3): 323-331.

Zhu X, Liu Y, Li Z, et al. 2018. Thermochromic microcapsules with highly transparent shells obtained through in-situ polymerization of urea formaldehyde around thermochromic cores for smart wood coatings. Scientific reports, 8 (1): 4015.

Zhu Y, Liu K, Liu L, et al. 2015. Retrieval of mangrove aboveground biomass at the individual species level with worldview-2 images. Remote Sensing, 7 (9): 12192-12214.

Zumft W G. 1997. Cell biology and molecular basis of denitrification. Microbiology and Molecular Biology Reviews, 61 (4): 533-616.

编　后　记

　　"博士后文库"是汇集自然科学领域博士后研究人员优秀学术成果的系列丛书。"博士后文库"致力于打造专属于博士后学术创新的旗舰品牌，营造博士后百花齐放的学术氛围，提升博士后优秀成果的学术影响力和社会影响力。

　　"博士后文库"出版资助工作开展以来，得到了全国博士后管理委员会办公室、中国博士后科学基金会、中国科学院、科学出版社等有关单位领导的大力支持，众多热心博士后事业的专家学者给予积极的建议，工作人员做了大量艰苦细致的工作。在此，我们一并表示感谢！

"博士后文库"编委会